Naissance de la chimie

Acteurs de la Science

Fondée par Richard Moreau,
professeur honoraire à l'Université de Paris XII
Dirigée par Claude Brezinski et Roger Teyssou

La collection Acteurs de la Science est consacrée à des études sur les acteurs de l'épopée scientifique moderne ; à des inédits et à des réimpressions de mémoires scientifiques anciens ; à des textes consacrés en leur temps à de grands savants par leurs pairs ; à des évaluations sur les découvertes les plus marquantes et la pratique de la Science.

Dernières parutions

Jean-Paul WALCH, *Naissance de la chimie*, 2018.
AMIC, *Le temps, Une approche interdisciplinaire,* 2018.
Jean-Louis MILLOT, *Le discret pouvoir des odeurs*, 2018.
Pierre CHARLES-DOMINIQUE, *Histoire de la découverte des faunes tropicales. Les progrès de la pensée scientifique*, 2018.
Marceau FELDEN, *De Darwin à Einstein, Deux aventuriers du savoir,* 2018.
Auguste MARIE, *La psychanalyse et les nouvelles méthodes d'investigation de l'inconscient*, 2018.
Roger TEYSSOU, *Jérôme Fracastor (1478-1553), De la nature des choses à la nature des germes,* 2017.
Alain GIRET, *Les températures et l'effet de serre. Essai sur l'histoire et l'avenir du climat,* 2017.
Edouard PÉLISSIER, *Ambroise Paré. Chirurgien des soldats et des rois (1510-1590)*, 2017.
Letizia JOUFFROY, *Bach et Händel, Deux musiciens illustres dans le noir, Les barbiers à l'aube de la chirurgie*, 2016.
Michel ROUFFET, *Mais comment en est-on arrivé là ? La terre de 4000 à 4,5 milliards d'années,* 2016.
Roger TEYSSOU, *Jean Wier. Des dieux, des démons, des sorcières,* 2016.
Sofiane BOUHDIBA, *Pavillon jaune, Histoire de la Quarantaine, de la Peste à Ebola,* 2016.
François DEMARD, Pierre MANDRILLON, *Dans l'œil du cyclotron,* 2016.

Jean-Paul WALCH

Naissance de la chimie

L'Harmattan

Du même auteur

Guide technique et historique de l'alpinisme, Editions Guérin, 2012

Galilée dans l'histoire, Nouveau Monde éditions, 2017

5-7, rue de l'École-Polytechnique – 75005 Paris

www.editions-harmattan.fr

ISBN : 978-2-343-14333-0
EAN : 9782343143330

Introduction

Ami lecteur, afin de satisfaire ta légitime curiosité, je vais dès maintenant te donner la recette de l'Œuvre, au terme de laquelle tu pourras transformer tout vil métal en vrai Or ! Plusieurs sont les alchimistes qui ont réussi cet exploit. Je ne parle pas de ceux qui sortaient l'or dissimulé dans leurs manches, ni de ceux qui dissolvaient l'or dans « l'eau royale », avant d'en tirer la même quantité qu'ils y avaient mise. Je parle de ceux qui ont réellement réussi la Transmutation.

Ainsi le Français Denis Zachaire réussit à changer le mercure en or le jour de Pâques 1550. Ou encore Edward Kelley qui transformait le cuivre en or grâce à une poudre trouvée dans quelque mystérieuse tombe galloise. Emprisonné par l'empereur germanique Rodolphe II de Habsbourg, il se tua lors d'une tentative d'évasion, sans avoir livré son secret (1595). De même, Alexandre Seton, qui changeait le plomb en or. Il fut mis à la question par Christian II, prince de Saxe (1603), mais s'enfuit de ses geôles.

Roger Bacon a écrit, dans son *Miroir de l'Alchimie* : « Si tu n'as pas la tête trop dure, si ton esprit n'est pas enveloppé complètement du voile de l'ignorance et de la bêtise, je pense que dans ce traité tu peux trouver la vraie Matière des Philosophes, la Pierre philosophale, sur laquelle l'Alchimie va opérer dans le but de perfectionner les corps imparfaits (les vils métaux) à l'aide de corps plus que parfaits. » Oui, ami lecteur, je vais maintenant t'initier au plus noble des Arts, si tu veux bien oublier quelques instants tes préjugés.

Ce que nous dénommons aujourd'hui par « mercure » est le seul métal liquide à l'état naturel. Sa fluidité, sa couleur et son brillant le faisaient appeler hydrargent (Hg), ou « vif-argent ». Il n'y a, bien entendu, sur Terre, aucune rivière où coulerait cet « argent liquide » : il ne fait que suinter du minerai (roche) de cinabre. Ce dernier est un « sulfure de mercure » (HgS), c'est-à-dire un mélange de mercure et de soufre, dans lequel le soufre jouerait, selon les Anciens, le rôle du « mâle », et le mercure de « femelle ». Ainsi, la plupart des corps naturels sont hermaphrodites.

Le cinabre est extrait, depuis l'antiquité, des généreuses mines d'Almaden, en Castille. Les richissimes banquiers Fugger obtinrent l'exploitation de ces mines, contre des prêts au roi d'Espagne. Grand bien leur en fut, car le mercure sera massivement utilisé pour l'extraction de l'or des Amériques : le vif-argent a la propriété de s'amalgamer au plus précieux des métaux, qu'il extirpe ainsi de ses minerais impurs.

Dioscoride décrit, au Ier siècle après Jésus-Christ, un procédé de séparation du cinabre pour obtenir le vif-argent : « on pose dans un vaisseau d'argile un pot de fer contenant du cinabre, et on le recouvre d'un chapiteau luté (rendu étanche) avec de la terre glaise. On chauffe par-dessous avec des charbons de bois. La suie qui adhère au chapiteau, une fois raclée et refroidie, n'est autre que du vif-argent. »

Il s'agit d'une distillation du cinabre. Le mercure bout à 350°, température à laquelle il s'élève sous forme de vapeur jusqu'au chapiteau, tandis que le soufre (qui bout à 440°) reste au fond du vaisseau. Le refroidissement du mercure le fait se condenser en vif-argent. Mais Dioscoride ignorait cette explication.

Les métaux, comme le fer, le cuivre, le plomb, l'étain et même l'argent, se trouvent rarement à l'état pur (« natif ») dans la nature, mais généralement combinés avec de l'oxygène (oxyde) ou du soufre (sulfure). Une exception comme celle de l'or est bien connue, dont les petites paillettes ou les pépites se cachent dans les graviers de certaines rivières ou qui constitue des filons souterrains.

C'est la chaleur du feu qui est nécessaire à la purification des métaux depuis leurs minerais, comme dans le cas du mercure. Les Anciens avaient remarqué que la composition des métaux avait une influence considérable sur leurs propriétés. Ainsi, le cuivre pur, que nous utilisons aujourd'hui dans les fils électriques, est trop mou pour forger des armes réellement efficaces. Les outils de cuivre ou d'or réalisés à partir de métaux natifs n'avaient pas été capables de révolutionner les civilisations de « l'âge de pierre ». Le premier âge des métaux est donc celui du « bronze ancien », dont les artéfacts furent d'abord constitués d'alliages de cuivre et d'arsenic, puis de cuivre et d'étain.

Cette métallurgie a donné naissance à deux filles, toutes les deux nommées alchimie. L'alchimie métallique a pour ambition de purifier les métaux. L'alchimie organique met en œuvre les mêmes procédés en les appliquant aux produits végétaux ou animaux, comme dans le cas de la distillation du vin, pour produire de l'alcool.

Plusieurs grands Maîtres de l'alchimie ont écrit des traités sur la manière de transmuter les métaux les plus courants en argent, ou même en or. Tous se sont cachés sous le nom de philosophes célèbres. Qui était au XIVe siècle le véritable auteur du *Composé des Composés*, portant la signature du moine dominicain Albert le Grand, ayant vécu cent ans auparavant ? De même, l'Anglais Roger Bacon, surnommé « l'extraordinaire docteur », n'a pas écrit le *Miroir de l'Alchimi*e (XVe siècle) qui lui est attribué. C'est encore tout au plus un élève du médecin catalan Arnaud de Villeneuve qui serait l'auteur du *Chemin du Chemin* !

Je suivrai ici *La Clé universelle* (*clavicula*, en latin), signée « Raymond Lulle », mais qui n'est point l'œuvre du célèbre théologien né à Majorque au milieu du XIIIe siècle, professeur à la Sorbonne, et missionnaire d'un bout à l'autre de la Méditerranée. Les écrits alchimiques du pseudo-Lulle peuvent être datés du XIVe au XVIe siècle, et sont néanmoins considérés comme une référence en l'Art[1]. Si la recette qu'ils nous dévoilent ne te réussit pas, ami lecteur, tu ne pourras donc point t'en retourner contre son anonyme auteur.

Le traité s'appelle *La Clé universelle* car il donne le procédé pour réaliser entièrement « le Grand Œuvre ». En effet, Lulle nous assure qu'après tant d'ouvrages volontairement abscons, il va enfin nous expliquer clairement comment atteindre le but dont rêve tout alchimiste. Il demande au lecteur de ne divulguer ces secrets qu'au plus petit nombre, lui-même ne les ayant appris que par un don de Dieu.

On doit partir d'un métal, peu importe lequel car, d'après Avicenne (Ibn Sīnā), le grand philosophe persan (XIe siècle), tous les métaux peuvent être ramenés à leur « matière fondamentale », la *prima materia*. Il faut d'abord réduire le métal en Mercure, non pas en mercure vulgaire, c'est-à-dire en vif-argent, mais en Mercure des philosophes qui, avec le Soufre, sont les deux constituants de toute matière.

Ce Mercure peut être ensuite uni et joint aux vils métaux, à l'aide d'un fort lien d'amour, tel qu'il est ensuite impossible de les séparer. Il les change alors en métaux purs, c'est-à-dire en argent et en or, que les alchimistes appellent Lune et Soleil, de meilleure qualité que ceux qui sortent des mines.

Comment obtenir ce Mercure ? Il faut partir de « chaux de Lune ». Pour cela, amalgamer dans un creuset une once de Lune coupellée, c'est-à-dire d'argent purifié par coupellation, avec trois onces de mercure en chauffant et remuant. En effet, le mercure a la propriété de former un alliage avec l'argent par simple trituration. Puis mélanger cet amalgame à du vinaigre et du sel, laver à l'eau ordinaire et passer dans un linge bien propre. Calciner durant douze heures ce qui reste sur le linge. Pulvériser cette matière : c'est la Chaux blanche que l'on met en réserve[2].

Il faut maintenant préparer de l'huile de tartre. Le tartre de vin se dépose sur les parois des tonneaux, pendant la fermentation du jus de raisin, sous forme de plaques épaisses (c'est du bitartrate de potassium $C_4O_6H_5K$). Il faut

[1] *La Clavicule* fut imprimée en 1602 dans un volumineux recueil d'écrits alchimiques, le *Theatrum chemicum*.

[2] Les alchimistes appelaient « chaux » tous les oxydes métalliques. Mais l'oxyde d'argent, Ag_2O est une poudre marron foncé ou noire. Lemery explique (p. 117) : il reste une portion de sel dans le précipité, ce qui lui donne une couleur blanche comme de l'amidon. C'est la chaux d'argent.

le calciner au fourneau pendant dix heures, le pulvériser et le laisser reposer en un lieu humide. Il prend alors la forme d'un liquide visqueux : l'huile de tartre.

La chaux de Lune obtenue précédemment doit être imbibée d'huile de tartre. Lorsque le mélange a séché, on l'introduit dans un matras à long col, avec du menstrue puant.

Le menstrue (liquide) puant est préparé en distillant sept fois un mélange de vitriol « rouge[3] » issu des mines, avec du salpêtre (KNO_3), que l'on a ramassé à la surface de quelques murs humides, comme dans les caves ou les écuries.

On place le matras sur un feu de charbons de bois, jusqu'à ce que la matière y bouille et se dissolve. Quand le menstrue s'est évaporé, on laisse refroidir. On sort alors la matière pour la mettre à distiller dans un vaisseau que l'on pose sur les cendres à l'intérieur d'un fourneau : les esprits (vapeurs) puants s'envolent (s'élèvent) dans le chapiteau, puis de condensent dans le récipient. On laisse refroidir, et on récupère la matière qui est restée au fond du vaisseau. On réduit alors celle-ci en poudre que l'on verse dans un vaisseau de terre et l'on recouvre d'eau bouillante. On remue jusqu'à ce que le mélange prenne la consistance de la moutarde.

Cela peut paraître compliqué, mais la Pierre philosophale est au bout du Chemin !

On remue alors avec une baguette, et on voit quelques globules de Mercure apparaître. On rajoute de l'eau bouillante et, peu à peu, la matière devient semblable au mercure vulgaire. Ce n'est pas fini.

On prend de la Lune pure en fines lamelles, que l'on amalgame avec du mercure vulgaire. On place cet amalgame dans un matras et l'on verse dessus le Mercure préparé précédemment. Le matras est mis dans un petit fourneau, dont la chaleur ne doit pas excéder celle du soleil lorsqu'il est dans le signe du Lion (août). La matière devient bientôt noire comme du charbon et épaisse comme de la bouillie, puis grise. On peut alors monter le feu : la matière devient blanche, et réduite en poudre : c'est la Chaux vive des philosophes.

Mets une once d'argent dans un creuset, et fais-la fondre. Jettes-y quatre onces de cette Chaux : tu obtiendras cinq onces d'argent en fusion que l'on peut couler dans une lingotière.

Il s'agit maintenant de produire de l'or. Mettre trois onces de Mercure, comme préparé précédemment, dans un petit matras à long col et faire un amalgame avec une once de vrai Soleil (de l'or) et trois onces de mercure vulgaire. Agiter fortement pour bien mélanger, et mettre au fourneau. Au premier degré de chaleur, la matière devient noire comme du charbon : on dit

---

[3] Selon Lemery (p. 488), le vitriol rouge est du vitriol vert (sulfate de fer : $FeSO_4$) calciné par les feux souterrains. On le nomme aussi colcothar, Fe_2O_3.

alors qu'il y a éclipse du Soleil et de la Lune, qui produit du Soufre plein d'un sang tempéré. Monter le feu au second degré : la matière devient grise, puis au troisième degré, parfaitement blanche. En augmentant encore le feu, elle devient rouge comme du cinabre. Les cendres rouges ainsi obtenues multiplient l'or, comme la Chaux blanche le faisait pour l'argent[4].

Ainsi, pourrait-on produire de l'argent ou de l'or à partir de vils métaux. Or, il n'existe aucune preuve qu'il soit possible de s'enrichir ainsi ! Qu'en pensent les grands auteurs ?

Carl Gustav Jung a consacré un ouvrage volumineux à la psychanalyse de l'alchimie[5], issu de conférences données dans les années 1930.

Carl Gustav Jung
(1875-1961)

« D'un point de vue chimique, la plupart des procédés et recettes que nous ont légués l'Antiquité et le Moyen Âge sont absurdes, et il est certain qu'on ne fabriquera jamais de teinture réelle (qui transforme les métaux) ou d'or artificiel (...). Quelques découvertes utiles en résultèrent occasionnellement, conséquences accessoires du travail dans le laboratoire[6]. »

Selon Jung, les opérations réalisées en laboratoire ne seraient point l'essentiel de l'alchimie, mais seulement le support de processus psychologiques pour une part inconscients, projetés et même perçus dans la matière en cours de transformation[7]. Il existait un domaine intermédiaire entre la matière et l'esprit qui rend intelligible la pensée alchimique, laquelle, sinon, ne semblerait qu'absurdité[8]. L'alchimiste dialogue avec son propre inconscient : c'est la raison pour laquelle ses écrits paraissent aussi obscurs. Il perçoit des visions ou hallucinations qui ne sont autres choses que des

---

[4] Ce sont les couleurs du soleil, noir la nuit, blafard à l'aube, jaune à midi, rouge au coucher.
[5] Jung, 1944.
[6] Jung, p. 336.
[7] Jung, p. 373.
[8] Jung, p. 385.

projections de contenus inconscients. Le serpent qui ondule à la surface du liquide au cours d'une distillation n'est que le fruit de son imagination. Le secret essentiel de l'art serait caché dans son esprit, c'est-à-dire son inconscient[9].

Ainsi, les nombreuses étapes de l'Œuvre ne seraient autres qu'une nomenclature des transformations psychiques elles-mêmes[10].

Les écrits que cite Jung ne sont pas *La Clavicule*, mais ceux que Lulle qualifie de « volontairement abscons », et où abondent les allégories. On y trouve de nombreuses références à la mythologie antique, ce qui n'a rien d'étonnant, à la Renaissance, d'autant plus que l'alchimie avait pris ses racines chez les Egyptiens et les Grecs.

Le long Chemin, pour obtenir la Pierre, y est comparé au périple des Argonautes à la recherche de la toison d'or[11]. Les deux Titans, Prométhée et son frère Epiméthée, sont l'âme et le corps[12], comme le Mercure au cœur des métaux, et son apparence extérieure. Mercure, c'est évidemment l'Hermès des Grecs, le divin ailé, le dieu de la révélation, qui symbolise la substance transformante[13]. Si, extérieurement, il peut prendre l'aspect du vif-argent, intérieurement, c'est l'esprit créateur du monde, emprisonné dans la matière[14].

Mais l'alchimiste cherche avant tout à percer le mystère de l'union sexuelle des constituants de la matière, qui est un véritable accouplement (*coitus*[15]) du mâle avec la femelle, du corps et de l'esprit, du Soufre avec le Mercure. Mystère, car la matière primordiale (*prima materia*), lorsqu'elle était encore unique, devait être bisexuelle[16], comme le serpent ou le dragon, qui se mordent la queue. Elle a dû se féconder voire s'enfanter elle-même. Ainsi, le vif-argent est-il à la fois métal et liquide, froid au toucher, mais ardent au point d'amalgamer l'étain, le cuivre, l'argent ou l'or, poison mais aussi remède.

Dans la *Tourbe des Philosophes*[17], le pays étant stérile, car seul le semblable peut s'unir au semblable, le roi doit marier son fils à sa fille, cet inceste étant l'unique porteur de fertilité. Chez l'Anglais Ripley (XVe siècle), les noces royales sont celles de la reine avec son fils, car la maladie du roi l'a rendue stérile. Cet inceste est déguisé sous forme d'adoption, mais la mère n'en tombe pas moins enceinte.

---

[9] Jung, p. 358.
[10] Jung, p 398.
[11] Jung, p. 503.
[12] Jung, p. 497.
[13] Jung, p.195.
[14] Jung, p. 403.
[15] Jung, p. 324.
[16] Jung, p. 607.
[17] Jung, p. 555.

Le vaisseau (*vas*) où se réalisent les opérations alchimiques est l'utérus dans lequel naît le fils des Philosophes[18], c'est-à-dire la Pierre. C'est encore l'œuf ou chaos primordial, dans lequel l'âme du monde est captive [19]. Le vaisseau alchimique copie celui de la nature, et reproduit la Création par Dieu[20]. L'esprit s'y élève jusqu'au chapiteau, tel l'aigle ou l'Hermès ailé, et la matière purifiée retombe dans le récipient. C'était ainsi qu'Hermès conduisait les âmes au Royaume des morts.

Cet esprit caché dans la matière primordiale deviendra-t-il le Saint-Esprit [21] des chrétiens ? Le Christ n'est-il pas la Pierre, son sang, le Mercure et sa chair, le Soufre ?

Gaston Bachelard
(1884-1962)

Gaston Bachelard est une figure majeure de l'épistémologie du XXe siècle. En 1938, il publie *La Formation de l'Esprit scientifique*, dans laquelle il étudie le passage historique d'un état « préscientifique » des connaissances à un « état scientifique », en opposant l'alchimie avant le XVIIIe siècle, à la chimie moderne, qui prend son essor depuis cette date.

Le premier état peut être dit « concret[22] », où « l'esprit s'amuse des premières images des phénomènes et s'appuie sur une littérature philosophique glorifiant la Nature, chantant curieusement à la fois l'unité du monde et sa riche diversité. »

Le passage d'un état à l'autre se fait en franchissant un certain nombre « d'obstacles épistémologiques », un concept purement bachelardien. Le progrès de la science, lors d'une telle transition, n'est pas continu, par accumulation du savoir, mais « détruit des connaissances mal faites ». La science progresse contre la simple « opinion », qui était reine auparavant.

---

[18] Jung, p. 332.
[19] Jung, p. 288.
[20] Jung, p. 332 (note).
[21] Jung, p. 471.
[22] Bachelard, p. 11.

« L'opinion pense mal ; elle ne pense pas : elle traduit des besoins de connaissances. En désignant les objets par leur utilité, elle s'interdit de les connaître. On ne peut rien fonder sur l'opinion, il faut d'abord la détruire. »

Les principaux obstacles à surmonter étaient alors l'unité de la nature, l'utilité des phénomènes, la recherche de la perfection, l'obstacle verbal, où un mot à lui seul tient lieu d'explication : le concept n'est pas défini en analysant le phénomène, mais c'est l'analyse du phénomène qui s'adapte au concept.

Unité de la nature : les opérations de l'alchimie sont dénommées par des termes issus de la biologie. C'est l'obstacle animiste. L'alchimiste procède, sur ses métaux ou autres minéraux, à des coagulations, comme celle du lait ou du sang, à des fermentations, digestions, putréfactions, copulations...La cornue n'est autre qu'un estomac artisanal. La Terre possède des veines, dans lesquelles croissent les métaux. Ainsi, tout ce qui est fondé sur l'analogie des trois règnes, minéral, végétal et animal se fait toujours au préjudice du premier : on attribue une « âme » à la matière elle-même. Les phénomènes biologiques servent de moyens d'explication aux phénomènes physiques[23].

Bachelard se livre à ce qu'il appelle une « psychanalyse de l'esprit scientifique » : l'Alchimiste mêle sa vie sentimentale à sa vie scientifique. À l'opposé du chercheur contemporain, son laboratoire se situe dans sa maison, son grenier ou sa cave. Il doit commencer par purifier son âme avant de purifier la matière. S'il échoue dans son expérience, ce n'est pas un échec, mais une faute morale. Ainsi l'observateur et l'objet ne sont pas dissociés, à l'inverse du processus d'objectivation (ou plutôt de désubjectivation) à la base de la science moderne[24].

La psychologie de l'alchimiste est celle du quinquagénaire[25], « qui, pour la première fois, vient de sentir une valeur sexuelle menacée ». S'il ne ménage pas sa peine, c'est « pour faire reculer cette ombre, pour effacer ce mauvais signe, pour défendre la valeur suprême[26] ». L'alchimiste est toujours un homme de cinquante ans. D'où les élixirs de jouvence.

Cette approche conduit Bachelard à une vision très péjorative de l'alchimie. Le mécanisme de l'alambic, à la base des conceptions alchimistes, lui « semble clairement factice [27] (...). Ces distillations préscientifiques ont un caractère vain », en comparaison des distillations fractionnées, comme celles mises en œuvre dans les raffineries de pétrole contemporaines.

---

[23] Bachelard, p. 194.

[24] Ce processus sera remis en cause de manière différente dans le cadre du troisième état des connaissances, « le nouvel esprit scientifique », qui apparait au début du XXe siècle, et dans lequel l'observateur influe sur les conditions de l'expérience (mécanique quantique).

[25] Bachelard a 54 ans lorsqu'il écrit *La Formation de l'Esprit scientifique.*

[26] Bachelard, p. 235.

[27] Bachelard, p. 142.

Pire, les opinions de Blaise de Vigenère[28] sont absurdes, ses textes surchargés de vésanies ; la cohobation, qui consiste à distiller plusieurs fois un même produit, est totalement incompréhensible à la lumière des connaissances actuelles.

Bachelard cite *Le Cosmopolite* [29] : « On voit par l'anatomie des métaux qu'ils participent en leur intérieur de l'or, et que leur extérieur est entouré de mort et de malédiction. Car premièrement l'on observe en ces métaux, qu'ils contiennent une matière corruptible, dure et grossière, une terre maudite ; à savoir, une substance crasse, pierreuse, impure et terrestre, qu'ils apportent dès leur minière[30]. Secondement, une eau puante, et capable de donner la mort. En troisième lieu, une terre mortifiée qui se rencontre dans cette eau puante ; et enfin une qualité vénéneuse, mortelle et furibonde. Mais quand les métaux sont délivrés de toutes ces impuretés maudites, et de leur hétérogénéité, alors on y trouve la noble essence de l'or. »

Pour Bachelard, il s'agit ainsi d'une transmutation de valeurs plutôt que d'une transmutation de substances, ce qui prouve la valorisation inconsciente des substances par la mentalité préscientifique[31].

Une révolution scientifique[32] aurait donc mis fin à l'état préscientifique, pour donner naissance à la science moderne. Cette notion, de discontinuité franche entre une pensée archaïque et un savoir basé sur une méthodologie rigoureuse, est remise en cause par certains chercheurs contemporains. Steven Shapin[33] introduit son essai par : « Il ne s'est rien passé de tel qu'une Révolution Scientifique ». Et, pourtant, son étude porte sur les travaux de savants comme Galilée, Boyle ou Newton, qui semblaient effectivement les fondateurs d'un esprit scientifique totalement nouveau.

William R. Newman[34]soutient que, contrairement au point de vue de Bachelard, l'alchimie a joué un rôle historique dans le passage de la pensée des Anciens à celle des Modernes, concernant la structure de la matière. Le fond du débat est le suivant : la chimie moderne s'est-elle construite contre l'alchimie, en surpassant les obstacles épistémologiques dont elle aurait parsemé le chemin de la connaissance, ou par l'alchimie. Ainsi Geber, alias

---

[28] *Traité du Feu et du Sel*, XVIe siècle.

[29] «Le Cosmopolite » est un pseudonyme pour l'auteur de plusieurs traités d'alchimie publiés au début du XVIIe siècle. Il s'agirait de l'Ecossais Alexandre Séton, puis de son disciple, le Polonais Michael Sendigovius.

[30] Minière : minerai brut, tel que sorti de la mine.

[31] Bachelard, p. 173.

[32] La notion de « révolution scientifique » est due à Koyré, postérieurement à la *Formation de l'Esprit scientifique* de Bachelard.

[33] Steven Shapin, professeur d'histoire des sciences à Harvard, *The Scientific Revolution*, 1996.

[34] William R. Newman, professeur d'histoire et de philosophie des sciences à l'Université d'Indiana : *Atoms and Alchemy: Chymistry and the Experimental Origins of the Scientific Revolution*, 2006.

Paul de Tarente, dès le XIIIe siècle, a-t-il, par sa conjugaison de la théorie et de la pratique, été le précurseur d'un renouvellement des idées sur la constitution de la matière, généralement attribué à Boyle, 400 ans plus tard ! Le même Geber peut être crédité de pratiques expérimentales dont la formalisation est attribuée à Francis Bacon, trois siècles plus tard !

De même, les réflexions de l'alchimiste van Helmont sur la conservation de la masse (début du XVIIe siècle) anticipent les méthodes d'Antoine Lavoisier, présenté comme le « père de la chimie moderne » (fin du XVIIIe siècle).

Pour Newman, les historiens ont vu de l'immobilisme, là où se passaient de réels changements, puis un renouvellement radical des sciences, alors qu'elles se développaient graduellement.

Bruce T. Moran[35] conclut son *Alchemy, Chemistry and the Scientific Revolution* (2005) par : « mon point de vue est simplement d'inclure l'alchimie et la chimie comme participant à la Révolution Scientifique, sans attendre Lavoisier et ses techniques quantitatives ou son explication de la combustion ou de la calcination par l'oxygène[36]. » Distinguer la rationalité de la chimie d'une prétendue logique défectueuse de l'alchimie est une erreur, car la chimie n'annule pas et ne remplace pas simplement l'alchimie. Considérer que la chimie est née d'une rupture complète avec les processus de l'alchimie relève, au minimum, d'une pure illusion.

Aussi diverses sont les opinions des historiens sur l'alchimie ! Pour les uns, l'hyper subjectivité des alchimistes a bloqué toute évolution de cette discipline. Leurs expériences étaient fantaisistes, et leurs écrits cachaient des conceptions erronées derrière des amoncellements d'allégories. L'alchimiste sondait les profondeurs de son esprit, plus que celles de la matière. Il exprimait aussi ses désirs sexuels dans un langage qui l'abritait de la censure : coït du mâle et de la femelle, inceste originel, autofellation de l'ouroboros…

Pour les autres, une lecture attentive des traités d'alchimie fait ressortir la contribution de cette proto-science. La connaissance de la matière a progressé de manière très différente de celle des mouvements planétaires. L'astronomie était « scientifique » dès l'antiquité : Ptolémée calculait le mouvement des planètes (presque) aussi bien que ne le feront Copernic ou Kepler, quinze siècles plus tard. L'astronomie a cohabité avec l'astrologie, sa courtisane de petite sœur, et s'en est séparée au fil du temps[37]. Il semblerait que l'alchimie fût à la fois fille de bonne et de mauvaise vie.

Pour comprendre l'alchimie, il faut éviter l'obstacle anachronique. Eviter de juger les écrits de l'époque avec les lunettes déformantes du chimiste moderne. Eviter de ne voir que des expériences insensées (*vesaniques selon*

[35] Professeur d'Histoire à l'Université du Nevada.
[36] Moran (2005), p. 184.
[37] Voir Walch (2017).

Bachelard). Eviter, à l'opposé, de filtrer les traités alchimiques pour n'en retenir que ce qui a participé aux progrès de la science. Savoir s'immerger dans l'esprit « scientifique » de l'époque.

Thomas Kuhn (*La Structure des Révolutions scientifiques*) a défini la notion de « science normale », comme étant, à une époque donnée, un ensemble de connaissances admises par un groupe dominant de chercheurs, et souvent exposées dans un traité cohérent et complet. Il cite la Physique d'Aristote, l'Astronomie de Ptolémée, Les Principes de Newton, ou encore la Chimie de Lavoisier[38]. Une révolution scientifique consiste à changer de « norme », comme de la Mécanique aristotélicienne à celle de Galilée.

(Chp.1) Dans l'Art médical, la science normale se fondait sur les écrits des Grecs Hippocrate (Ve siècle avant J.-C.), et Galien (IIe siècle après J.-C.). Le corps humain serait drainé par quatre « humeurs » : le sang, la pituite, la bile et la mélancolie. La maladie apparaitrait lorsqu'il y a déséquilibre entre ces humeurs. Le médecin doit donc rétablir cet équilibre, comme par la saignée. Le traitement se fait aussi par des médicaments constitués de « simples », c'est-à-dire de plantes médicinales.

Le Suisse alémanique et luthérien Paracelse sera à l'origine d'une révolution de l'Art médical, remettant en cause la doctrine et les pratiques de Galien. Sa médecine est astrologique et alchimique. Ce chapitre est consacré à la querelle de l'antimoine, qui opposait les très catholiques docteurs galénistes de Paris aux paracelsiens tenants des médicaments métalliques.

(Chp.2) Le paracelsisme se développe à la faculté de Montpellier. Henri IV, qui avait fini par confier son âme aux évêques catholiques, préférait les médecins calvinistes et paracelsiens pour les soins de son corps : Jean Ribit de la Rivière, Joseph du Chesne, Théodore de Mayerne. Ceux-ci soignent la grosse vérole (syphilis) par le mercure, distillent végétaux et minéraux pour les purifier, et identifient les vertus médicinales des plantes par leurs ressemblances avec les parties du corps humain (leur « signature »).

(Chp.3) La doctrine paracelsienne est exposée de manière systématique dans la *Basilica chymica* d'Oswald Croll (1608), médecin du prince calviniste Christian d'Anhalt. Les docteurs galénistes passent le plus clair de leur temps dans les vanités de la scolastique, tandis que les paracelsiens conjuguent expérience des malades et connaissance de ce qui régit le corps et l'esprit de l'homme : ses Astres. Il n'est donc pas étonnant que les maladies ne puissent être soignées par les méthodes galénistes, mais par les remèdes chimiques, extraits des minéraux, tels l'antimoine, le mercure, ou l'arsenic. Des

---

[38] Kuhn, p. 29.

préparations complexes à base de plantes ou de parties animales ont aussi des effets spécifiques, telles les raclures de crâne humain, l'huile de sang de cerf ou de mâchoires de vieilles carnes. Il ne faut pas soigner le semblable par l'opposé, mais le semblable par le semblable.

(Chp.4) Pour Jung, « quelques découvertes utiles résultèrent occasionnellement en conséquence accessoire du travail dans le laboratoire des alchimistes ». Certes, les préparations réalisées par les grands Maîtres du Moyen Âge sont le plus souvent décrites de manière obscure, et aucun traité ne les rassemblait méthodiquement. Mais l'*Alchemia* de l'Allemand Libavius (1597) vient contredire les assertions du psychanalyste. Sa mouture française, due à Jean Béguin (*Eléments de Chimie*, 1615), ne donne pas moins de 60 recettes de produits chimiques : alcool de vin, acide acétique, acide sulfurique, acide chlorhydrique, acide nitrique, chlorure d'ammonium, chlorure mercureux, ...mais aussi poudre de sympathie, or potable ou mercure de vie.

(Chp.5) Le début du XVIIe siècle fut marqué, en Allemagne, par une montée des tensions religieuses. Les princes luthériens et calvinistes formèrent une alliance militaire, l'Union Evangélique, à laquelle répondit une Ligue catholique. C'est dans ce contexte que furent publiés les manifestes des Frères de la Rose-Croix. Il s'agissait de lancer le projet d'une Révolution mondiale, devant mettre à bas d'un seul coup la religion catholique, la philosophie scolastique et la médecine galénique ! Le prince Frederick V du Palatinat prit la tête de la rébellion contre l'empereur Ferdinand II de Habsbourg et son allié Maximilien de Bavière, tous deux formés chez les jésuites. Il s'en suivit une « Guerre de Trente Ans » qui mit l'Allemagne à feu et à sang.

(Chp.6) Jean-Baptiste van Helmont, né Bruxelles, en Pays-Bas espagnol, fit ses études à l'université de Louvain. Il soutenait l'existence de l'onguent armaire, qui guérit les plaies à distance, une fois enduites les armes ayant provoqué les blessures. Œuvrant en pays catholique, il fut donc inquiété par l'Inquisition d'Espagne. Mais on lui doit aussi la découverte du gaz carbonique.

(Chp.7) L'illustre Robert Boyle, d'une noble famille irlandaise, rejette la théorie aristotélicienne des quatre éléments, ainsi que celle des alchimistes faisant du Mercure, du Soufre et du Sel les principes ultimes de la matière. Celle-ci serait plutôt constituée de petites particules, de différentes tailles et formes, et différemment agitées. Ainsi devrait sauter le verrou empêchant le passage de l'alchimie à la chimie.

(Chp.8) Cette nouvelle philosophie tarde à porter ses fruits. Pour Nicolas Lémery, les principes alchimiques doivent être complétés de « pointes » qui rendent les acides piquants, et de « pores » dont sont pourvus les alkalis, ce qui explique leurs interactions avec les acides. Son *Cours de Chimie* (1675) reprend le plan de Béguin, tout en clarifiant nombre des opérations.

(Chp.9) Après la mode des pointes et des pores, vint celle du phlogistique, une forme moderne du Feu aristotélicien. C'est maintenant un élément composé de particules infiniment petites, et agitées d'un mouvement très rapide et continuel. Ainsi la rouille ne serait-elle autre que du fer privé de son phlogistique. De manière plus générale, la calcination des métaux (transformation en « chaux » par chauffage), leur ferait perdre leur phlogistique.

Il fallut attendre la toute fin du XVIIIe siècle pour que Lavoisier prouve l'augmentation, et non la diminution, du poids des métaux par calcination. Au lieu de perdre du phlogistique, ils devaient se combiner avec un des constituants de l'air : l'oxygène. Le Français peut alors définir une nouvelle nomenclature des éléments chimiques (1787) : l'esprit de Vénus devient acide acétique ; l'huile de vitriol, acide sulfurique ; l'esprit de vin, alcool ; l'alkali volatil, ammoniaque ; le Safran de Mars apéritif, carbonate de fer ; l'air phlogistiqué, gaz azotique (azote) ; le foie d'antimoine, oxyde d'antimoine sulfuré...Le jargon alchimique est devenu langue morte.

(Chp.10) Pour John Dalton (1808), tous les corps, qu'ils soient liquides ou solides, sont constitués d'un grand nombre de particules extrêmement petites, les atomes de matière. Mais surtout, tous les atomes d'un élément chimique donné sont identiques, en particulier par leur poids, alors qu'ils diffèrent d'un élément à l'autre. Il est alors possible de caractériser chacun de ces atomes, et de calculer le nombre d'entre eux qui entrent en combinaison pour former les molécules.

Ainsi, les bases de la chimie contemporaine ne furent-elles établies qu'au début du XIXe siècle.

Avertissement : toutes les formules et équations chimiques figurant dans le texte sont des représentations **modernes** destinées à faciliter, par leur uniformité, la compréhension des substances et des réactions mentionnées par les **auteurs anciens**.

Chapitre 1

La querelle de l'antimoine

N'est-ce pas un malheur de voir par notre France
Les esprits tellement pleins de division
Que chacun, pour servir sa propre passion,
Blâme et reprend autrui d'une sotte arrogance.
J'ai vu un médecin de brave contenance,
Bien encamelotté, blâmer l'opinion
De ce docte Allemand[39]*, parmi sa nation*
Qui montra de son art la divine puissance.

Sonnet d'Estienne Tabourot Avocat à la Cour du Parlement de Bourgogne[40].

La bataille des Dunes (1658)
par Charles-Philippe Larivière

---

[39] Il s'agit bien sûr de Paracelse.
[40] Poète français (1547-1590).

En 1658, Louis XIV combat les Espagnols dans les Flandres. Ses victoires aux batailles des Dunes (le 14 juin), puis de Dunkerque (25 juin), contraindront Philippe IV à accepter le Traité des Pyrénées, qui donne à la France l'Artois et le Roussillon. Mais le Roi, âgé de seulement vingt ans, tombe gravement malade, alors qu'il s'est retiré dans le fort de Mardyck. Antoine Vallot, docteur de Montpellier, était en ce temps-là premier médecin de Louis.

Vallot attribue le mal à la corruption de l'air, l'infection des eaux, le grand nombre de malades soignés dans le fort, ainsi qu'aux cadavres qui pourrissaient sur place. Toujours est-il que le Roi présentait les symptômes du typhus[41], qui se développe là où les conditions d'hygiène sont catastrophiques.

Louis commence à se plaindre de fortes fièvres accompagnées de maux de tête. Une première saignée est administrée le 1er juillet[42]. Mais le mal s'aggrave : le roi souffre du dos, passe une nuit agitée au cours de laquelle il délire ; son pouls est irrégulier. Vallot multiplie les saignées. Louis est animé de convulsions, et présente, le 4 juillet, malgré deux saignées ce jour-là, « une bouffissure qui ressemble à celle que l'on remarque après la morsure d'un serpent ». En effet, environ cinq jours après l'apparition de la fièvre, les malades du typhus sont atteints d'éruptions cutanées sur le thorax. Le 5, on fait venir, en renfort, deux médecins de Paris. Des tâches rouges, violettes et noirâtres apparaissent sur la poitrine, le bras, le dos. Vallot applique de la poudre vésicatoire sur les bouffissures du roi.

Louis éprouve de très grandes difficultés à respirer, et demande un prêtre. Rien ne semble pouvoir le sauver. Vallot fait alors appel à un médecin « chymique », exerçant en la ville proche d'Abbeville : du Saussoy. Le 8 juillet, celui-ci prépare un vin émétique (vomitif) à base d'antimoine auquel Vallot attribuera la guérison du Roi[43], « un effet prodigieux ». Premières conséquences de ce médicament, Louis se mettra à vomir, et fera un grand usage de la chaise percée.

Le Roi se rétablit alors lentement. Le 18 juillet, il commence à s'alimenter normalement. Le 22, à marcher.

L'usage médicinal de l'antimoine était sujet de querelles depuis au moins un siècle, **la Faculté de Paris** le considérant comme un poison, tandis que **les Médecins de Montpellier** lui prêtaient des effets quasiment miraculeux ! En 1564, Loys de Launay publie un traité sur les *Facultés et Vertus admirables de l'Antimoine*. La réponse des docteurs parisiens ne se fait pas attendre, sous la plume de Jacques Grévin, suivie d'un décret de la Faculté, selon lequel l'antimoine ne devait pas être prescrit en usage interne (1566).

[41] La période d'incubation du typhus est de une à deux semaines. Le typhus est transmis par les poux du corps.

[42] *La Santé de Louis XIV : une Biohistoire du Roi-Soleil*, Stanis Perez (2007).

[43] Le typhus est actuellement soigné par antibiotiques.

Ce n'est pas l'avis des Médecins « de Montpellier », tel Turquet de Mayerne[44], qui y avait obtenu son doctorat en 1597, puis fut médecin ordinaire de Henri IV. Il préconise l'antimoine pour soigner l'épilepsie, l'apoplexie (dix à douze gouttes avec un bon esprit de vin[45] forment le meilleur vomitif qu'on puisse choisir pour guérir l'apoplexie), la manie et la mélancolie (faire vomir avec du verre d'antimoine).

Il décrit les recettes d'électuaires (pâtes administrées par voie orale) contre les écrouelles (tuberculose ganglionnaire), ces tumeurs scrophuleuses qui se logent dans le cou, sous les deux oreilles et au voisinage des veines jugulaires. On mélange plusieurs sortes de racines de plantes, de la conserve de romarin et de sauge, de la chaire de vipère préparée, séchée et pulvérisée (dix dragmes), six dragmes d'yeux d'écrevisses, sept dragmes d'antimoine d'Hartmann, avec de la pâte de coin. Le malade en avale la grosseur d'une noix, puis reste au lit, bien couvert, et environné de vessies de bœuf remplies d'eau chaude. Ainsi sont provoquées de fortes sueurs.

Pour les mêmes écrouelles, on pourra utiliser un électuaire purgatif, dans lequel l'antimoine sera associé, outre les extraits de végétaux, à des parties internes d'éponges, de l'os de seiche, de la corne de cerf calcinée jusqu'à la blancheur, et de la poudre fine de Jupiter (étain).

L'antimoine diaphorétique empêche les humeurs de se coaguler au commencement d'une pleurésie. Contre l'hydropisie de la poitrine, il se substitue heureusement au séné. On peut le prendre comme traitement contre les vers. Il est à la base d'excellents médicaments pour combattre la fistule de l'anus, l'hydropisie du bas ventre, la mélancolie hypocondriaque, les chaleurs d'urine, les calculs et ulcères de la vessie, le cancer de la matrice, la petite vérole, la goutte, ...

À la lecture de sa pharmacopée, on n'est point surpris qu'un décret de la Faculté de Paris ait déclaré Turquet indigne de pratiquer la médecine (1603). Il deviendra cependant, après la mort de Henri IV, premier médecin des rois d'Angleterre successifs : Jacques 1er, Charles 1er et Charles II.

En février 1607, c'est Pierre Reneaulme, médecin de Blois, qui doit prêter serment, devant le Parlement de Paris, de ne plus administrer de médicaments chimiques, et en particulier d'antimoine. En 1615, un décret de la Faculté de Paris, autorisé de la cour du Parlement, condamne la vente de médicaments chimiques par les apothicaires. Puis c'est Guy Patin, docteur de Paris, qui reprend les attaques contre l'antimoine, ce venin chimique, ce médicament diabolique, lequel a « tué plus que le Roi de Suède dans ses guerres en Allemagne ». La Faculté de Paris fait passer thèses sur thèses qui démontrent les propriétés venimeuses de l'antimoine et de ses vins émétiques.

---

[44] *La Pratique de la Médecine*, publication posthume.

[45] Alcool obtenu par distillation du vin.

Mais, suite à la guérison miraculeuse de Louis XIV, la guerre de l'antimoine prend fin par un jugement du Parlement de Paris, en 1666, déclarant que le vin émétique faisait dorénavant partie des remèdes purgatifs dont pouvaient se servir les médecins de la Faculté de Paris.

Mais quelle est donc cette prodigieuse substance ?

L'antimoine est extrait d'un minerai gris, pesant, cassant et brillant, que l'on sortait essentiellement des mines métallifères de Hongrie. Ses magnifiques cristaux ont à peu près la taille d'un petit doigt[46].

L'antimoine ne peut être un métal puisque, selon les alchimistes, ceux-ci ne sont qu'au nombre de 7, qui seraient engendrés dans les entrailles de la Terre par les sept « planètes[47] ». Ainsi, le Soleil et la Lune correspondraient aux deux métaux les plus nobles, l'or et l'argent, et aux deux organes principaux, le cœur et le cerveau ; Mars au fer ; Jupiter et Vénus à l'étain et au cuivre, au foie et aux reins ; Mercure au vif-argent (ou mercure terrestre) et au poumon. D'autre part, les métaux sont ductiles et extensibles ; on peut les étirer sans les casser. Alors que l'antimoine est plutôt friable, et se réduit en poudre sous les coups de marteau. On doit donc le classer dans les « roches métalliques »[48].

La purification du minerai consiste à le faire fondre à feu violent durant six heures dans des pots de terre dont le fond est percé de trous, par lesquels sort la matière fondue, qui est recueillie dans des récipients placés en-dessous. Les parties terreuses restent dans les pots supérieurs, et l'on recueille l'antimoine « crud » (brut) dans les récipients inférieurs. Cette matière brute est encore un mélange d'antimoine pur et de soufre.

Ainsi provenaient de Hongrie des pains d'antimoine, pesant trois ou quatre livres, constitués de petites aiguilles entrelacées, de couleur argentée, et brillantes. Ces aiguilles sont fragiles, aisées à casser.

L'antimoine était utilisé de longue date. Dans l'*Ancien Testament*, Jézabel, l'épouse du roi Achab[49], « mit du fard à ses yeux » (*Rois* 9,30). En Hébreux, ce fard était appelé « khol » ; dans sa traduction latine (la Vulgate), Saint-Jérôme le dénomme « *stibio* », qui signifiait « antimoine » en langue romaine[50].

---

[46] À l'époque on appelait « antimoine » le minerai composé de soufre et d'antimoine (sulfure d'antimoine : Sb_2S_3) que l'on nomme aujourd'hui stibine. L'antimoine pur était appelé « régule d'antimoine ».

[47] De Launay, p. 19.

[48] Aujourd'hui, on en fait effectivement un « métalloïde ».

[49] Achab, roi d'Israël de 874 à 853 av J.-C.

[50] Mais le khol d'aujourd'hui est composé de plomb.

Hippocrate (vers 460-370 av. J.-C.)
Claude Galien (129-216)

Hippocrate (Ve siècle av. J.-C.) avait fondé l'art médical, puis Galien (IIe siècle ap. J.-C.) l'éleva à son plus haut niveau. Le Maître mentionne la Tetragone (*tetragonum* ou τετραγονο) à deux reprises, dans son livre sur les maladies internes. Il la prescrit pour le traitement des maladies ictériques et bilieuses, et de celles qui sont la conséquence d'une pituite pourrie. Il faut alors purger la tête. Galien pense qu'il s'agit d'antimoine (στιμμι) dont Hippocrate formait un médicament rectangulaire (d'où son nom de tétragone) qu'il administrait en errhine, c'est-à-dire par introduction dans les narines, pour purger le cerveau des excréments produits par ces maladies.

Pline en parle ainsi (*Histoire naturelle*, livre XXIII[51]) :

> « Dans les mines d'argent on rencontre une matière qu'on peut appeler, à proprement parler, *pierre d'écume*. Elle est blanche, luisante, sans être transparente ; elle porte le nom de *stimmi*, de *stibi*, d'*alabastrum*, de *larbason*. On en distingue deux sortes, l'un mâle, l'autre femelle. Le stibi femelle est plus estimé ; le mâle est plus rude, plus âpre, moins pesant, moins brillant et plus sablonneux ; le femelle au contraire est brillant, friable, et se fend en lames, au lieu de se séparer en globules.
>
> L'antimoine mâle est plus pur et moins pesant, forme des aiguilles plus grosses et plus brillantes que le femelle, qui contient plus de parties terreuses et granuleuses. Dans les mines, le mâle se trouve toujours au-dessus du femelle.
>
> Il est de propriété astringente et réfrigérante. On l'emploie surtout pour les yeux ; et il a été nommé par la plupart *platyophthalmon*, parce que, faisant paraître les yeux plus grands, il est employé dans les préparations callibléphariques (embellissant les paupières) des femmes. Il guérit les fluxions des yeux, et les

---

[51] Pline l'Ancien, né en 23 après J.-C., mort lors de l'éruption du Vésuve en 79.

ulcères de ces organes : on s'en sert en poudre, avec de la poudre d'encens et de la gomme ; il arrête aussi le sang qui s'écoule du cerveau. En poudre, il est très efficace contre les plaies récentes, et contre les anciennes morsures de chien. Il est bon contre les brûlures par le feu, mêlé à de la graisse, de l'écume d'argent, de la céruse et de la cire. Pour le préparer, on le brûle dans une tourtière, après l'avoir entouré de fumier de bœuf[52] ; puis on l'éteint avec du lait de femme, et on le broie dans un mortier avec de l'eau de pluie. De temps en temps la partie trouble est transvasée dans un vaisseau de cuivre, et purifiée avec du nitre. On reconnaît le marc à ce qu'il est très semblable à du plomb, et occupe le fond du mortier ; on le rejette. Le vaisseau dans lequel ont été transvasées les parties troubles reste la nuit couvert d'un linge. Le lendemain, on décante ce qui surnage, ou on l'enlève avec une éponge. Le dépôt qui s'y forme est regardé comme la fleur. On l'expose au soleil, couvert d'un linge, sans le laisser entièrement dessécher. Alors on le broie de nouveau dans un mortier, et on le divise en trochisques (pastilles). Dans toute cette opération, l'important est de brûler le stibi convenablement, de manière à ne pas le changer en plomb. Quelques-uns pour le faire cuire emploient non du fumier, mais de la graisse ; d'autres le broient en l'imbibant d'eau, le passent dans un linge plié en trois, jettent le marc, transvasent la partie liquide et recueillent tout ce qui s'en dépose, pour s'en servir dans les emplâtres et les collyres. »

L'administration de l'antimoine comme purgatif, donc en usage interne, est contestée par les médecins de Paris, qui le considèrent comme un poison. Galien se serait trompé sur la nature de la Tétragone, qui n'aurait été qu'un fruit de forme carrée. Il n'utilisait lui-même l'antimoine que pour ses propriétés astringentes et dessicatives, comme traitement externe, ainsi que le décrit précisément Pline. On reprochait aussi à l'antimoine ses vapeurs nocives. Alors qu'il fondait de l'antimoine avec du plomb, pour réaliser des caractères d'imprimerie, un pauvre homme respira la fumée noire qui se dégageait : il devint fiévreux, et en mourut.

Par contre, le docteur de Launay[53], grand défenseur de l'antimoine, en avait respiré les fumées, alors qu'il le préparait, et n'en avait éprouvé aucune douleur, ni à la tête, ni à l'estomac. Aussi pense-t-il que notre imprimeur fut étouffé par le plomb, qui est poison lorsque l'eau et la terre dont il est constitué sont mal jointes. Pline nous apprend déjà que lorsque l'on brûle du plomb, il faut bien s'estouper (se boucher) le nez, car les fumées qui sortent du fourneau sont pestilentielles et dangereuses. Albert le Grand nous enseigne que le travail du plomb peut engendrer la paralysie, la débilité (infirmité) du cerveau ainsi que des tremblements du corps.

Ses détracteurs reprochent à l'antimoine d'être un médicament violent, qui bouleverse l'estomac, et fait vomir des humeurs de plusieurs couleurs.

52 Pour le chauffer lentement.

53 De Launay, p. 31.

Pour Launay, ces vomissements font partie du fonctionnement normal de l'estomac[54]. Cet organe est composé de deux parois, l'une interne, faite de fibres, par laquelle il attire ce qui lui plait, et l'autre externe, composée de filaments transversaux, qui le comprime et en rejette ce qui lui est nuisible. Si les parties hautes sont fortes, et les parties basses faibles, l'expulsion se fera par les boyaux ; si les parties basses sont fortes et les parties hautes faibles, la déjection se fera par le haut. Ainsi vomir n'est pas une action contre nature. Une humeur mélancholique sera envoyée plutôt par les boyaux, tandis qu'une humeur cholérique tendra vers le haut par sa légèreté. C'est cette évacuation qui améliore la santé du malade, et le guérit.

L'effet du médicament est donc le suivant : s'il adhère plus à l'orifice de l'estomac, il provoque le vomissement d'une humeur légère, comme la cholère ; s'il est trop violent, et qu'il agite fortement l'estomac, il fera aussi vomir, plutôt que d'éjecter par le bas. Il en sera de même de ceux qui ont l'estomac débile, ou la matière fécale cuite et desséchée dans les boyaux, où elle est retenue depuis longtemps, ou qui sont remplis de ventosités[55]. De Launay rapporte qu'il a vu un personnage qui avait pris un médicament laxatif et qui, cependant, vomit celui-ci lorsqu'il vit que le bassin de la chaise était trop sale !

L'antimoine n'est pas un poison, comme d'aucuns le prétendent. On ne peut pas dire qu'il est violent sous prétexte qu'il a pu faire vomir certains, car cela peut arriver suite à l'ingestion de médicaments considérés comme bénins, et qui sont plus pernicieux et plus vénéneux, comme la scammonée, le turbith ou la rhubarbe.

De plus, une caractéristique de l'antimoine est sa stypticité (astringence), qui est la conséquence de sa substance terrestre, et qu'il ne perd ni par la cuisson, ni par la calcination. Or, l'astringence est le propre de médicaments faiblement nocifs, comme le thymum de l'epithymum, qui sont âcres et styptiques, ou la rhubarbe, la fuleterre et l'aloé, qui sont amers et styptiques[56].

La plupart des laxatifs ont si mauvais goût et si mauvaise odeur que les malades préfèrent endurer leur peine plus longtemps que d'en prendre, alors que l'antimoine n'a aucune saveur, aucune odeur et n'enflamme point le corps.

Andreas Gallus, médecin ordinaire de l'Archiduc d'Autriche, rapporte que son patient souffrait d'une inflammation de l'estomac, du cœur et des poumons, ainsi que du fond de la langue, et d'une soif inextinguible. Les médicaments ordinaires n'avaient eu aucun effet sur lui. Il prit trois grains d'antimoine (1 grain = 0,05 gramme), avec du sucre rosat (sucre blanc, clarifié et cuit dans de l'eau de rose). Il s'en suivit vomissements et déjections par le

---

[54] De Launay, p 39.
[55] De Launay, p. 41.
[56] De Launay, p. 43.

bas. Alors que la plupart des médicaments dessèchent l'estomac, sa soif cessa après les vomissements. Son inflammation de l'épiglotte, au fond de la langue, cessa. Il recouvrit rapidement la santé.

De Launay, qui exerçait en la ville protestante de La Rochelle, cite ses propres expériences. Une jeune fille était si dégoutée depuis huit mois, et son estomac si débile, qu'elle ne pouvait plus supporter l'odeur de la viande, et ne mangeait même plus de pain. Elle prit de l'antimoine, et retrouva l'appétit dès le lendemain.

Un jeune homme avait une grande opilation (obstruction) du foie qui se manifestait par un visage tout jaune, et qui commençait à enfler. Il vomissait tout ce qu'il ingérait. De Launay lui prescrit quatre grains d'antimoine avec de la conserve de roses. Deux jours après, il était guéri et son visage avait retrouvé sa couleur naturelle.

Il y avait une pauvre femme à La Rochelle qui était malade depuis une année et demie, et se trouvait à l'article de la mort. De Launay lui donna trois grains d'antimoine, avec du sucre rosat : elle rendit par le haut et par le bas les choses les plus horribles et puantes qu'on ne vit jamais. La voyant guérie, l'apothicaire qui n'avait réussi, jusqu'alors, qu'à aggraver son mal, lui dit, par dépit, qu'elle mourrait avant la Saint-Jean du poison qu'elle avait ingéré.

Une autre dame était atteinte d'une grosse fièvre pestilentielle. Un médecin de La Rochelle lui tira une once et demie de sang, sans que cela ne l'éloigne de la mort. De Launay lui fit prendre trois ou quatre grains d'antimoine avec de la conserve de roses, vers quatre heures du soir. La médecine fit son devoir tant par le haut que par le bas. Dès cinq heures du matin, elle n'avait plus ni fièvre ni douleur, et l'estomac n'était atteint d'aucune débilité. Son médecin avoua que l'antimoine était la chose la plus admirable qu'il ait jamais vue.

Un chirurgien de La Rochelle vint trouver de Launay concernant un malade de la peste, qui avait un anthrax (gros abcès) à l'épaule et un autre à l'aine gauche. De Launay lui administra quatre grains d'antimoine avec de la conserve de roses qu'il prit à sept heures du matin. Une demi-heure plus tard, son estomac commença à enfler, puis il vomit plusieurs humeurs, jaunes, vertes, blanches et noires, d'un horrible goût amer, puis aigre. Peu de temps après, c'est son ventre qui se lâche d'excréments d'une puanteur insupportable. Le lendemain, il alla déjeuner chez son chirurgien comme si de rien n'était ! Ainsi de Launay a soigné de nombreux malades qui se sentaient frappés par la peste, jusqu'à la fièvre quarte.

Nous devons ainsi remercier la Providence de Dieu de nous avoir révélé un remède si efficace contre cette bête effrénée qu'est la peste, laquelle n'avait jamais auparavant été domptée.

Les docteurs de Paris répondirent donc, par la plume de Jacques Grévin (1566, 1567). Médecin, c'est aussi un écrivain, ami de Du Bellay, Ronsard et

Ramus, qui lance, à l'encontre du Rochelais : « Etudiez donc, maître Baudet, et votre ignorance et malice quitteront la place qu'elles se sont acquise en votre bestiale cervelle. » Tel est le mépris des docteurs de Paris pour les « empiristes ». Telle est la violence de la dispute entre les orthodoxes disciples d'Hippocrate et de Galien, et ceux qui admettent les apports de la chimie !

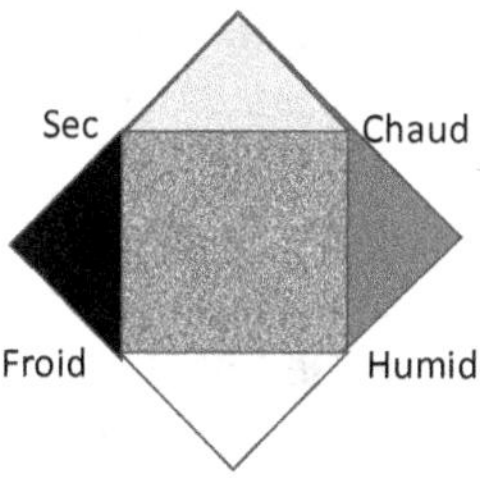

Ainsi que l'enseigne Aristote, tous les corps sont composés des quatre éléments que sont l'air, l'eau, la terre et le feu, auxquels correspondent quatre qualités, le chaud, l'humide, le froid et le sec. Ainsi la chaleur est le premier instrument du feu, par lequel il brûle. Tous les corps composés possèdent des qualités secondes (dur, mou, épais, pesant, léger, gluant ou cassant, par exemple) mélanges des qualités élémentaires. Ceux qui participent de la terre sont froids, secs, durs, épais, pesants, blancs, de goût fade ou insipides et sans odeur.

Quels sont les principes de la médecine galénique[57] ? Les proportions des quatre éléments dans le corps causent la bonne santé, si elles sont harmonieuses, ou la maladie si elles sont dissonantes. Quatre « humeurs » circulent dans le corps. Ce sont le sang, la pituite, la bile jaune et la bile noire. Chacun sait ce qu'est la première.

La pituite procède de la glande pituitaire[58]qui se trouve dans une cavité osseuse à la base du cerveau. C'est elle qui s'écoule par le nez lors des rhumes « de cerveau », où y forme des croûtes lorsqu'elle se solidifie. Elle peut aussi s'accumuler en certaines parties du corps, comme dans les articulations, ce qui est à l'origine des « rhumatismes », ou se déposer goutte après goutte dans les jointures, comme dans la « goutte ». La pituite est froide et humide, et les pituiteux sont phlegmatiques.

[57] Du Chesne, *Traité de la matière*, 1626.
[58] L'hypophyse moderne, qui produit des hormones.

La bile (jaune) est produite par le foie. Les bilieux ont un comportement anxieux. La bile noire, ou encore atrabile, provient de la rate. Elle est à l'origine de la mélancolie et de l'hypocondrie.

Comment apparaît la maladie ? Par le déséquilibre des humeurs. Le traitement doit alors être le suivant : la saignée provoque l'évacuation des humeurs en excès et les médicaments doivent rétablir les équilibres rompus par les contraires en combattant le chaud par le froid et l'humide par le sec.

Selon Grévin[59], les métaux, quant à eux, sont de nature terrestre et sèche, comme tous les médicaments qui restreignent (astringents), estoupent (bouchent), et empêchent la croissance des chairs. Quant à l'antimoine, il est terrestre et sec au troisième degré, comme tous les restreignants, froid et aqueux au quatrième degré, comme le plomb. Ce qui le rend plus froid et sec que les autres métaux, sans en avoir la solidité.

Certains, à la suite de Paracelse, attribuent des vertus cachées aux corps, conséquences de similitudes fantaisistes[60] : la peau de biche guérirait la goutte, sous prétexte que la biche est rapide à la course, ou la cervelle de passereaux exciterait l'appétit vénérien, car les passereaux sont fort lubriques. Pour les alchimistes (Albert le Grand ou Raymond Lulle), les métaux sont faits de Mercure et de Soufre, le premier étant la mère, et le second le père. Selon les qualités de ces deux imaginaires parents, ces métaux seraient parfaits ou imparfaits. La croissance des filons miniers se ferait alors par la vertu d'un esprit vivant, selon les trois dimensions, longueur, largeur et profondeur. Erreur ! On constate dans les carrières de pierres que la croissance des minéraux se fait par adjonction de parties les unes sur les autres.

Pour ces alchimistes, il ne s'agit point du soufre et du mercure vulgaires, qui se vendent chez les apothicaires, mais d'un Soufre et d'un Mercure « philosophiques », dont ils détiennent les secrets. Grévin avait donné soixante-dix écus d'or à l'un d'entre eux pour qu'il les transforme en « mercure des philosophes », et il ne vit jamais rien d'autre que des fumées, des vapeurs et quelques liqueurs ! On imagine où a disparu cet or qui, lui, était véritable !

Toutes ces soi-disant vertus doivent être confrontées à l'expérience, qui ferme la bouche aux fausses raisons. Galien a défini comment doivent être expérimentés les médicaments[61] : d'abord sur un homme sain, puis sur un autre peu atteint, enfin sur un malade. Or, on a abusé de l'antimoine, en le prescrivant à toute heure, à tous âges, pour toutes les maladies, et quelle que soit la complexion du patient.

Grévin l'essaya sur lui-même : il prit trois grains avec un peu de conserve de roses (confiture de pétales de roses). Au bout d'une heure, il fut pris de

---

[59] Grévin (1566), p. 9.
[60] Grévin (1566), p.11.
[61] Grévin (1566), p. 12.

vomissements qui lui firent approcher la mort. Puis il fut travaillé par le bas au point d'être totalement affaibli pendant huit jours. Tout ce qu'il purgea ne fut qu'une matière aqueuse. L'antimoine ne fait donc que tirer l'humidité du corps, par le bas comme par le haut, sans en extraire la moindre humeur.

Un Conseiller de la Cour du Parlement prit de l'antimoine malgré les mises en garde de plusieurs médecins de Paris. Il se fit assister par Grévin. Cet homme était de nature mélancholique, et affecté d'une maladie des plus étranges, pour laquelle il avait essayé toutes sortes de purgations qui lui faisaient jeter par les fondements de grandes quantités d'humeurs glaireuses, épaisses, noires et terrestres. L'antimoine ne lui fit éjecter que de très grandes quantités d'eau. Il en devint si faible qu'il ne put quitter le lit durant quinze jours. Cela ne l'empêcha pas de mourir six mois plus tard.

L'antimoine est un poison, car il est froid au quatrième degré et sec au troisième, comme l'arsenic, qui est chaud et sec au quatrième degré, et pire que la mandragore, qui n'est froide qu'au troisième degré. En conséquence, si l'on peut en admettre une application extérieure, sa malignité exclut de l'utiliser au-dedans.

Galien nous apprend que pour purger par le vomissement, il faut resserrer le ventre[62] ; au contraire, pour purger par le bas, il faut resserrer le haut. Comment l'antimoine peut-il faire les deux ? Les médicaments extraient chacun une humeur bien précise : les uns la cholère, les autres, le phlegme (qui comprend l'humidité terreuse ainsi que la pituite salée), et les derniers la mélancolie, trois humeurs dont l'excès est à l'origine des maladies. Il faut donc prescrire le médicament qui convient à l'humeur qui est par trop débile. Au contraire, les venins, comme l'aconite, les cantharides, l'éphemeron, le colchique détruisent le cœur. L'antimoine a les mêmes actions que ces venins : il travaille par le haut et par le bas. On le prescrit pour des maladies contraires les unes des autres, il tire les eaux d'un hectique comme d'un hydropique, d'un mélancholique comme d'un cholerique ou un phlegmatique. Le phlegme et la cholere étant des maladies contraires, il ne peut extraire et l'une et l'autre. Guérir la peste et la fièvre hectique, quotidienne ou ardente, cela fait trop !

[62] Grévin (1566), p. 14.

Paracelse (1493-1541)

Qu'avons-nous besoin de l'antimoine, quand nous avons la rhubarbe, la scamonée, le turbith comme plantes purgatives, qui n'ont pas d'effets aussi nocifs ? On ne peut se fier à l'autorité de Theophrase Paracelse, qui se nomme lui-même orgueilleusement « prince de la philosophie et de la médecine », et qui soutient que, comme l'antimoine purifie l'or, il purifie aussi le corps en le purgeant. Quel rapport y a-t-il entre l'or et le corps humain ? Cette proposition de Paracelse est sans aucun doute fausse, et tout ce qui s'en suit[63].

Comme d'habitude, Paracelse ne s'exprime qu'en paraboles, cache ses secrets, et décrit ses préparations de manière obscure et incompréhensible[64]. Pour que la purge par l'antimoine soit le début de guérison de toutes les maladies, il ne faudrait pas préparer celui-ci comme le font les apothicaires, mais à la manière des alchimistes[65] :

> « Tu réverbères l'antimoine dans un four, bien serré, durant un mois ; il devient volatil, blanc, puis jaune, enfin rouge et brun, subtil et léger. Tu le prendras alors et tireras son essence par l'esprit de vin (alcool) jusqu'à ce que cet esprit excède de vingt doigts, et lorsque son essence est dans l'esprit du vin, tu devras les séparer l'un de l'autre et retenir l'esprit du vin ainsi mêlé. Tu obtiendras ainsi la plus parfaite mondification (purge) qui soit, qui ôte du corps tout ce qui est impur. »

Ce n'est certainement pas ainsi que de Launay prépare son antimoine. Et pourtant, les paracelsistes crient haut et fort qu'ils peuvent tout, et que rien ne leur est impossible, par la fumée d'un feu chimique, dont ils exhalent surtout arrogance et présomption[66]. Ils commencent par médire, calomnier, rejeter, piétiner l'ancien art de Médecine, au nom de nouveaux principes qu'ils ne

[63] Grévin (1567), p. 67.
[64] Grévin (1566), p. 25.
[65] Grévin (1567), Apologie, p. 66.
[66] Grévin (1567), Apologie, p. 101.

peuvent eux-mêmes pas expliquer. Ils ne font que répéter les amas de mots inutiles dont Paracelse a rempli ses écrits. Comment ses sectateurs peuvent-ils prétendre que les métaux possèdent des vertus inconnues des plantes que nous utilisons avec tant de bonheur pour guérir les maladies ?

Pour ce qui est des simples (les plantes médicinales), les paracelsistes leur prêtent des vertus cachées, dues à leur « forme spécifique » en plus de celles dépendant des quatre qualités premières[67], et leurs vertus proviendraient des astres ! Certes, la forme donne leurs propriétés aux corps, mais les paracelsistes en font une « similitude de substance » (c'est la théorie des signatures). La « pulmonaire » soigne les maladies respiratoires, car elle ressemble au poumon, le lierre, les maladies de la rate, l'hépatique celles du foie, parce qu'elles ressemblent à ces organes.

Telles sont les croyances des paracelsistes, mais pour les médecins de Paris, ces formes sont en la matière, comme la forme d'un chien est contenue en la semence d'un chien, et ne dépend aucunement de l'influence des Astres. Si en la semence de l'homme, ou en la graine de rhubarbe, la forme venait d'ailleurs, cela signifierait qu'il y a corruption. Or, dans la procréation, il n'y a point de telle corruption. Si Dieu a conféré à la première plante de rhubarbe d'engendrer une autre rhubarbe, quelle nécessité y aurait-il d'une quelconque influence des astres à chaque reproduction ?

Les paracelsistes prétendent que leurs médicaments profitent de l'influence des Astres. Ceux qui augmentent la fertilité subiraient l'influence de Vénus ; les herbes qui fortifient le foie celle de Jupiter. Au charlatanisme médical s'ajoute l'imposture astrologique[68] : ils ont inventé ces propriétés occultes par malice et imposture pour s'enrichir, ou devenir célèbres.

Certes, Aristote avait écrit « dans la semence de l'homme, il y a un esprit céleste proportionné à l'élément des Astres (le cinquième élément)[69] ». Mais « en proportion à l'élément des Astres » ne signifie pas « procédant de l'influence des étoiles ». Car le premier signifie avoir quelque similitude avec l'élément des Astres, tandis que le second signifie en descendre et en prendre l'être. Ce serait absurde de dire qu'à chaque procréation de corps (reproduction d'un animal ou d'un végétal), un mouvement et une lumière particulière des étoiles affecte sélectivement cette procréation, et non point une autre. Au contraire, le mouvement et la lumière des astres se communiquent de la même manière à tous les corps.

Le 29 juin 1566, la Faculté de médecine de Paris officialise donc son rejet de l'antimoine en rendant le décret suivant : « En l'Assemblée de tout le Collège de la Faculté de Médecine appelé pour donner jugement de l'Antimoine, il a été avisé par l'autorité de tous ceux qui sont excellents en

---

[67] Grévin (1567), Apologie, p. 104.
[68] Grévin (1567), p. 109.
[69] Grévin (1567), Apologie, p. 106.

l'art de la médecine et confirmé par l'Avocat du Roi : que l'Antimoine est un poison au même rang que les simples qualifiées de venimeuses, que l'on ne peut administrer à l'intérieur du corps sans très grand danger. »

Bien que, au-delà du seul antimoine, la faculté de Paris condamnât toute la doctrine de Paracelse, celle-ci se répandait rapidement en dehors des pays de langue allemande, dont elle était originaire. Pierre Hassard, qui exerçait à Armentières, traduisit en français la *Grande, vraye et parfaicte chirurgie*[70] en 1567. La difficulté de l'exercice était telle qu'une nouvelle traduction fut donnée par Claude Dariot en 1589. Ce docteur avait fait ses études à Montpellier et pratiquait à Beaune. Le texte de Paracelse est complété, chapitre après chapitre, d'annotations destinées à le rendre plus compréhensible.

Il faut dire que l'on va de surprise en surprise. L'Allemand prétend avoir mis au point un médicament universel, qui soigne le cancer, la fistule, le carcinome, les ulcères malins... : le « sel du réagal », dont il ne donne cependant pas la recette[71]. Il croit en la « médecine astronomique », qui était pratiquée par les Perses et les Egyptiens, mais dont il ne nous reste que quelques rares écrits. Ainsi, les vertus des ongles d'Elan, de la corne de Licorne ou de la Cornaline[72] seraient dues aux influences célestes. Les blessures qui sont faites sous les constellations des Gémeaux, de la Vierge ou du Capricorne sont les plus dangereuses. De même les plaies ouvertes peu après la nouvelle Lune, ...

Paracelse considère l'homme comme une reproduction en plus petit du Monde entier : un petit monde, ou Microcosme. Ainsi l'Âme de l'homme fait mouvoir son corps, comme le Ciel fait mouvoir les astres. De même, aux sept planètes (y inclus le Soleil et la Lune) et aux signes du zodiaque correspondent toutes les parties du corps.

Dariot cherche à concilier les méthodes de Paracelse et celles de Galien, ce que tout bon médecin devrait admettre, à condition qu'il ne soit rendu aveugle par la passion[73]. La grande différence ne se trouve que dans la cause des maladies : « La raison pour laquelle la doctrine de Paracelse a été le plus méprisée, n'est pas tant la différence de ses principes, que l'obscurité de ses paroles et le mal qu'il dit souvent de ceux qui prétendent au titre de Docteurs et Médecins. »

---

[70] Paracelse (1536).

[71] Paracelse (1536), p. 48.

[72] La cornaline, rouge et légèrement translucide. Les Égyptiens plaçaient de la cornaline dans les tombeaux car ils croyaient que la déesse Isis utilisait cette pierre pour protéger les morts dans leur voyage vers l'au-delà.

[73] Paracelse (1536), p. 170.

Certes l'Allemand s'oppose radicalement aux Anciens concernant l'harmonie des quatre humeurs[74]. Le corps humain serait fait de quatre éléments : le feu de l'homme, c'est son âme, son corps est sa terre, ses fluides, son eau, et ce qui est vide en lui, son air. En conséquence, il faudrait attribuer les maladies de la tête à la tête, et non au flegme, celles du foie au foie, et non au sang, celle de la rate à la rate, et non à la mélancolie.

Pour guérir les maladies, il ne faut pas purger les humeurs, mais combattre les (mauvaises) étoiles, ou semences (germes) des maladies. L'aimant, l'ambre, le mastic, les résines attirent le fer ou la paille[75]. De même, les planètes attirent à l'extérieur de l'homme ce qui était à l'intérieur. Comme le Soleil tire l'humidité des choses humides, chaque astre tire quelque chose des corps qu'il « domine ».

Aussi, faudra-t-il avoir recours à la médecine astronomique pour trouver les remèdes des ulcères qui ne peuvent être guéris par les drogues vulgaires des apothicaires.

Parce que tout le firmament est contenu dans le corps humain, chaque viscère possède sa propre constellation[76]. Les bubons vénériens sont produits par la corruption de la constellation intérieure aux bourses génitoires. Dans le cas de la peste, c'est une constellation céleste qui excite et corrompt celle qui est en l'homme. Telles sont les causes des maladies contagieuses. Pour Dariot, « Notre Paracelse diligent chercheur et scrutateur des secrets de la nature, nous fait ici contempler une des causes de tumeurs ou ulcères, à savoir la constellation du corps qui domine la partie atteinte (...). Paracelse nomme constellation la propriété ou vertu vraiment sidérale qui est en chaque partie du corps. »

Comment faut-il guérir ces ulcères qui sont causés par des influences célestes[77] ? Tout d'abord, il faut dresser la carte du ciel l'année, le jour et l'heure auxquels le mal a été contracté. Par cette connaissance, tu choisiras un remède qui opère par quelque puissance cachée, comme la culrage tachée (persicaria maculata), ou la serpentine sauvage. Il faut laver la plante à l'eau courante, la poser sur l'ulcère, puis l'enterrer sous un tas de fumier de manière qu'elle pourrisse rapidement. L'ulcère sera alors complètement guéri par la vertu céleste que Dieu a donnée à ces plantes.

En 1578, Roch le Baillif publie un résumé de la médecine paracelsique, le Demosterion. Après des études à l'Université de Caen, il devint médecin du très calviniste Henri de Rohan, avant d'être celui du très catholique duc de Mercoeur. Il quitte alors la Bretagne, pour venir exercer à Paris. Il y est attaqué par la Faculté de Médecine qui lui reproche d'exercer sans son autorisation, et

---

[74] Paracelse (1536), p. 200.
[75] Paracelse (1536), p. 296.
[76] Paracelse (1536), p 301.
[77] Paracelse (1536), p 373.

de plus une médecine pernicieuse. Après trois jours de procès, le Baillif est condamné à quitter la capitale, et repart s'installer à Rennes.

Le Baillif publie sa propre défense[78]. Il montre que certaines opinions de Paracelse avaient déjà été énoncées par les Anciens les plus estimés : Hippocrate, l'empereur reconnu de tous les médecins, Galien, leur roi ou Avicenne, leur prince. Ainsi, Hippocrate avait conseillé de mélanger de la rouille au miel, Dioscoride du vert de gris (la rouille de l'airain) à l'hydromel ou de boire du safran de fer. Le Baillif clame que sa volonté n'est pas de jeter la confusion au sein des Écoles, mais de participer à l'exactitude et la grandeur de la médecine, comme de guérir les maladies incurables. Ainsi met-il en garde contre l'abus d'autorité qui putréfie le siècle.

Quelques aphorismes de Roch le Baillif[79]

Naturels & Expérimentateurs sont deux genres de Médecins.

L'art & science de Médecine se trouve par le feu.

Toute expérience prend commencement de la séparation des choses.

Le fondement de la Médecine est cognoistre la matière des choses, & par expérience l'approuver.

Du Ciel & du reste des Éléments qui est le grand monde vient la cognoissance de la médecine, non du petit qui est l'homme.

Nos corps ne souffrent & ne sont enflammés que par les astres, qui autrement ne souffriraient.

Chacun des Astres firmamentels procrée en l'homme son astre propre : comme Saturne son Saturne, Mars son Mars. Et ainsi des autres.

Le terrestre & mortel parent n'apporte rien à l'homme que la semence : le surplus est céleste.

Maladie est punition de péché : car nostre Dieu visite celuy qu'il ayme.

De l'acuité, & crude exaltation de sel naissent les ulcères, chancres, gangrènes, & semblables maladies : & tous vices de peau, & de la superabondance du Soufre, le corps se consomme finalement de la subtilité du Mercure, vient la mort subite.

---

[78] Le Baillif, *Sommaire Défense aux Demandes des Docteurs et Faculté de Médecine de Paris*, 1579.
[79] Le Baillif, 1578.

Toute corrosion intervenue par l'acuité du sel, se répare par la plante vulnéraire. Et tout ce qui advient par le Soufre en dissolution est restabli par la teinture d'iceluy. Semblablement ce qui par excès subtilise le Mercure, est réparé par l'Or.

Chapitre 2

Les médecins de Montpellier

La seigneurie de Montpellier était rattachée au Royaume d'Aragon puis de Majorque avant d'être vendue au roi de France en 1349. Montpellier, de longue date, était réputée pour la qualité de ses médecins. Sa Faculté de médecine avait été créée en 1220 par une bulle du Cardinal Conrad qui exigeait, pour quiconque voulait pratiquer cet art, un examen par les « Docteurs Régents », et une Licence attribuée par l'Évêque[80].

Le plus célèbre des Maîtres de cette époque est Arnaud de Villeneuve, né en Aragon, qui fit ses études dans les années 1260, pour devenir *Magister medicine*, et enseigner à la Faculté quelques années plus tard.

Arnaud soigna les rois d'Aragon, ainsi que plusieurs Papes. Il aurait guéri Boniface VIII de la gravelle grâce à un sceau d'or astrologique ! Dans son traité de préparation des médicaments (*Antidotarium*), il décrit l'usage de « l'eau ardente » (alcool) obtenue par distillation d'un vieux vin rouge, pour guérir les blessures récentes, et traiter la paralysie ou la pléthore, cet excès de sang et d'humeurs. Mais ce ne fut point l'alchimiste que l'on prétend.

---

[80] Astruc, *Mémoires pour servir à l'histoire de la Faculté de médecine de Montpellier*, 1767, p. 17.

Guillaume Rondelet (1507-1566)
faculté de médecine de Montpellier

Guillaume Rondelet reçut à Montpellier le titre de docteur en 1537, et y devint professeur huit années plus tard, avant d'être « chancelier », c'est-à-dire recteur, de la Faculté. Il y fit construire le premier théâtre anatomique de France, où il pratiquait les dissections de cadavres humains devant ses étudiants, mais aussi d'autres spectateurs. N'avait-il pas réalisé la dissection de son propre fils ? Il a découvert la valvule du colon, les vésicules séminaires, et amélioré la connaissance du rein. En outre, il avait rédigé un ouvrage décrivant les espèces de poissons méditerranéens qu'il avait aussi disséqués.

La liste de ses étudiants est impressionnante. Les frères Bauhin, nés à Bâle, ont décrit des milliers de plantes, et en ont fait une première classification. Volcher Coiter, lui aussi calviniste, fut le premier à décrire l'évolution de l'embryon de poulet, jour après jour. Il fut emprisonné par l'Inquisition, puis se mit au service du prince calviniste Louis VI du Palatinat, puis de Jean Casimir, qui entra en France avec son armée de mercenaires, pour venir au secours des huguenots. Volcher y trouva la mort (1575). Charles de l'Écluse, après ses études à Montpellier, devint médecin à la cour de l'empereur Maximilien, et responsable du jardin impérial, puis créa le jardin botanique de l'Université de Leyde. Mathias de l'Obel devint médecin du prince d'Orange, puis botaniste du roi Jacques 1er d'Angleterre. Leonhard Rauwolf était luthérien. Il herborisa durant trois ans au Proche-Orient, où il découvrit la consommation du café : « Une très bonne boisson qu'ils appellent Chaube qui est presque aussi noire que l'encre et très bonne contre la maladie, spécialement de l'estomac. Ils la boivent tôt le matin en plein air devant tout le monde, sans peur ni précaution, dans des terres cuites ou des tasses de

Chine, aussi chaude qu'ils peuvent, la sirotant un petit peu à chaque fois. » Il s'installa ensuite à Augsbourg, qu'il dut fuir, la ville étant passée au catholicisme. En 1596, il partit avec les armées combattant le turc en Hongrie, et y mourut de dysenterie.

Le calvinisme se propageait au sud de la France. En 1560, Jeanne d'Albret, la mère d'Henri IV, se convertit à la religion nouvelle. Elle ouvre une Académie protestante à Orthez et va même jusqu'à expulser le clergé catholique du Béarn.

La religion réformée gagne aussi Montpellier. En 1561, tous les consuls élus de la ville étaient huguenots, et la population prit d'assaut la cathédrale Saint-Pierre, massacra les catholiques qui s'y étaient réfugiés, et se livra au pillage des biens de l'Eglise. Les huguenots se rendirent maîtres de la ville, pillèrent tous les lieux de culte du diocèse, et chassèrent les prêtres catholiques. Il en fut de même à Lunel, Gignac, Sommières et Nîmes.

Cette première guerre de religion, en Normandie, sur la Loire, dans le Languedoc et le Sud-Ouest, se conclut par la paix d'Amboise (1563), qui accorda la liberté de conscience et l'amnistie aux calvinistes de tout le Royaume, et qui fut acceptée par les montpelliérains.

En 1577, Henri de Montmorency, maréchal de Dampville, fit le blocus de la ville pour le compte du roi catholique. Des renforts venus de Nîmes purent entrer par la Porte de Lates, lorsque fut connue la nouvelle de la paix de Bergerac qui mettait fin à la sixième guerre de Religion. Henri III accorde alors à Montpellier le statut de place de sûreté pour les Huguenots. Tous les consuls qui gouvernaient la commune seront huguenots jusqu'en 1622.

Jean Riolan était devenu doyen de la Faculté de médecine de Paris en 1586. Son fils, Jean Riolan (le jeune), fut reçu bachelier en 1602, puis docteur en 1604, ses sujets de thèse étant : « est-il plus sain de porter les cheveux longs ou courts ? », et « la perte des cheveux peut-elle causer la mort ? » Il fut nommé professeur dès la même année, puis médecin ordinaire de Henri IV ; il deviendra premier médecin de Marie de Médicis.

Pour Jean Riolan (le fils)[81], les sciences sont un don du Saint-Esprit. Le Pape étant le vicaire de Dieu sur Terre, c'est lui qui a autorité sur les âmes, mais aussi sur tout ce qui est du domaine de l'esprit. Voilà pourquoi c'est au Saint-Père que revient d'établir les Écoles, les Académies et les Universités.

À Paris, les étudiants commencent, dans ces dernières, par obtenir le degré de Maître aux Arts, qui leur ouvre les portes des Facultés de Théologie, Jurisprudence, Droit Canon ou Médecine. Dans chacune de ces sciences, ils doivent obtenir leur Baccalauréat puis la Licence, enfin le Doctorat. La licence autorise déjà la pratique de la Médecine. Elle ne peut être décernée par l'un

---

[81] Riolan, p. 144.

des Professeurs, mais seulement par l'Évêque, qui l'attribue « de la part du Pape », puisqu'il s'agit bien d'un degré spirituel. Pour être éligible, le Bachelier doit être catholique et se mettre à genoux, afin de recevoir la bénédiction. Dans chaque Académie, l'Évêque peut déléguer à un ecclésiastique, généralement le chanoine de la cathédrale, l'autorité de conférer ces Licences « *authoritate Apostolica* » : c'est le Chancelier de l'Université. Quant au doctorat, il peut être décerné par les Docteurs de la Faculté eux-mêmes.

Dans les Universités luthériennes de l'Empire germanique, qui ne reconnaissent pas l'autorité du Pape, cette règle a été levée. Selon Riolan, les trois diplômes universitaires y sont donnés en un seul temps, pour réduire la durée des études. Sous l'autorité de l'Empereur, un Chancelier autorise tel Docteur à décerner lui-même le bonnet de Docteur aux étudiants. Les candidats doivent eux aussi se mettre à genoux pour recevoir cette grâce. Suite au traité de Passau, signé par Charles-Quint en 1552, la pratique du culte calviniste est autorisée en Allemagne, mais les académies calvinistes n'ont pas le privilège de décerner des doctorats, cette religion étant plus éloignée du catholicisme que celle des luthériens.

À Paris, il faut faire quatre années d'étude et être âgé de vingt-cinq ans pour devenir Bachelier. Ensuite, pour obtenir la Licence, il faut encore deux années d'exercice de la dispute et de pratique de la médecine, comme assistant d'un Docteur. L'apprentissage de la chirurgie dure trois ans, puis encore quatre années comme assistant d'un Maître. En Pharmacie, quatre années d'apprentissage doivent être suivies de quatre années d'assistanat.

Selon Riolan, à Montpellier, ils deviennent Docteurs en six mois, là où il faut six années à Paris[82]. Puis, on voit des ignorants, qui plus est téméraires, administrer des remèdes qui sont de vrais poisons, car ils font violence à tout le corps en éjectant les mauvaises humeurs par le haut comme par le bas. Ces gens-là en font plus mourir qu'ils n'en guérissent. Ils ont la chance que « les morts ne mordent plus et ne ressuscitent pas pour se plaindre ». On voit aussi nombre de Barbiers et Chirurgiens de Paris, ou des Compagnons apothicaires, sachant un peu de latin, devenir docteurs de Montpellier.

Par conséquent, si l'on admettait que les médecins de Montpellier pratiquent à Paris, tous les étudiants iraient là-bas chercher un diplôme au rabais, au détriment de l'Université parisienne.

L'École de Montpellier se vante de ne recevoir ni les bâtards, ni les hommes de mauvaise vie, ni ceux qui ont déjà exercé des métiers « mécaniques », comme la chirurgie ou la pharmacie[83]. Concernant les bâtards, les juristes nous apprennent que s'ils se sont comportés de façon

[82] Riolan, p. 137 – 138.
[83] Riolan, p. 178 – 179.

vertueuse, ayant ainsi effacé le péché originel de leurs parents, aucun diplôme ne doit leur être interdit. Le mérite de l'École de Montpellier est donc nul de ne point les accepter.

En décriant la saignée, les médecins de Montpellier couvrent de calomnies ceux de Paris[84]. Mais ces derniers ont montré l'utilité de saignées répétées pour soigner les maladies qui étouffent le cerveau, le cœur ou les poumons, ou qui causent une inflammation des viscères. Elles détournent l'humeur coulant sur la partie infectée, ou évacuent l'humeur attachée à cette partie. Les médecins doivent observer l'état du malade, et ne point tirer plus de la moitié du sang qui se trouve en chaque extrémité du corps. Selon Avicenne, il y a dans le corps d'une personne bien constituée environ 24 livres, ou chopines[85] de sang. Un homme peut perdre en un jour 20 chopines sans mourir, ce qui s'observe lors de fortes hémorragies des hémorroïdes, du nez ou de la matrice des femmes. Pour soigner une maladie très grave, violente et furieuse, le médecin peut tirer, en une semaine, dix à douze fois du sang, à raison de deux ou trois poêlettes par saignée. Cela fait un total de 28 poêlettes en une semaine, soit pas plus de sept chopines, ce qui est peu pour une personne qui pourrait perdre 60 poêlettes par jour sans mourir.

Jean Fernel (1506-1558)

Ainsi le grand Fernel, qui fut premier médecin de Henri II de Navarre, le grand-père de Henri IV, et soigna Diane de Poitiers et Catherine de Médicis, recommandait la saignée pour traiter presque toutes les maladies, même celles affectant les femmes venant d'accoucher. Les médecins de Paris emploient la saignée contre les maladies du cerveau par réplétion (le sang s'accumule dans le cerveau), les maux de gorge qui étouffent, les maladies des yeux qui provoquent fièvres ou inflammations, les douleurs insupportables des oreilles,

[84] Riolan, p. 232.
[85] La chopine vaut environ un-demi litre. Dans le corps d'un homme circulent 5 à 6 litres de sang, soit deux fois moins que l'estimation citée par Riolan.

les maladies du cœur, du poumon, de la poitrine qui provoquent d'importantes fièvres, les inflammations des viscères du ventre, les maladies de la matrice qui sont douloureuses et fiévreuses, l'interruption des règles, les dysenteries et les flux de ventre fiévreux, ou encore les rhumatismes. Sans oublier, bien sûr, les fièvres continues ou répétées, ou malignes et pourprées. Les saignées sont encore efficaces contre la rougeole, la petite vérole, pour les bébés âgés d'un ou deux mois, qui sont encore à la mamelle, pour les personnes fiévreuses même âgées de 80 ou 90 ans, pour les femmes enceintes, même en bonne santé, afin de faciliter leur accouchement. La saignée soigne aussi les plaies récentes.

Dans tous les cas, lorsque le sang est bien pourri, il faut tirer régulièrement, pour extraire cette pourriture et forcer le malade à recréer un sang meilleur. Il n'y a que les médecins de Paris qui savent tirer l'exacte quantité de sang. Néanmoins, ceux de Montpellier les traitent de sangsues qui vivent du sang du peuple, comme ce serpent dénommé *Hemorrhous*, dont la morsure produit des hémorragies que rien ne peut arrêter[86].

Les médecins de Paris ordonnent les purgations avec circonspection et modération, afin d'éviter tout accident, alors que ceux de Montpellier prescrivent des médicaments rudes et violents. La pratique parisienne des purgatifs est basée sur la doctrine d'Hippocrate, qui ne recommande que des médicaments doux, à ne prendre qu'après une semaine de saignées. Au contraire, les remèdes métalliques, préconisés par Théophraste Paracelse, sont violents, gâtent les viscères et abrègent même le cours de la vie. Ils ont été inventés par les Alchimistes allemands, et en particulier par ces riches et opulents Moines Bénédictins, qui recherchaient la Pierre Philosophale et, ne l'ayant pas trouvée, ont employé leurs métaux pour la Médecine[87].

Mais c'est une erreur de vouloir pratiquer la médecine sur les Français comme sur les Allemands qui sont plus robustes, crapuleux (alcooliques), remplis de pituite, qu'il faut traiter violemment pour les faire vider par le bas ou par le haut. Ainsi est venu l'usage des vomitifs métalliques qui retournent l'estomac et les parties voisines, au point d'en mourir ou tout au moins d'en être tellement épuisé qu'il faut beaucoup de temps pour s'en remettre.

C'est calomnier les Parisiens de prétendre qu'ils n'utiliseraient que la saignée, le séné, le son et la réglisse, ces doux médicaments. L'excellence en médecine ne dépend pas de la quantité des remèdes, mais d'un petit nombre, de qualité, bien choisis et éprouvés. Ce sont des dons de Dieu, qui a créé toutes choses en l'Univers pour l'usage de l'homme, par bonté et miséricorde[88].

En Consultation, les médecins de Paris se rendent à plusieurs au chevet du malade : chacun donne son avis ; le plus ancien modère les différends puis

---

[86] Riolan, p . 239.
[87] Riolan, p. 245 – 246.
[88] Riolan, p. 249.

énonce la conclusion[89]. Les disputes ne doivent pas se faire en présence du malade. Au contraire, selon les médecins de Montpellier, on ne peut juger une maladie sur le champ, mais on doit consulter ensuite les livres, pour trouver les « bons remèdes », d'autant plus qu'ils sont nombreux et superflus.

Selon les médecins de Paris, les Arabes ont corrompu la Médecine d'Hippocrate et de Galien, la transformant en un art d'apothicaires et de charlatans. La composition des médicaments qu'ils ont décrits n'est aucunement basée sur la raison : ainsi peut-on les accuser d'empirisme. On peut même se demander si les Arabes n'ont pas sciemment corrompu leurs recettes, pour faire mourir les chrétiens[90]. Ainsi, le médecin juif Zedechias empoisonna Charles le Chauve par un sirop de sa confection. Le roi Charles IX, âgé seulement de vingt-trois ans (en 1574), mourut d'une maladie de langueur causant un flux de sang (atteint d'une pleurésie, il crachait du sang). Son premier médecin, le docteur de Montpellier Jean Maziles, se contenta de l'assurer que tout ce qui dépendait de l'Art avait été fait, et qu'il ne restait plus que Dieu, comme médecin d'une telle maladie.

Les médecins de Paris, quant à eux, ont abandonné cette médecine des Arabes, en ont corrigé les erreurs et ont réhabilité la médecine des Grecs qui avait été perdue.

Laurent Joubert
(1529-1583)

Laurent Joubert fut l'élève préféré de Guillaume Rondelet qui avait formé tant de grands médecins. Il devint Bachelier de Montpellier en 1551, pratiqua quelque temps dans le Vivarais et le Forez, puis étudia aux Universités de Padoue, Ferrare, Bologne, Turin, pour obtenir son doctorat en 1558. Ce n'était pas les études bâclées prétendues par Riolan. Il devint professeur dès l'année suivante, puis Chancelier de la Faculté.

---

89 Riolan, p. 254-255.
90 Riolan, p. 99 – 100.

Il s'était fait une spécialité des problèmes de conception et de génération, si bien que le roi Henri III le fit appeler pour soigner sa femme qui ne lui avait point donné d'enfant après quatre années de mariage. Joubert n'eut point de succès, ce qui fut à l'origine de l'arrivée d'Henri de Navarre sur le trône de France. D'ailleurs, Joubert était alors conseiller et médecin ordinaire dudit roi de Navarre, dont il n'était pas étonnant qu'il allât chercher un docteur dans ce nid de huguenots qu'était Montpellier. En effet, si un arrêt du Parlement de Toulouse du 22 août 1547 excluait les calvinistes des concours aux chaires de l'Université, celle-ci se permettait de nombreuses exceptions.

Le roi Henri III n'avait donc pas d'enfant, et son dernier frère survivant, François, duc d'Anjou, mourut en juin 1584, ce qui faisait d'Henri de Navarre, lointain descendant de Saint-Louis, le futur prétendant au trône. Le duc de Guise provoqua le soulèvement de la capitale, craignant que le calviniste béarnais ne fût désigné comme successeur à la couronne de France. Des barricades furent dressées par le peuple, et le roi, dont la garde était ainsi paralysée, dut quitter Paris (mai 1588). Il se réfugia à Blois, et y reçut le duc de Guise qu'il fit assassiner.

Le roi s'allie maintenant à Navarre contre la Ligue catholique. Il se replia sur Tours d'où il organisa le siège de Paris. Revenu à Saint-Cloud, à proximité de la capitale, il y est assassiné par le moine dominicain Jacques Clément (août 1589). Le régicide fut immédiatement exécuté, ce qui protégea l'anonymat de ses commanditaires. Le cadavre de Clément fut inciné et ses cendres jetées à la Seine afin de faire disparaître toute trace de celui qui aurait pu être vénéré comme martyr.

Henri de Navarre devint roi de France.

Henri doit encore lutter pour consolider son trône, et finit par abjurer solennellement la religion protestante en la Basilique Saint-Denis (1593). « Le Roi y reconnaissait tous les Dogmes Romains, l'Écriture-Sainte, l'Eglise, le nombre et les Cérémonies des Sacrements, le Sacrifice de la Messe, la Transsubstantiation, la Doctrine de la Justification, l'Invocation des Saints, le Culte des Reliques et des Images, le Purgatoire, les Indulgences, enfin la Primauté et le pouvoir du Pape. Après quoi, la satisfaction fut générale[91]. »

Néanmoins, en 1594, Henri IV nomma Jean Ribit, Sieur de la Rivière, adepte des remèdes chimiques, « premier médecin du roi ». Il avait fait ses études au Collège de Genève, sa ville natale et capitale du calvinisme, puis à l'Université de Turin. En 1589, il était devenu médecin de Henri de la Tour d'Auvergne, compagnon d'armes de Navarre durant les guerres de religions, qui devint Duc de Bouillon et prince de Sedan par mariage.

---

91 *Mémoires de Sully*, tome 1, p. 290.

En 1591, Jean Ribit avait accompagné de la Tour d'Auvergne dans une mission diplomatique en Allemagne, durant laquelle il put converser avec les nombreux médecins paracelsistes de ce pays. Il correspondit, en particulier, avec Caspar Peucer, qui avait été professeur à l'Université de Wittenberg, la capitale des luthériens, puis médecin du prince d'Anhalt-Dessau[92]. Ribit doute quant aux prétendus succès des médecins « spagyriques[93] » de France, qui promettent de guérir facilement toutes les maladies, sans aller, semble-t-il, au-delà des mots. Il n'avait jamais rencontré le moindre paracelsien qui ne soit un imposteur. Aussi questionne-t-il Peucer : les succès clamés par Théophraste Paracelse lui-même sont-ils avérés ? Si oui, sont-ils réellement dus à ses méthodes, plutôt qu'à la chance ? Ses disciples ont-ils obtenu d'aussi bons résultats ?

Agrippa d'Aubigné dira de lui : « La Rivière, premier médecin, est bon Galéniste, et très bon Paracelsiste. Il dit que la doctrine de Galien est honorable, et non méprisable pour la Pathologie, profitable pour les boutiques. L'autre, pourvu que ce soit des vrais préceptes de Paracelse, est bonne à suivre pour la vérité, pour la subtilité, pour l'épargne, en somme pour la Thérapeutique. Partant, il fait de son âme comme de son corps : il est Papiste pour la réputation ; il est Huguenot pour la guérison de son âme[94]. »

Joseph du Chesne[95] (1546-1609), né en Armagnac, avait voyagé en Allemagne, se rendant à Cologne, Heidelberg et Cassel, où il s'adonnait à l'art spagyrique. Il passe son doctorat de médecine à Bâle, en 1573, puis devient médecin de François duc d'Anjou, le jeune frère du roi Henri III. Cela n'empêcha point ce dernier fils de Catherine de Médicis de mourir de la tuberculose en 1584, faisant de Navarre l'héritier du trône. Du Chesne, qui s'était converti au calvinisme, s'installa ensuite à Genève. En 1591, il devint médecin par quartier de Henri IV, c'est-à-dire attaché à son service un trimestre par an. Le roi de France lui confiait aussi des missions diplomatiques en Suisse. En 1596, il se rend à Paris, et deviendra médecin ordinaire du roi Henri IV.

Joseph du Chesne était paracelsien, mais pas trop : « Quant à Paracelse, mon intention n'est pas d'entreprendre la défense de sa Théologie, et je ne crois pas **en tout** ce qu'il peut avoir écrit (...). Mais j'oserais bien dire et soutenir que plusieurs des remèdes qu'il a décrits sont presque divins[96]. »

---

[92] Trevor-Roper, p. 36.

[93] «spa » (σ π α ́ ε ι ν) signifiant extraire, et « gyrique », rassembler (α ' γ ε ι ́ ρ ε ι ν). La méthode spagyrique fait donc grand usage de la distillation qui extrait, puis coagule. Ce terme est dû à Paracelse et désigne les adeptes de son art.

[94] Agrippa d'Aubigné, *Confession catholique du Sieur de Sancy*.

[95] Trevor-Roper, p. 21 sqq.

[96] Joseph du Chesne, *Réponse à l'Epître diffamatoire d'Aubert par laquelle il tâche de renverser aucuns Remèdes de ceux qu'il appelle Paracelsistes*, 1575, traduction française in *La pharmacopée des dogmatiques...*, 1629, p. 94 et sqq.

Ainsi du Laudanum. Certes, on y met du suc de pavot, mais préparé avec de l'esprit de vin (alcool) et de Diambra infusé durant plusieurs mois, de l'essence de safran, de castoreon (ou couillon de bièvre), de coraux, de perles, de mumie, avec de l'huile de cannelle, de clous de girofles, de macis et d'anis. Un tel remède empêche les inflammations, arrête les écoulements, et apaise formidablement la douleur. Il n'a pas d'effet néfaste sur la chaleur naturelle du corps, ni sur le fonctionnement de l'esprit ou des membres. On peut y ajouter de l'essence d'or qui, elle-même, est un remède efficace contre les maladies d'origine mélancholique, les dérangements de l'estomac, les maux de cœur et les grandes tristesses.

Les paracelsistes reconnaissent que le suc de pavot est très dangereux, car il est trop froid, aussi le corrige-t-on avec le safran, le castoreon et la myrrhe, qui en diminuent l'effet narcotique. Les opiates peuvent ainsi entrer dans la composition de remèdes contre les coliques, les douleurs rénales, les maux de côtés, d'articulations, pour faire dormir, apaiser la toux, arrêter les crachements de sang, et d'autres écoulements. Elles sont aussi utilisées comme antidotes à tous les venins.

Les Paracelsiens font aussi prendre des yeux d'écrevisses calcinées (en fait de petites concrétions qui se trouvent dans les estomacs d'écrevisses) à ceux qui ont des fièvres quartes. Il s'agit des fièvres quartes qui sont dues à l'accumulation de suc mélancholique. Il existe deux sortes de suc mélancholique : l'un naturel, qui est comme la lie du sang ; l'autre aduste (brûlé), comme le tartre congelé de toute humeur desséchée, qui provient principalement de la bile jaune, la mélancolie aduste ou la pituite brûlée.

Donc, ces fièvres étant dues à l'humeur mélancholique qui est froide et sèche, elles ne sont pas nécessairement accrues par ce qui est sec et âcre : vu que cette humeur est épaisse, visqueuse et gluante, elle s'accumule dans la rate, le mésentère et aux environs des hypocondres, où finalement, elle durcit. Les meilleurs remèdes, dans ce cas, sont les raréfiants qui, par leur chaleur et siccité moyenne dissolvent, amollissent, digèrent les duretés de la rate et autres entrailles. Ainsi de l'écorce de frêne, du câpre, du concombre sauvage, ou du glaïeul. Ou encore de l'ammoniac, du bdellium, de l'opponax ou du galbanum. Les cendres d'écrevisses ou autres animaux croûtés (crustacés) ont le même pouvoir desséchant.

Les médecins de Paris refusent l'usage de la calcination, qui est essentielle à l'art spagyrique. Comment peuvent-ils nier que le gravier des éponges, le verre brûlé, le sang de bouc séché, les cendres de limaçons et d'escargots, la pierre Judaïque calcinée, ou encore l'os de seiche dissolvent les calculs rénaux, cette humeur si épaisse qu'elle se transforme en pierre ?

Combien d'excellents remèdes ne sont utilisés que par les Paracelsien, à base de résines, gommes ou autres végétaux, bien sûr, mais aussi de membres d'animaux, de vraie mumie (chair humaine desséchée) contre les maladies pestilentielles, ou d'huile et sel de crâne humain, contre l'épilepsie. Car c'est par le semblable que l'on soigne le semblable. Les Paracelsien préparent aussi le musc, la civette, le castoreon, la corne de licorne, l'ivoire, l'os de cœur de cerf (en forme de croix qui se trouve dans le cœur du cerf), qui soignent les maladies cardiaques. Sans parler des remèdes métalliques, que d'aucuns croient être les seuls de la médecine paracelsienne.

Théodore de Mayerne (1573-1624)

Théodore de Mayerne avait étudié à Genève, où il était né, tout comme Jean Ribit, puis à l'Université de Heidelberg, avant de passer son doctorat de médecine à Montpellier en 1597. Pour obtenir son baccalauréat, il répondit par l'affirmative à la question : « les remèdes chimiques sont-ils meilleurs que les remèdes vulgaires ? [97]» Pour son doctorat, il soutint que tous les métaux peuvent être rendus potables, que le soufre rend les métaux plus durs, et le mercure plus mou, que la teinture est l'essence des purgatifs, que le sel accroît la force de tous les extraits, ...

Dès son doctorat obtenu, de Mayerne s'installe à Paris, sous la protection de Jean Ribit et du Chesne, les deux médecins « chimiques » au service du roi, qui plus est calvinistes.

Le sieur Mayerne, dit Turquet, donnait alors des leçons aux Apothicaires et aux Compagnons barbiers, et réalisait des Anatomies publiques. La faculté de Paris lui rappela que les docteurs de Montpellier n'avaient pas le droit d'exercer à Paris, comme ceux de Paris à Montpellier. Les seuls autres médecins autorisés à consulter en la capitale étaient ceux du roi, et ils étaient

[97] Trevor-Roper, p. 27.

nombreux. Alors qu'il y avait environ 60 médecins de Paris, Henri IV pouvait compter sur un « premier médecin », son assistant, le « médecin ordinaire », huit médecins par quartier et une quinzaine de médecins conseils, auxquels s'ajoutaient une dizaine de médecins pour la famille royale[98] !

Sans doute pour apaiser la controverse, le Roi nomma de Mayerne médecin ordinaire par quartier, et l'attacha aux services de Henri de Rohan, un jeune chef protestant, descendant de la maison d'Albret, et promis à un grand avenir. Mayerne voyagera durant deux ans avec son patron en Allemagne, Angleterre et Italie.

En 1603, du Chesne publia à Genève un traité de médecine, *De priscorum philosophorum verae medicinae materia*, dans lequel, sans renier la médecine d'Hippocrate, il présente les principes de la médecine hermétique, ou spagyrique, qui est la meilleure, la plus sûre et la plus efficace.

Pour du Chesne la médecine est ainsi divisée en plusieurs sectes[99]. L'une d'elles peut être qualifiée de « Dogmatique », car ses adeptes fondent leur art sur des principes généraux, comme le font les mathématiciens : ils ont ensuite recours à la « seule » raison pour apprendre et comprendre. Ils se réclament de Galien, et leurs remèdes sont soit simples, soit composés de plusieurs simples (plantes médicinales). Les médecins de Paris s'y reconnaîtront.

La secte spagyrique se base, elle, sur l'expérience <u>et</u> la raison. Pour ce qui est de celle-ci, leurs principes diffèrent de ceux des dogmatiques. Du Chesne attribue des racines très anciennes à la spagyrie, à commencer par Hermès Trimegiste, le fondateur de l'alchimie. Plus près de nous, cette science a été développée par les Philosophes et Médecins arabes : Avicenne, Rhazès et Geber. Depuis, ont fleuri Arnauld de Villeneuve, Raymond Lulle, Albert le Grand, Thomas d'Aquin, l'Escot, Riplere, Roger Bacon, Aegidius de valis, puis Theophraste Paracelse et Jean-François Pic Prince de la Mirandole.

Leur méthode ne se fonde pas sur les proportions des éléments, comme le dogmatisme, mais sur des bases entièrement différentes, lesquelles nous allons maintenant présenter.

Le Sel, le Soufre et le Mercure sont les trois principes intérieurs de toute matière, qu'ils constituent et à laquelle ils donnent ses propriétés. Ainsi, le Sel donne la saveur, le Soufre l'odeur, le Mercure la plupart des couleurs, les autres provenant encore du Soufre.

Le Sel est le principe ferme et fixe de la matière, mais il ne doit cependant pas être confondu avec l'élément terre. Car il est chaud et actif, participant ainsi à la génération des choses, tandis que la terre est froide et sèche, et provoque la mort. Le Soufre peut se comparer au feu, car il s'enflamme, le Mercure à l'air et à l'eau. À l'eau car il est fluide et coulant, à l'air car étant

---

98 Debus, p. 50.

99 Du Chesne, 1626a, p. 9 sqq.

chauffé, il se transforme en vapeur. L'humidité mercurielle volatile et spirituelle des choses ne peut aisément s'agréger à leur partie terrestre, corporelle et fixe, et c'est donc le Soufre huileux qui assure la cohésion des deux autres. Le Sel est le corps de la matière, le Mercure en est l'esprit, et le Soufre l'âme.

Ainsi, les trois principes de toute chose peuvent être séparés les uns des autres, et subsistent néanmoins tous trois en une même essence. On peut les rapprocher de l'incompréhensible mystère des trois personnes en une même hypostase ou substance qui font la divine Trinité[100]. Car le tout puissant Créateur s'est manifesté « un en trois » et « trois en un », comme en toute chose. Le Père, le Fils et l'Esprit-Saint.

Les chimistes distinguent de nombreuses sortes de sels. Le sel commun (sel de mer), le sel gemme, l'alum, dont il y a beaucoup d'espèces, le vitriol, le sel armoniac, le sel nitre (salpêtre).

Au printemps, quand le Soleil entre dans le signe du Bélier, et frappe la terre de ses rayons vivifiants, les liqueurs ou vapeurs mercurielles qui se trouvent dans le sous-sol s'élèvent par les racines des plantes et montent dans leur tronc, par quelque admirable distillation naturelle[101]. Quant au Sel nitrosulphuré, mêlé au Soufre lui-même, il embellit alors le paysage de très belles fleurs. Aussi, des feuilles peut-on tirer grandes quantités de liqueurs mercurielles et de sels, et des fleurs beaucoup de soufre ou huile volatile, et des semences beaucoup de soufre fixe.

Ces trois principes se retrouvent dans le sang. Le sel qui passe dans les urines à travers les reins et la vessie est la cause de nombreux ulcères ; le soufre ou liqueur huileuse, par ses exhalaisons, produit les inflammations dont proviennent les fièvres tierces. L'humeur séreuse tient lieu du mercure. Les cathares sont des maladies mercurielles.

Voilà pour la théorie. Elle est suivie de quatre « Conseils » que du Chesne se permet d'adresser « aux plus célèbres médecins d'Europe ». Il présente les traitements de la goutte, du mal de rein, de la grosse vérole (*lue venerea* ou syphilis), et du tournement de tête dont était affectée une jeune demoiselle.

La grosse vérole (syphilis) s'est rapidement propagée dans presque toute l'Europe. Selon les mauvaises langues, elle a été rapportée en France lors de la première guerre d'Italie par les armées de Charles VIII qui combattirent les Espagnols à Naples (1495). Les soldats français « eurent alors conversation avec les Espagnols et furent en retour entachés de cette contagion[102]». La cause en est « l'attouchement de femmes impures, la copulation vénérienne ». Les Français l'appellent donc « mal de Naples », tandis que les Napolitains l'appellent « mal français » !

---

[100] Du Chesne, 1626a, p. 42.
[101] Du Chesne, 1626a, p. 160.
[102] Du Chesne, 1626b, p. 197.

Suivons encore du Chesne. La maladie évolue selon plusieurs stades. Lors du premier, le plus léger, les cheveux et la barbe tombent. Dans le second, toute la peau est couverte de taches semblables à des lentilles, rouges ou jaunes. Dans le troisième apparaissent des pustules rouges, jaunes et sèches sur tout le corps, mais surtout le front, les tempes et les oreilles. Parfois apparaissent des ulcères malins au voisinage des parties honteuses, à la bouche et même à la gorge. Au quatrième degré, ces ulcères se développent sur le palais et dans la gorge, qui rongent la luette, et peuvent aller jusqu'à pénétrer l'os spongieux du nez. Les os, les ligaments et les nerfs sont atteints, provoquant de vives douleurs la nuit.

Cette maladie avait été transmise aux Espagnols par les Indiens des Amériques. Ceux-ci la combattent par le bois de Gaïac, très dur et dense. On le prépare en décoction, c'est-à-dire par dissolution dans l'eau bouillante, qui en extrait les principes actifs. Grâce ce remède, l'artiste fait « suer la vérole », de même que la nature a pour usage de faire transpirer les malades afin de purifier leur sang.

Pour certains médecins, la cure commence par une préparation légère, par purgations et saignées, puis prises de sudorifiques. Le malade est enveloppé de couvertures, et des briques chaudes sont appliquées sur certaines parties du corps. Mais contre l'ordonnance d'Hippocrate, ils essaient d'expulser les choses crues et indigestes avant d'avoir parachevé les préparations nécessaires. En conséquence, les malades sont affaiblis, et perdent courage.

Pour du Chesne, au contraire, il faut éviter les saignées, et commencer par des purgatifs légers comme la casse et la rhubarbe. Ensuite viennent les décoctions de gaïac qui doivent être administrées par petites doses, quitte à ce que le traitement dure longtemps. Ainsi les humeurs malignes seront-elles vaincues sans que le malade ne soit excessivement affaibli : il se sentira aller bientôt de mieux en mieux.

Ainsi prépare-t-on la décoction. Prendre quatre onces de raclure de cœur de bois indien et de son écorce, une once et demie de semence de chardon béni (il aide à la digestion), une poignée d'ulmaria, deux « pugils » de fleurs de mille-pertuis, trois pugils de fleurs de romarin, une demi once de sental citrin (des Indes orientales), quatre livres d'eau (infusion) de fumettere et de houblon. Faire macérer à petit feu pendant vingt-quatre heures, puis cuire jusqu'à évaporation d'un tiers du volume. Clarifier la coulature (filtrer), puis ajouter trois onces de feuilles de séné (purgatif) mondées (nettoyées). Faire macérer à feu très doux pendant deux jours. Filtrer par la manche d'Hippocrate (cône en étoffe), puis adoucir la coulature en ajoutant du sucre et de la cannelle.

Le malade prend trois onces de cette décoction trois heures avant le dîner, pendant quinze ou vingt jours, pendant lesquels il doit garder la chambre. Si pendant l'usage de cet hydrotique le ventre du patient est sec ou réservé, il faudra le ramollir par clystères amollissants, ou lavements par les fondements.

Le traitement efficace de la grosse vérole ne demande donc point de purge violente, comme le prétendent certains médecins, mais plutôt une correction lente. Les hydrotiques administrés doivent être diaphorétiques, c'est à dire provoquer la transpiration, mais aussi diurétiques, qui chassent les humeurs malignes par les urines. Ainsi le médecin aide-t-il la nature, plutôt que de vouloir la maîtriser.

Les vertus hydrotiques du gaïac suffisent lorsque le foie n'est pas encore atteint, c'est-à-dire aux faibles degrés de la contagion. Il est plus efficace sur les malades bien charnus, gros, de complexion molle, humide et crasse.

L'Italien Jean de Vigo, qui était médecin du pape Jules II, décrivait déjà, dans son « Mal français »[103], un merveilleux onguent à base de graisse de porc liquéfiée, et d'une dizaine de constituants, dont quatre onces de **mercure**, pour une préparation de trois livres. Il applique aussi des emplâtres mercuriels, dont la préparation inclut encore de la graisse de vipère, des grenouilles vivantes et des vers de terre lavés au vin. Ces emplâtres de Vigo soulageraient très efficacement les douleurs de la grosse vérole, et cicatriseraient tous les ulcères que produit ce mal. Cependant, cette guérison apparente n'empêche pas de fréquentes récidives, parfois des années plus tard.

Mais bientôt, Jean Fernel[104], qui fut médecin de Catherine de Médicis, décrivit tous les effets néfastes du traitement par l'hydrargyre (vif-argent ou mercure). Sa cruauté est telle qu'au bout du deuxième ou troisième jour, le malade commence à s'affaiblir. « La gorge s'ulcère, la langue, le palais et les gencives se gonflent, les dents s'ébranlent, la salive coule de la bouche sans interruption… leur bouche n'est plus qu'une plaie ; la langue balbutie, la surdité survient, incurable chez quelques malades. La chambre qu'ils habitent exhale une odeur infecte. Ce genre de médication est si pénible que beaucoup de malades aiment mieux mourir du Mal que de chercher la guérison dans un traitement si dangereux et si cruel. »

Les Anciens tenaient le mercure pour un poison violent sous quelque dose que ce soit. Dioscoride en dit : « l'argent-vif est une potion mortelle qui déchire les entrailles ». Galien admet dans *Des simples* ne rien connaitre des effets du mercure. Mais depuis, il a été admis que le mercure, cette substance métallique, était un antidote contre les vers, et toutes sortes de corruptions. Les Arabes (Geber, Mesué, Rhazès) le prescrivaient sous forme d'onguents contre les éruptions cutanées, les maladies provoquées par les piqures de poux, les ulcères.

---

103 *Le Mal français*, Gallica (1514), p. 60.

104 Jean Fernel, *Le meilleur Traitement du Mal Vénérien*, p. 79.

Au contraire, pour du Chesne, le mercure est le vrai contrepoison à la vérole. Mais il faut prendre nombre de précautions dont l'omission est à l'origine des effets pernicieux qu'on lui reproche. Tout d'abord, il faut utiliser le meilleur mercure, qui est celui d'Almaden (qui signifie « la mine » en arabe), en Espagne.

Si sa provenance est différente, il faut s'assurer de sa pureté. Pour cela, il faut en remplir une cuiller d'argent que l'on met à chauffer sur une chandelle ou des charbons (de bois) ardents. Le mercure part en fumée (sa température d'ébullition est très basse pour un métal, de 357°). Si le fond de la cuiller reste noir, plombé ou brun, ce sont des impuretés de plomb ou d'antimoine, qui peuvent être vénéneuses.

Même si le mercure d'Espagne est pur, il faut encore le purifier avant d'en faire un médicament. Les Philosophes Hermétiques (alchimistes) savent qu'il faut maintes fois le sublimer et revivifier[105] pour lui faire approcher la perfection. Il acquiert alors une couleur azurée et céleste, perd son aquosité et froideur superficielle, qui sont nuisibles à notre corps : « sa chaleur ou son feu spirituel étant comme excités, tellement que de froid qu'il était, il devient chaud, même au toucher ; de mortel, il devient vivifiant, de commun, noble et philosophique ; de cru, cuit et si bien digéré que d'une conjonction inséparable, aimable et parfait, il s'unit avec l'or qu'il détruisait avant sa préparation. » La sublimation lui ôte son soufre arsenical. « De venin et poison qu'il était, il devient contrepoison et remède[106]».

Ainsi, le Docteur qui traite efficacement la grosse vérole doit-il être à la fois Philosophe et Médecin. Philosophe, ce ne doit pas être un de ces charlatans qui se contentent d'assiéger les bourses de leurs clients pour les vider. Médecin, il doit avoir une connaissance de l'anatomie externe du corps, mais aussi de l'interne et du fonctionnement des organes.

Du Chesne refuse l'utilisation de l'emplâtre de Vigo, que les médecins vulgaires appliquent sur les épaules et autres articulations des malades, que l'on fait suer afin que les vertus du mercure pénètrent dans les parties intérieures du corps par des pores bien ouverts. De telles sueurs diminuent les forces du malade, et la matière de l'emplâtre empêche le mercure de pénétrer le corps.

Il faut simplement l'utiliser en onguent, et sans y ajouter, comme le font beaucoup, de chaudes huiles de gommes, comme de l'euphorbe ardente, ou du styrax liquide, censées faciliter la pénétration, mais qui dégagent des vapeurs puantes qui infectent même l'haleine du malade. C'est inutile si l'on utilise du mercure purifié, qui est tout spirituel, et pénètre partout. Il faut, au

[105] Cf. annexe Glossaire de chimie selon Lémery, p. 116

[106] Du Chesne, 1626b, p. 230.

contraire, y ajouter des aromates, et tout ce qui peut le rendre agréable au nez (baume de clous de girofles, de noix muscade, de bois d'aloé, ...).

L'onguent lui-même est éteint avec du suc de limon, puis mélangé à de l'axonge (saindoux) de porc lavée plusieurs fois à l'eau de clous de girofles. Au lieu d'oindre tout le corps, ce qui fait terriblement souffrir le malade, il suffit d'enduire sa plante des pieds, ses paumes et ses poignets. En effet, ces endroits sont irrigués par de grands vaisseaux qui communiquent les vertus du remède salutaire directement au cœur et aux esprits de tout le corps. Il suffit ainsi que le malade demeure en un lieu chaud, et plus couvert que de coutume, pour que sa transpiration se fasse naturellement. La masse de son sang sera purifiée tant par les sueurs que par les urines. On n'omettra cependant point, après quelque temps, de faire des saignées si le corps est pléthorique ou replet.

L'Université de Paris ne pouvait que réagir à des écrits présentant la médecine spagyrique comme supérieure à celle de Galien. Elle commença par s'en prendre à l'un des siens, Pierre le Paulmier, qui avouait consulter effectivement en compagnie de du Chesne, d'autant plus que celui-ci était médecin du Roi[107]. Le Paulmier dû faire amende honorable, et jura de ne plus prendre conseil auprès de du Chesne ou tout autre médecin spagyrique.

Puis, la Faculté de Paris, à l'unanimité de ses soixante docteurs, condamna le livre de du Chesne, l'art spagyrique quel qu'il soit, et interdit à chacun de ses membres de consulter avec du Chesne ou tout autre médecin non agréé.

Mais Mayerne osa prendre la défense de son ami. Il publia, qui plus est à La Rochelle, capitale du calvinisme français, une *Apologia in qua videre est inviolatis Hippocratis [et] Galeni legibus, remedia Chymice preparata, tuto usurpari posse, ad cuiusdam anonymi calumnias Responsio,* qui soutenait que les remèdes chimiques pouvaient être utilisés en toute sécurité, sans violer les principes d'Hippocrate et de Galien.

La réponse de l'École de Paris se fit sous forme d'un décret d'une violence inouïe.

> « Le Conseil des médecins de l'Assemblée de Paris, après avoir entendu le rapport des censeurs auxquels on avait demandé d'examiner la justification parue sous le nom de Turquet de Mayerne, condamne à l'unanimité cette apologie comme étant un livre rempli de mensonges et d'imprudentes calomnies qui ne peut qu'avoir été l'œuvre d'un ignorant, d'un homme sans aveu en état d'ivresse et fou à lier. Il déclare Turquet indigne à jamais de pratiquer la médecine, à cause de sa témérité, son imprudence et son ignorance des vrais principes de la médecine. Il engage tous les médecins, en quelques lieux que ce soit, à s'éloigner de Turquet autant que faire se pourra et à rejeter de pareilles opinions. Il les exhorte à rester fidèles à la doctrine d'Hippocrate et de Galien et fait défense à qui que ce soit du conseil de l'ordre des médecins de Paris d'adopter les doctrines médicales de

---

107 Trevor-Roper, p. 71 – 74.

Turquet. Celui qui n'agirait pas de la sorte sera privé des grades universitaires et des privilèges de l'académie et expulsé de l'ordre des Docteurs-régents. »

Donné à Paris à l'École Supérieure de Médecine, le 5 décembre de l'an de grâce 1603.

Rappelons que cet « ignorant », après l'assassinat de Henri IV, deviendra encore médecin de trois rois d'Angleterre.

Nous avons déjà eu l'occasion d'aborder un certain nombre des principes de la doctrine paracelsienne, en particulier la constitution ternaire de toute matière. Celle-ci se fonde sur l'observation du processus de distillation, qui n'est autre qu'une décomposition de la matière en ses constituants. On observe premièrement un liquide n'ayant ni odeur, ni saveur, que l'on appelle Phlegme ; puis un liquide goûteux, coloré et odorant, le Mercure. Enfin une liqueur huileuse et inflammable, qui surnage : le Soufre. Une fois ces trois fluides extraits, il reste dans la cucurbite une cendre sèche de laquelle on extrait un Sel par calcination[108].

Selon Aristote, « l'art ne fait qu'imiter la nature[109]», comme dans la cuisson des aliments qui est analogue à leur digestion dans le corps des animaux. De même, la distillation imite le cycle de l'eau, qui s'évapore à la surface de la terre, sous l'effet des rayons du soleil, et monte dans les zones moyennes de l'atmosphère, où son refroidissement la fait retomber en pluie[110].

Du Chesne la définit ainsi, dans sa Pharmacopée : « La distillation est l'exténuation (extraction) et l'élévation d'une liqueur aqueuse, ou partie plus humide, en vapeurs par la chaleur, et conversion en eau à cause de la froidure de l'air. »

Par la distillation, l'artiste sépare les constituants d'un mélange, et récupère un produit purifié. Le corps composé est chauffé dans un vaisseau, ce qui transforme le composant le plus volatil en vapeur, qui monte dans l'appareil, puis est conduite vers un récipient plongé dans un grand tonneau d'eau froide. Ce réfrigérant condense la vapeur en un nouveau liquide qui est le produit recherché.

---

[108] Du Chesne, 1626a, chapitre VII, p. 87.

[109] Dans cette phrase célèbre d'Aristote (*Météorologie*, livre 4, chapitre 3, § 24), il est évident que « l'art » signifie ce que l'on appelle aujourd'hui la « technique », et non pas les « beaux-arts ».

[110] Jean Beguin, *Eléments de Chimie*, 1620, chapitre IV. Jean Béguin enseigna la chimie et la pharmacie à Paris à partir de 1604, sous la protection de Jean Ribit et Turquet de Mayerne.

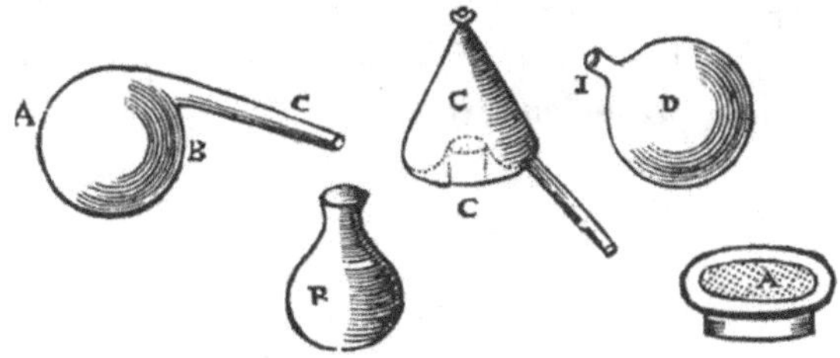

ABC, la cornue. P la cucurbite. C, le chapiteau et son bec. ID, le récipient. D'après le Dictionnaire Économique de Noel Chomel, 1743

Selon Aristote[111], la poix, la cire ou l'encens sont des matières « grasses », qui ne peuvent être distillées, car leurs fumées ne mouillent point, et donc s'exténuent en air, et ne peuvent s'épaissir en eau. Il en serait de même du miel, du lait, de l'huile, du sel, du nitre et du sang, qui ne s'évaporent pas au feu, mais s'épaississent. À cela, il donne de bonnes raisons, ces matières étant selon lui de nature terrestre. Mais les Philosophes Hermétiques nous enseignent que l'expérience est supérieure à la raison, et que de toutes ces matières, on peut tirer des liquides. Le Grec ne connaissait rien des opérations chimiques, et sa méthode consistait, comme celle des mathématiciens, à déduire candidement la vérité des principes qu'il avait établis. Au contraire, la science n'est pas une et simple, mais la vérité varie suite aux expériences des artisans, qui peuvent produire des effets opposés à ceux qui étaient précédemment admis. Si Hippocrate, Aristote ou même Galien revenaient de nous jours, ils seraient tout étonnés des merveilles de la chimie d'aujourd'hui.

Il existe quatre degrés de température. Le premier, celui de l'eau tiède, suffit à distiller les matières subtiles et humides, comme les fleurs ou les simples froids, telles que l'endive ou la laitue. Le second, correspondant à la chaleur de la cendre, convient pour la distillation de ce qui est subtil et sec, comme les plantes odorantes, le poivre, la cannelle, le gingembre, les clous de girofle, et quelques simples, l'aluine (absinthe) ou la sauge. Le troisième permet de distiller les substances épaisses et pleines de suc, comme les racines. Le quatrième est nécessaire à la distillation des minéraux et métaux, tels l'alun ou l'arsenic.

Prenons l'exemple du nitre, ou salpêtre (KNO_3), c'est-à-dire littéralement « sel de pierre » (nitrate de potassium). Il produit des éclairs, de la foudre et du tonnerre. Il entre dans la composition de la poudre à canon, avec le soufre et une poudre de charbon de bois. Cette recette est décrite par Roger Bacon et Albert le Grand (XIIIe siècle).

[111] Cette critique d'Aristote est due à du Chesne, 1629, chapitre IV.

La poudre à canon est constituée de salpêtre, de carbone et de soufre. Leur réaction libère une grande quantité de gaz carbonique et d'azote, qui lui confèrent ses propriétés fortement explosives.

$$2\,KNO_3 + 3\,C + S \rightarrow K_2S + 3\,CO_2 + N_2$$

Le nitre tire son goût salé du Sel dont il est constitué. On le trouve naturellement sur les murs des étables et des écuries, les caves et certaines grottes, dans la terre des colombiers ou la fiente des pigeons. On le produit artificiellement par des tas de compost composés d'un mélange de fumier, de terre et de paille, que l'on arrose d'urine animale.

Ces urines ne sont autre chose qu'une extraction, par la digestion des animaux, du sel en excès dans les végétaux dont ils se nourrissent[112]. Le salpêtre tient donc sa nature animale et végétale de cette urine, et sa nature minérale de la terre. Ainsi est-il « sel de pierre ».

Il existe trois sortes de sels[113]. Le sel commun, qui est fixe et ferme, que l'on extrait de l'eau de mer (NaCl) ; le sel mercurial, aqueux et acide, qui participe à l'armoniac (NH_4Cl), et le sel sulphuré, volatile, qui s'enflamme brutalement : c'est le nitre que recherchent les salpêtriers (KNO_3).

Aujourd'hui, on appelle sels des composés ioniques. C'est bien le cas du sel commun (ions NA^+ et Cl^-), du chlorure d'ammonium (ions NH_4^+ et Cl^-) et du salpêtre (ions K^+ et NO_3^-). C'est leurs propriétés physiques communes qui ont permis aux alchimistes d'en faire une catégorie de composés.

Le salpêtrier, pour rendre son produit plus efficace et volatil, en retire les « graisses », c'est-à-dire le sel vulgaire, qui se dissout dans l'eau. Le salpêtre se congèle alors en petits morceaux (beaux cristaux), au lieu de se dissoudre. Il contient donc les deux parties volatiles : l'une, sulphurée, qui est son âme, l'autre mercuriale, qui est son esprit.

La partie sulphurée n'est pas chaude, sèche et combustible comme le feu élémentaire, mais c'est un feu céleste, une humeur aérée, chaude et humide, telle l'eau de vie. C'est un feu contempéré, c'est-à-dire modéré, vivifiant, qui s'appelle âme végétative dans les végétaux, nectar de vie ou chaleur naturelle, en les animaux, et qui provoque instantanément la mort si elle vient à défaillir. On la trouve aussi plus obscurément dans les minéraux, par la sympathie du salpêtre avec les métaux, que l'on peut remarquer dans les dissolutions.

---

112 Du Chesne, 1626a, chapitre III : qu'au sel extrait de la terre sont contenus les trois principes de toutes choses, p. 39, sqq.

113 Etaient considérés comme sels les solides solubles dans l'eau et ininflammables, propriétés du sel commun.

La partie mercuriale est froide, acide, et peut dissoudre les corps, coaguler les esprits, comme elle est responsable de la congélation du salpêtre. C'est ce Mercure qui donne sa fermeté au soufre qui, seul, serait fluide comme de l'huile ; c'est encore lui qui fait péter le salpêtre lorsqu'on le jette dans le feu, et permet au soufre de s'enflammer.

Les médicaments chimiques tiennent leurs vertus de leur composition. Ainsi, la Magnésie de Saturne produit des effets admirables, voire divins, sur les pleurésies, car sa nature mercuriale lui donne la puissance de chasser les vers et d'éradiquer les maux dus aux corruptions[114] .

En ce qui concerne les médicaments extraits des simples, on peut avoir une idée de leurs vertus par leur forme, ou « signature », car la nature a donné des figures aux plantes afin que par notre raison nous puissions en connaître l'usage[115] : « Dieu et la nature ne font rien pour rien ». À l'opposé des dogmatiques, qui prétendent soigner par les contraires, les spagyriques pensent que *similia similibus curantur* : les semblables soignent les semblables. Les signatures ne doivent pas être prises par les Médecins comme des règles absolues, mais comme des signes probables, qui ne deviendront indubitables que s'ils sont confirmés par l'expérience.

Déjà Dioscoride préconisait l'usage de la « pulmonaire » pour le traitement des maladies respiratoires ; l'étude des signatures remonte donc aux Anciens, et pour ce qui est des Modernes on la doit à Ripleus, Isaac Hollandais, Paracelse, et Jean-Baptiste de Porta le napolitain.

De même, la grande serpentine, qui représente un serpent, le nerprin ou l'aubépine qui ont des aiguillons semblables aux dents des serpents, guérissent la morsure de serpent. L'espèce de Satyrion, appelée musculeuse en raison de la forme de sa fleur, convient à la piqure des abeilles. La semence du Psyllium qui ressemble aux puces chasse les puces. Le telephium ou pourpier sauvage, la fleur de tournesol, qui représentent la queue du scorpion, guérissent les plaies des scorpions. La semence de soucis, qui a des bras semblables aux écrevisses, soigne le mal nommé cancre (chancre), de même que l'écrevisse, cet animal qui porte une croute (carapace). L'Euphraise, qui ressemble à des yeux d'animaux, est salutaire aux yeux.

Celles qui ressemblent à la matrice servent à l'accouchement, comme l'Aristoloche ou le Cyclamen, dont les racines sont rondes et creuses. Celles qui ressemblent à une vessie, telle la baguenaude ou la noix vessière, duisent (conviennent) à la vessie.

Celles qui représentent une rate, comme le ceterach (fougère) ou le lierre, subviennent aux maladies de la rate. L'hépatique et le figuier qui ressemblent

[114] Du Chesne, 1629, p. 119.

[115] Du Chesne, 1626a, *Traité touchant les signatures externes des plantes*.

au foie, soignent cet organe ; la fumeterre soigne autant la rate que le foie, puisque ses racines schireuses ressemblent à ces deux viscères.

Les plantes grasses font grossir, comme tous les arbres oléagineux et qui produisent des fruits huileux : telles sont les noix, les noisettes, les amandes. Les plantes maigres font maigrir ceux qui sont gros, comme la salse pérille.

Les semences (graines) laiteuses favorisent la production du sperme, comme celles des panets, les amandes, les avellines, les noyaux de pin, ou les noix nouvelles. Il en est de même de celles dont le suc fait cailler le lait, qui favorisent la fécondité, comme celles du charbon épineux, de l'artichaut, du galium. Au contraire, celles qui dissolvent le lait rendent l'homme stérile, comme les feuilles de menthe qui, plongées dans le lait, l'empêchent de cailler. Appliquées sur les mamelles, elles dissolvent les grumeaux du lait maternel, ce que l'on peut constater tous les jours.

La couleur des plantes est aussi une signature. Ainsi, les plantes à fleurs blanches conviennent aux maladies pituiteuses, comme la vigne blanche, le fuseau, l'hieble, la thymelée, la chamelée, le lis blanc, le petit muguet… qui servent à purger la pituite. Les plantes ou suc de couleur jaune duisent à la bile flave (jaune) comme la rhubarbe, la rhapontic, la racine de gentiane ou de centaurée qui purgent la bile jaune. Les racines et herbes qui produisent une décoction rouge purifient le sang, comme la racine de Chine, de fougère, l'aigremoine, la germandiée, la racine d'oseille.

Les plantes rouges et astringentes arrêtent les hémorragies, telles les vulvenaires, le meurier (mûrier), le polygone, la sanguinaire, le millepertuis, la bistorte, l'amaranthe, le fraisier. Pour ce qui est des pierres, l'hématite ou le corail rouge ; pour ce qui est des métaux, le crocus ou safran de Fer.

Les herbes mâles sont plus appropriées aux hommes, et les femelles aux femmes. Hippocrate lui-même, le Prince des médecins, prescrivait la mercuriale femelle, qui n'a point de testicules, pour repurger la matrice des femmes.

Ainsi, y a-t-il correspondance entre la forme des plantes, et leur usage médical. De même, il y a correspondance entre les organes du corps humain et les parties de l'univers. Les premiers constituent le microcosme, les secondes le macrocosme. Chaque homme est ainsi un petit monde. « Nous voyons que dans les viscères du microcosme comme dans le macrocosme, il y a des effets de météores tant ignés qu'aqueux[116]. »

Le bas ventre de l'homme se comporte comme le sous-sol de la terre : des vapeurs et exhalaisons y forment des phénomènes météorologiques qui s'élèvent dans le corps, jusqu'au cerveau. Les vents, les grêles et la neige, par la condensation des vapeurs mercurielles, provoquent les tintements d'oreille, les paralepsies, ou les apoplexies.

[116] Du Chesne, 1626a, p. 190.

Les exhalaisons sulphurées, nitreuses et antimoniales qui émanent de la terre jusqu'aux nues causent les phénomènes météorologiques ignés, comme les éclairs, la foudre, le tonnerre, ou les comètes (!). De même, dans notre corps, se produisent des vapeurs fuligineuses qui procèdent d'un sang brûlé et de diverses exhalaisons tartarées, sulphurées et nitreuses dont nos entrailles sont remplies. Montées dans le cerveau, elles y produisent des phénomènes ignés, comme de longues manies, des phrénésies ardentes, des mélancolies obstinées, des maux de tête, et autres épilepsies.

Le sel gemme croît en la pituite salée, le sel armoniac acéteux en la pituite acide, comme en quelque espèce de mélancolie acide. Le sel vitriolé airugineux (de la couleur de la rouille du cuivre) en la bile airugineuse ; le sel alumineux piquant et styptique (qui empêche l'écoulement du sang) en la pituite vitrée ; le sel nitreux amer en la bile amère.

Selon les différents types de tartres qui s'engendrent en notre corps procèdent les gouttes, calculs, scirrhes des mamelles, et toutes sortes d'obstructions.

Le fonctionnement de notre digestion est semblable à la préparation du vin. Les raisins sont exprimés dans le pressoir, puis on sépare et jette les petites peaux et les pépins. En notre bouche, la chair est séparée des os ; l'expression se fait dans la bouche et entre les dents, puis après mastication, la viande descend dans l'estomac.

On verse le vin en des caques et tonneaux dans lesquels se fait la digestion et l'ébullition. L'estomac cuit et digère ce qu'il reçoit. L'estomac est donc un tonneau où est digérée la matière, où les fèces (ce qui reste au fond) tartarées sont séparées, et les excréments évacués dans les conduits destinés à cet effet. Après une longue purification, le sang devient une source de liqueur rouge contenant les esprits de notre vie.

Du vin[117], on extrait par distillation, dans des vaisseaux circulatoires, un feu naturel, porteur d'humeurs radicales, à savoir une eau de vie ignée et céleste, véritable quinte-essence, toute spirituelle, et pratiquement incorruptible. De même, par la circulation due à la chaleur du cœur et du foie, s'engendre en nous un feu vivifiant, fomenté de sa propre humeur onctueuse et radicale, qui est une eau de vie, un vrai nectar vivifiant, quinte-essence, esprit céleste, conservateur de notre vie.

Une fois la distillation terminée, il reste une quantité de phlegme au fond du vaisseau, qui est une eau inutile. De même, en notre corps, après extraction de l'eau vivifiante et spirituelle de notre sang, reste une liqueur humide, excrémenteuse, des fèces tartarées et nitrosulfurées, fétides, et quantité de sel.

Chez Paracelse, la correspondance entre le microcosme et le macrocosme est beaucoup plus qu'une simple analogie. Elle confère aux astres une

[117] Du Chesne, 1626a, p. 203.

influence radicale sur le corps des hommes. Sur ce point, du Chesne reste en retrait de la Philosophie holiste de Paracelse. Là où l'Allemand voyait des effets astrologiques, le Français se contente de causalités météorologiques.

Selon du Chesne[118], les quatre saisons déclinent les qualités aristotéliciennes. Le printemps serait chaud et humide, l'été chaud et sec, l'automne froid et sec, l'hiver froid et humide[119]. De même, la première semaine du mois lunaire, de la nouvelle Lune au premier quartier, serait chaude et humide, comme le printemps, la seconde, jusqu'à la pleine Lune, comme l'été, la troisième, froide et sèche, et la quatrième, comme l'hiver. Le cycle journalier reproduit aussi celui de l'année, avec un matin chaud et humide, comme le printemps, ce qui apporte un peu de répit aux fiévreux, et ainsi de suite avec le midi, ...En conséquence, ces différents cycles de nos deux luminaires ont des effets sur les corps et les humeurs des malades.

De même les levers et couchers des astres que le Créateur à ordonnés dans le ciel ont des effets importants sur les vents, qui eux-mêmes modifient la santé de nos malades. Ces altérations ont été observées par les savants de l'antiquité sur de longues périodes, et aujourd'hui encore par les bergers, qui passent leur temps dans les champs, et consignent leurs remarques sur leurs almanachs.

Le nouveau calendrier Grégorien a rétabli l'entrée du Soleil dans le signe d'Aries (le Bélier) le 21 ou le 22 mars, ainsi que le lever matinal du cheval Pégase[120]. C'est l'équinoxe de printemps. L'air est alors fortement perturbé, le temps s'échauffe, la terre ouvre son sein, les arbres commencent à produire leurs fèves, les plantes à pousser, reverdir et fleurir, et la mer connait des marées plus fortes qu'en d'autres saisons. Les vins se troublent dans les caves, comme les humeurs dans nos corps, ce qui est propice à la multiplication des maladies.

Un mois plus tard, le Soleil se lève dans la constellation du Poisson : c'est une constellation très froide, qui fait ce mois plus froid que mars. Les gelées peuvent alors gâcher les vignes. C'est la Saint-Georges (23 avril) et la Saint-Marc (25 avril).

Aux alentours du 1er mai, les Hyades qui sont dans la constellation du Taureau, se lèvent avec le Soleil. Ce sont les nymphes de la pluie.

Le 7 mai, les Pléiades commencent à apparaître le matin, le Soleil quitte le logis du Taureau, pour rejoindre les Gémeaux : l'air commence à s'apaiser, et les grands froids ne sont plus à craindre.

Le 9 juin, le Dauphin apparaît au Soleil levant, et le 23 ou le 24, la constellation Orion commence à se lever au petit matin. Le Soleil entre dans

---

118 Du Chesne, 1606, section II, chapitre 2.

119 Ces variations d'humidité ne correspondent pas à ce qui est observé sous le climat océanique parisien, les pluies étant réparties assez également sur toute l'année.

120 Voir Walch (2017).

l'Ecrevisse (le Cancer), faisant ainsi le solstice d'été, ce qui provoque une remarquable altération du temps. Toute maladie aiguë peut alors devenir mortelle.

Ce n'est que le 3 juillet que toutes les étoiles d'Orion sont levées, et le 19, c'est le tour de Sirius, l'étoile la plus brillante du ciel, rouge, ardente et ignée, dans la constellation du Chien, ou Canicule. L'air est rendu plus chaud, qui trouble et chauffe merveilleusement nos corps. Hippocrate en a conclu qu'il était dangereux d'administrer des purges avant et après ces jours caniculaires.

La planète Saturne, lorsqu'elle se trouve dans les Constellations estivales, du Lion et de la Vierge, cause par sa froideur des étés moins chauds. Ainsi est l'influence des planètes errantes sur le climat.

Le 17 septembre, Arcturus se lève, qui altère et trouble l'air, comme le fait l'entrée de Spica le 18. Puis le Soleil entre dans le Trébuchet (la Balance) : c'est l'équinoxe d'automne. Le trouble et les mouvements gagnent alors l'air, l'eau et la terre. Aëce nous conseille fortement de ne point ouvrir les veines ou purger du 15 au 24 septembre.

Fin octobre et début novembre, le Soleil entre dans le Scorpion, son mortel ennemi. L'air se remplit de tourbillons et d'orages.

Le premier décembre, le Chien se couche au matin, puisqu'il se levait six mois auparavant. Comme Aëce en a consigné les observations de longue date, si l'air est alors agité, ce sera pour trente jours ; s'il est calme, on ne connaitra point de tempêtes avant la fin de l'année. Le Soleil entre dans le Capricorne, et c'est le solstice d'hiver. L'air se glace, et nos corps sont sujets à rhumes et humidités jusqu'au printemps.

Ce froid condense et resserre tous les corps, et contraint ainsi la chaleur vitale à se retirer. La sécheresse de l'air qui accompagne souvent ce froid, tarit et consume extérieurement l'humeur radicale de toute créature vivante. Aussi les prairies perdent leur belle verdure, les plantes leurs fleurs, les arbres leurs feuilles, jusqu'à sembler privés de vie pendant l'absence du Soleil. Et puis, celui-ci entrera à nouveau dans la maison du Bélier...

Du Chesne se vante d'avoir parlé de ces sujets plus clairement et ouvertement que ses prédécesseurs, qui voilaient leurs secrets sous des figures, énigmes et allégories, afin que le commun des lecteurs ne les comprenne pas, mais soit cependant admiratif devant des propos aussi élevés et divins.

Dans sa *Grande Astronomie*, publiée de manière posthume (1571), Paracelse va encore plus loin que dans sa *Chirurgie*. Mais, du Chesne « ne croit pas en tout ce que Paracelse peut avoir écrit ».

L'homme est constitué de trois parties : son corps matériel, constitué des quatre éléments ; son esprit sidéral, et son âme divine[121]. L'astrologue ne peut s'exprimer sur l'âme divine, qui est du seul domaine de la théologie.

[121] Paracelse, 1571, p. 88.

L'esprit sidéral porte en lui toutes les manifestations de la raison : les sciences, les arts et les métiers[122]. Mais elles ne sont pas construites par la raison ; elles ne sont pas transmises par les parents ; elles préexistent dans les astres. Ainsi l'artiste Albrecht Dürer, de Nuremberg, ou le négociant Fugger, d'Augsbourg, sont-ils les fils du ciel. Ces hommes sont « nés pour leur art », mais les arts qu'ils ont découverts existaient déjà quand ils sont venus au monde.

Vénus a inventé la musique, et Mars a conçu les outils du forgeron. S'agit-il des divinités grecques ou des astres qui errent dans le ciel ? Apollon, qui nous a enseigné la médecine, n'est ni un homme, ni un dieu, ni une idole. Il règne au firmament.

Les Anciens avaient une science très avancée. Mais les miracles accomplis par le Christ, les merveilles décrites par les apôtres, furent tels que les astronomes ou les mages délaissèrent leur art pour trouver leur inspiration en l'Esprit-Saint. Ainsi Denys l'Aréopagite, après avoir entendu Saint-Paul, de passage à Athènes (Ier siècle après J.-C.), renonça à l'astronomie pour suivre l'apôtre[123]. Paracelse attribue ici l'abandon des sciences anciennes à ce que nous appelons le Moyen Âge, et son amour de la religion.

Mais le firmament n'est pas immuable. Des astres, des constellations nouvelles, y apparaissent. Ce sont eux qui font progresser les sciences et les arts. Ce sont par eux qu'apparaissent de nouvelles médecines, pour soigner les nouvelles maladies[124]. Certes, nous devons apprendre auprès des Anciens, mais nous devons aussi parfaire par nous même les sciences et les arts qu'ils nous ont laissés.

Paracelse prédit que l'homme soumettra tous les animaux, et régnera sur les régions les plus élevées du firmament. Il domestiquera les astres, comme il domestique le chien et le cheval[125]. Le ciel a été créé pour être soumis à l'homme, la nature travaille pour nous. « Voilà pourquoi nous devons puiser notre savoir à la source de la nature (...) qui nous instruit par l'expérience, et non pas dans les livres[126]. ». « L'heure est à la nouveauté[127]».

---

122 Paracelse, 1571, p. 92.
123 Paracelse, 1571, p. 96 ; Actes des Apôtres 17, 32-34.
124 Paracelse, 1571, p. 94.
125 Paracelse, 1571, p. 172.
126 Paracelse, 1571, p. 174.
127 Paracelse, 1571, p. 195.

Chapitre 3

Oswald Crollius, apôtre de Paracelse

« *Je tiens qu'il n'y a aucun mortel qui ait mieux su ce qu'est la Philosophie et la médecine, ni qui les ait mieux mises en lumière que Paracelse, digne d'une éternelle mémoire, la science duquel personne n'a encore pu dépasser, voire même atteindre ; c'est pourquoi il mérite d'être qualifié de vrai Monarque des Médecins et premier des Philosophes naturels, se pouvant seul se vanter d'avoir mieux écrit sur l'homme astral et ses offices créés par la main divine, que personne depuis le temps de Noé*[128]. »

Oswald Croll, dit Crollius, était originaire du Landgraviat de Hesse, où se trouvait la plus ancienne université luthérienne du monde, celle de Marbourg, fondée dès 1527. Il étudia aux Facultés de Heidelberg, Strasbourg et Genève, et obtint son doctorat en 1582. Il poursuivit sa formation et exerça comme paracelsien en France, Espagne, Italie, Suisse, Hongrie, Bohème et Pologne.

[128] Crollius, Préface, p. 140.

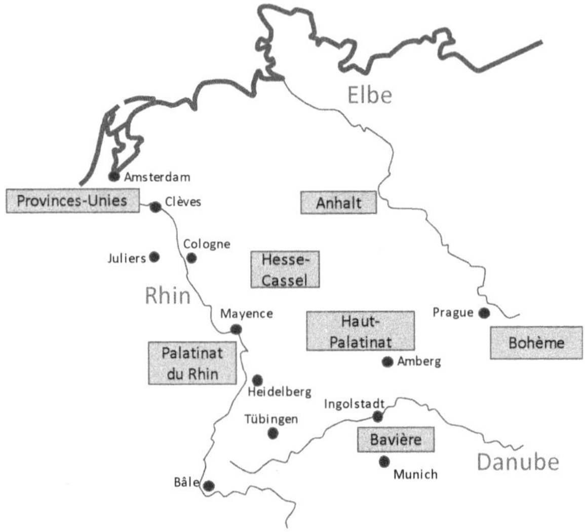

Il devint médecin ordinaire de Christian d'Anhalt, qui régnait sur la petite principauté de Bernbourg, et gouvernait le Haut-Palatinat. Croll le décrit ainsi : « Illustre amateur des Muses, très digne prince *Christian Anhaltinus*. Lequel pour l'amour et singulière affection et révérence qu'il portait aux Muses, me releva des frais que je pouvais faire en la préparation médicinale, que je devais expérimenter au fourneau de Vulcain. Sa très illustre grandeur a par ce moyen mérité une gloire et rang immortel parmi tous les Spagyriques en quelque pays que ce soit[129]. » Ce que l'on appelle un protecteur.

Christian 1er d'Anhalt
(1568-1630)

[129] Crollius, Préface, p. 219.

Mais Christian d'Anhalt était aussi conseiller des puissants comtes du Palatinat, Frédéric IV puis Frédéric V. Ces derniers faisaient partie des sept « princes » qui avaient le pouvoir d'élire l'Empereur germanique, les autres étant les archevêques de Mayence, Trêves et Cologne, le roi de Bohème, le duc de Saxe, et le margrave (marquis) de Brandebourg. Dans les faits, la couronne impériale passait toujours de la tête d'un Habsbourg à celle d'un autre Habsbourg. Depuis 1576, elle était portée par Rodolphe II.

Rodolphe avait transféré la capitale impériale de la très catholique Vienne à la cosmopolite Prague. Sa tolérance religieuse et son amour des sciences occultes, astrologie et alchimie, étaient l'un des grands sujets d'inquiétude du pape.

Christian d'Anhalt était calviniste, tout comme les princes palatins qu'il servait. Ceux-ci avaient fait de leur capitale, Heidelberg, celle du calvinisme allemand. Croll fut chargé de s'installer à Prague, et de commercer avec l'empereur. Sa connaissance approfondie des œuvres de Paracelse ne pouvait qu'attirer les bonnes grâces de Rodolphe. Ainsi, Crollius se vante-t-il d'avoir produit de la Calx Solis, ou chaux du Soleil, devant l'empereur et plusieurs de ses plus grands médecins[130]. Le Soleil, bien évidemment, c'est le soleil métallique, l'or.

Mais Rodolphe n'était pas sensible aux idées de Calvin, par trop radicales. Pire, il subissait les pressions du pape, via ses jésuites et ses capucins, pour affaiblir les hérétiques de Bohème. En Autriche intérieure, le jeune et ambitieux Ferdinand de Habsbourg montrait le bon exemple. Il chassait les luthériens, parmi lesquels Kepler[131], le fameux astronome. Rodolphe, plus tolérant, offrira à ce génie la place de premier « mathématicien impérial », chargé de prévoir les grands froids, les révoltes ou l'issue des batailles contre le Turc.

Oswald Croll publia en 1608, en latin, *Basilica chymica*, qui restera longtemps le principal exposé de la doctrine paracelsienne. Il fut traduit en français par Marcel de Bollene en 1638. L'ouvrage commence par une longue « Préface en forme d'avertissement » qui expose les idées de Paracelse concernant la théologie, la philosophie, la chimie ou encore la médecine. Suivent les recettes de nombreuses préparations médicinales, leurs forces, vertus, et usages.

Pourquoi tant de paraboles ? Les philosophes hermétistes ne veulent point divulguer leurs secrets au commun des hommes car le pouvoir qu'ils prodiguent serait à l'origine des plus grands abus. Il suffirait d'apprendre quelques phrases des œuvres de Paracelse pour s'enrichir auprès des princes.

---

130 Crollius, p. 126.
131 Voir Walch (2017).

De plus, c'est à cause de tels charlatans que la *Chymie* passe pour un art odieux et méprisable.

Quant aux Galénistes, nombre d'entre eux sont « mysochimiques » et s'enfoncent dans « le bourbier et les poussières scolastiques[132] ». Ils aimeront mieux mourir dans leur crasse ignorance que de suivre les préceptes des vrais philosophes. Ils ont passé deux ou trois ans sur les bancs de l'école, sans lever le nez de leurs cahiers, et obtenu leur titre de Docteur par argent ou faveur, après les quatrièmes et cinquièmes années : ils sont donc indignes du bonnet et de la robe. Ils se rendent alors compte qu'ils sont incapables de pratiquer la médecine, car les théorèmes de Galien ne peuvent rien contre les maladies les plus graves.

Quant à ceux dont le chef s'est couvert d'une chevelure neigeuse, ils ont passé le plus clair de leur temps dans les vanités de la scolastique, sans s'être adonné à la saine pratique, et se contentent de rapporter dans leur enseignement les opinions des autres médecins, sans y apporter la moindre valeur.

Ce sont les mêmes qui médisent de Paracelse, lui qui fait honneur à l'Allemagne, en cultivant les sciences tant divines qu'humaines. Ayant trouvé une paille dans les yeux de ce très docte personnage, ils oublient la poutre qui les empêche de voir la réalité. C'est certainement parce qu'il fut humilié par eux que « ce beau Soleil levant » utilisa un langage aussi ambigu et difficile pour manifester ses secrets. C'est aussi parce qu'il a écrit pour les savants et experts, vrais fils de la science, instruits à l'école de la magie, et non pas pour ces alchimistes affamés d'or qui ont prostitué leur art.

Au contraire, la vraie médecine ne peut être apprise ni dans les livres, ni de la bouche d'un professeur, mais seulement de Dieu lui-même, l'architecte du Monde, et donc le seul à en connaître tous les secrets. Sa lumière naturelle « instruit et enseigne les hommes pour en faire de vrais docteurs, ni plus ni moins que le Saint-Esprit, par ses langues de feu, enseigna les Apôtres[133] ».

« Quant à la confirmation de la médecine, elle ne peut provenir que de la pratique ou exercice journalier qu'on en fait, parce que c'est la seule lumière qui soit fondée non pas sur les institutions humaines, mais sur des bases célestes ou divines[134]. »

Ainsi peut-on décrypter le message paracelsien : ce n'est pas des universités galénistes que proviendront les progrès de la médecine, mais de l'intuition du docteur, et de sa vérification par l'expérience. Mais du Chesne nous met en garde contre les « Empiriques », pour lesquels les facultés des

---

[132] Crollius, p. 14.
[133] Crollius p. 24.
[134] Crollius p. 24.

médicaments ne peuvent s'apprendre que par l'expérience sur des êtres humains, quitte à provoquer leur mort[135].

L'incomparable Paracelse, quant à lui, nous parle divinement, comme un vrai disciple du grand Moïse, nous révélant ainsi les secrets de la nature, et les miracles de Dieu, c'est-à-dire, nous enseignant comment déchiffrer le Verbe que Dieu a incarné dans la nature.

Le concept fondamental du paracelsisme est celui d'**Astre**. Il y a deux parties en l'homme. Son corps physique, visible, directement perceptible par nos sens. « L'homme a pris son corps physique de la terre ». L'autre est **tout ce qui est invisible**, et régit néanmoins le corps et l'esprit. On pourra l'appeler « corps sidérique », « esprit sidérique », « esprit interne », « esprit céleste », « esprit astral », ou tout simplement « Astre ». Le corps visible est indissociable de cette partie invisible, qui se cache en lui. Ce n'est pas cette chair et ce sang qui font l'homme, mais bien son esprit sidérique. C'est lui qui engendre l'homme, le forme puis le gouverne.

Il n'y a pas que les êtres vivants qui bénéficient d'un esprit céleste, mais aussi les minéraux et les métaux. Ces Astres leur donnent leur forme, figure et couleur. Ainsi la mer est faite de matière (constituée de Mercure, Soufre et Sel), mais possède aussi un esprit, qui contient ses Astres. Ce sont eux qui produisent au fond des abîmes les minéraux, les sels, les métaux, les pierres précieuses, le sable, qu'ils extraient du centre de la Terre. Paracelse les appelle encore semence.

Ce sont les Astres qui donnent aux pierres précieuses leurs formes et leurs couleurs en leur implantant des métaux : le grenat et le rubis ont la couleur de l'or, le saphir et la turquoise celle de l'argent, l'émeraude (smarage) et le péridot (chrysolite) celle du cuivre, l'hyacinthe et la topaze celle du fer ; et le diamant, celle de l'étain.

C'est l'Astre interne de l'arbre qui fait croître la pomme ou la poire. C'est la communauté des Astres de tous les végétaux qui constitue un seul et même être, grâce auquel chaque individu profite de tous les autres : « Les fruits des Astres, ou semences célestes aériennes, terrestres et aquatiques, ont conspiré et aspiré en une république, comme citoyens d'une même anatomie qui, par les vertus de la mutualisation, les font se favoriser les uns les autres[136]. »

Chez l'animal, le cheval retrouve sa mangeoire, l'oiseau son nid, le vautour son cadavre grâce à une vertu magnétique qui leur est conférée par leurs Astres.

Chez l'homme, les Astres régissent l'esprit. Plus précisément, ils ont un grand pouvoir sur l'esprit humain. C'est le même esprit minéral qui produit les métaux dans les entrailles de la Terre, et que l'on retrouve en l'homme.

---

[135] Du Chesne, 1626a, p. 173.

[136] Crollius, p. 34 : le paracelcisme explique ainsi les interactions entre les êtres vivants qui seront l'objet de l'Ecologie moderne.

Ainsi, Croll a vu de ses propres yeux, à Prague, un jeune silésien qui avait été doté d'une dent en or dès la naissance (là, le médecin des princes fait quand même preuve d'une grande crédulité qui enclint à douter de toute sa Philosophie !). De même, Albert le Grand rapporte qu'il fut trouvé de l'or dans la tête de plusieurs pendus, comme entre les dents de plusieurs cadavres.

Les maladies héréditaires sont transmises par les semences ou Astres. Aussi, comme toutes les maladies astrales, elles doivent être guéries par la « matière première » que les médecins Chymiques extraient des astres eux-mêmes.

Les Astres « internes » sont invisibles par définition ! Comment peut-on, dans ces conditions, en acquérir quelque connaissance ? Paracelse propose une réponse, censée court-circuiter quelques siècles de recherche scientifique, en reprenant certains anciens, Astrologues et Chimistes, qui avaient affirmé la correspondance entre le Microcosme et le Macrocosme. Par cette analogie, le Philosophe paracelsien pourra découvrir les secrets de l'esprit sidérique. « Le monde externe est l'anatomie théorique, ou le miroir auquel le Microcosme, c'est-à-dire l'homme, se doit regarder[137]. » C'est lui qui permet au médecin de comprendre comment l'homme a été créé, ainsi que sa structure interne.

Dieu a produit Adam et Eve du limon de la terre, c'est-à-dire du Macrocosme, concentrant toute la grande machine du Monde dans le Microcosme. Ainsi le corps physique, visible, de l'homme, comme son esprit céleste sont constitués à partir des astres du firmament. C'est pourquoi l'homme interne, sidérique, incorporel est semblable au macrocosme, qui n'est autre que son parent.

Par la bonté divine, les Astres invisibles sont représentés par les figures visibles des corps de la sphère supérieure, sans lesquelles nous pourrions accuser le firmament de stérilité. Dieu a créé le bien et le mal, le bon et le mauvais, afin que nous ne l'oubliions point. Ainsi, rien n'a été créé en vain, et là où il y a le poison, il y a aussi le remède.

Le ciel est le père de tous les arts (sauf la Théologie et la Justice) : c'est par lui que nous devons les apprendre. Nous devons sucer le suc des astres, comme l'abeille suce la fleur pour produire le miel. Ce suc n'est autre que les sensations, les pensées et la science naturelle. C'est bien du firmament que nous pouvons apprendre. Le corps et l'esprit sidérique attirent vers eux les vertus des astres, comme on peut le constater chez ceux qui ont un caractère lunatique.

De même, l'Imagination de l'homme est l'ensemble de tous ses Astres. Elle est comme la fontaine ou la porte de toutes les opérations magiques. Elle peut donner la santé ou la maladie. C'est par elle que l'enfant reçoit des empreintes dans le ventre de sa mère. Par cette imagination, l'homme peut

---

[137] Crollius, p. 26.

même produire, à partir d'idées invisibles, des objets visibles et corporels. Elle permet au vrai magicien de reproduire ce qui est le privilège du Macrocosme. Ainsi le miroir de feu, ou miroir ardent, qui concentre la chaleur des rayons solaires[138].

Mais l'imagination peut aussi être à l'origine de maladies firmamentales, comme la peste, qui peut être la conséquence de grandes frayeurs. Nous observons en temps de peste que l'imagination, par la crainte et la terreur, engendre le basilic du ciel (reptile qui tue de son seul regard), empoisonnant le firmament du microcosme, ou au contraire que la foi du patient aide à la guérison.

Le médecin doit connaître les correspondances et sympathies de la nature, c'est-à-dire comment l'Astre de la médecine s'accorde avec celui de l'homme. Celui qui connaît les herbes, les fruits et les arbres, qui proviennent de la semence ou Astre invisible, connaîtra les maladies du corps physique, par analogie du Macrocosme et du Microcosme[139].

La connaissance des maladies et des remèdes se fait par la correspondance entre l'anatomie du Macrocosme, et celle du Microcosme, d'autant plus que les éléments du Macrocosme sont les remèdes aux maladies du Microcosme[140].

Si un malade souffre du cœur, le vrai médecin le soigne par des remèdes issus du cœur du Macrocosme. Ainsi l'or, l'antimoine ou les perles engendrées par les coquillages améliorent la santé du corps humain par une force spécifique et harmonique.

Chacun sait que pour Paracelse, tout corps est composé de trois principes naturels : son Mercure, ou liqueur, son Soufre, ou huile, et son Sel. Le bois vert est composé de trois espèces d'humidités. La première (le Mercure), aqueuse, empêche le bois de brûler. La seconde (le Soufre), crasse (épaisse) et huileuse permet à la flamme de prendre. Ces deux-là sont totalement consumées par le feu (dans l'alambic). Restent les cendres, qui sont le Sel. Comme dans les fourneaux de Vulcain, c'est le feu qui sépare les trois principes, toujours suivant cette séquence.

Ces trois principes participent aussi au corps humain. Le Sel, ou Mumie, par lequel se fait la coagulation, lui donne sa solidité et sa couleur. Le Soufre, par lequel se fait la commixion (le mélange), tempère la coagulation. Le Mercure permet l'irrigation de la liqueur vitale et végétative.

---

138 Archimède aurait enflammé à distance les voiles des navires romains faisant le siège de Syracuse (213 av. J.-C.).

139 Crollius, Préface, p. 49.

140 On sait aujourd'hui que le corps humain a besoin des sels minéraux suivants : calcium, fer, magnésium, phosphore, potassium, sodium, soufre et, en moindre proportions, des oligo-éléments suivants : iode, cuivre, zinc, sélénium, chrome, molybdène, bore…

Au Soufre, Mercure et Sel du microcosme correspondent ceux du Macrocosme. Comme il existe divers Soufres dans le corps humain (celui de la tête est différent de celui du cœur, ...), il existe différents Mercures dans les variétés de plantes ou de minéraux. Il faut savoir opérer les fourneaux de Vulcain pour reconnaître ces correspondances, ou au contraire les répugnances.

En conséquence, les maladies ne proviennent pas des excès de supposées humeurs, comme le pensent les galénistes, mais de discordances dans le corps entre ces trois principes. Au contraire, si les trois principes sont en accord, le corps est sain.

Paracelse distingue donc trois types de maladies :

•Les maladies soufrées, dues à l'embrasement du Soufre naturel, qui provoquent fièvres et inflammations

•Les maladies mercuriales, qui proviennent des liqueurs, et qui sont dues à la chaleur des accidents digestifs, à la chaleur des exercices physiques, à la chaleur astrale, due à l'excès de tartre dans la nourriture et la boisson. La digestive provoque l'apoplexie ; l'exercice, la manie ou phrénésie ; l'astrale, la podagre (goutte aux pieds), la chiragre (goutte aux mains) et l'arthritique

•Les maladies salines et nitreuses : ulcères, galles, dertres (maladies de peau) et autres démangeaisons.

Par l'art, le médecin doit suppléer aux défauts de la nature, les corriger, par son imitation de la nature. Tout ce que Dieu a créé au firmament est parfait et incorruptible[141]. Par contre, le monde infra lunaire est de nature à la fois parfaite et imparfaite. C'est par le feu que l'on peut séparer le pur (la quintessence) de l'impur (les fèces). C'est par lui que l'on extrait les « esprits » des plantes, animaux et minéraux qui entrent dans la composition des médicaments. Ainsi, il n'y a aucune maladie qui n'ait son propre remède.

Donc, la plante n'est pas le médicament, mais seulement le milieu dans lequel Dieu a lui-même caché le médicament, et duquel il faut séparer les impuretés. L'art permet de séparer le bon du mauvais, l'utile de l'inutile, les cendres du feu, l'esprit minéral de la matière, le venin du médicament, le visible de l'invisible, le pur de l'impur.

Ainsi l'opium est-il à la fois salubre et nuisible. Par la séparation des substances, on en extraira le soufre, doucement narcotique, et le sel, amer et chaud, aux pouvoirs sudorifiques, sans être stupéfactifs ou assoupissants. Pour lutter contre la fièvre due à la peste, on utilise l'opium, non point parce qu'il est très froid, mais parce qu'il est vénéneux, peut-être encore plus que la peste

[141] Croll comme Paracelse reprend ici la doctrine aristotélicienne, qui est contredite par les astronomes (Tycho-Brahé, Kepler). Cf. Walch (2017).

elle-même. On utilise donc un venin pour arrêter un autre venin. Selon Paracelse, *similia similium* : le semblable soigne le semblable.

De même, les venins métalliques peuvent être administrés au corps humain une fois que le feu en a corrigé les effets pernicieux. Par exemple, l'arsenic, d'une très grande malignité, peut être rendu propre à l'usage médicinal une fois fixé par le salpêtre dans les fourneaux de Vulcain.

Le médecin doit être capable d'identifier le bon remède, puisque même les animaux le font. La cigogne et le cerf mangent le serpent ; les poules et les moineaux se nourrissent des araignées. Le pourceau mordu par un serpent se soigne en avalant des escarbots (coléoptères) ; le sanglier, du lierre ; la grue, des joncs et la tortue de l'origan. Le crapaud frotte la morsure avec de la sauge. La pie matelasse son nid de feuilles de laurier, la huppe d'Adiantum. L'ours piqué par mille fourmis recherche la Mandragore. Les oies se soignent à l'Helxine, les colombes à la verbene, les hirondelles à la chélidoine. C'est l'hieracium qui donne sa vue perçante à l'épervier.

On sait, par la correspondance entre le Micro et le Macrocosme, quel médicament convient à chaque organe. Ainsi, l'argent, le saphir, le vitriol, la smaragde (émeraude) au cerveau ; l'or, les perles et le safran au cœur, ou le soufre aux poumons.

Le vrai Médecin doit à la fois maîtriser la Théorie et la Pratique, savoir par lui-même préparer, repurger, séparer le pur des impuretés et du venin. Au contraire, les galénistes se fient aux ignorants « cuisiniers » que sont les apothicaires. La médecine s'apprend ainsi par le travail manuel et les opérations chimiques ; de nouveaux médicaments ne peuvent être découverts que par l'usage quotidien du feu.

On sait aujourd'hui que la « goutte » est due à un excès d'acide urique qui se dépose sous forme de cristaux dans certaines articulations, en particulier du gros orteil : c'est la podagre. Ce composé chimique tire son nom de son élimination par les urines.

La goutte est favorisée par certains facteurs génétiques, qui inhibent l'élimination par les reins de l'acide urique en excès dans le sang. Mais elle est surtout d'origine alimentaire, se développant chez les hommes qui mangent trop et consomment de grandes quantités d'alcool. Le sujet dont le taux d'acide urique dans le sang est trop élevé doit éviter de manger des abats (rognons, foie, ...), du gibier, des poissons et fruits de mer.

L'empereur Charles-Quint fut atteint de la goutte dès la quarantaine, puis plus tard de l'asthme, du diabète et des hémorroïdes. C'est la raison pour laquelle il abdiqua en 1555 en faveur de son fils, Philippe, auquel il transmet le duché de Bourgogne, incluant les Pays-Bas, les royaumes d'Espagne, de Naples et de Sicile.

Voyons ce qu'en pense un galéniste comme Nicolas Abraham de la Framboisière, qui avait fait ses études à l'Université de Paris, puis était devenu médecin ordinaire de Henri le Grand et professeur à l'Université de Reims. Il consacre un chapitre aux maladies des jointures dans son cours de Médecine[142].

Il n'y a point de douleur plus forte que celle provoquée par la goutte, écrit-il. Les malades en deviennent fous, au point de souhaiter la mort.

C'est bien un médecin de l'École de Paris qui s'exprime : la goutte est un mal de jointures, causé par une humeur excessive qui vient à tomber dans ces jointures, pour en causer la débilité. Elle est vulgairement appelée « goutte » parce que l'humeur qui la provoque distille goutte à goutte dans les jointures. Elle se manifeste aux jointures des doigts, c'est alors la chiragre. À celle des pouces du pied, c'est la podagre. La plus douloureuse part de la hanche et tombe le long de la cuisse et le gras de la jambe : c'est l'ischiatique.

La goutte est causée à la fois par une faiblesse des jointures, et un excès d'humeur. La première cause n'est pas suffisante, car la douleur serait alors permanente, alors que les goutteux connaissent des trêves dans leurs maux.

La faiblesse des jointures peut être héréditaire, comme on l'observe chez des enfants nés de père ou de mère gouteux. Elle procède aussi de mauvais régimes, comme l'excès de travail, l'exposition aux grands froids, la fréquentation excessive des femmes, qui amollissent les jointures.

Pour les Anciens, l'humeur excessive provient du foie, et se propage aux jointures par les veines. Ce peut être chacune des humeurs, sanguine, bilieuse, mélancholique ou pituiteuse, provenant d'un excès de viande, de crudités et d'oisiveté. En conséquence, il faut choisir le remède adéquat : l'huile rosat apaise la douleur des gouttes bilieuses, alors qu'elle aggrave celle-ci en cas de goutte pituiteuse. Les digestifs doux combattent les humeurs bilieuses, mais non les pituiteuses, qui nécessitent des médicaments plus forts.

Pour Fernel, les gouttes sont dues à une humeur froide qui vient de la tête, donc uniquement pituiteuse, et se propage entre la peau et les muscles. Cette humeur pituiteuse ne peut provenir du cerveau, car alors elle s'écoulerait par le nez, ou dans les poumons, mais du dessus du crâne, où croissent les cheveux, là où le cuir est épais, ce qui empêche qu'elle s'exhale aisément.

Cependant, Fernel appliqua des cautères[143] à la tête de ses malades, ce qui en soigna certains, mais pas tous. Ce qui montre que les écoulements arthritiques ne proviennent pas toujours du cerveau.

Ainsi, personne n'a vraiment découvert l'origine et le chemin de l'humeur excessive, ce qui en fait un mal incurable.

---

142 Les *Œuvres de la Framboisière*, édition de 1624, p. 433.

143 Les cautères sont des instruments utilisés pour brûler les tissus infectés.

Quant à la Framboisière, il estime que la goutte sanguine atteint les sujets de bonne complexion, adolescents, et qui sont tombés malades au printemps. La goutte bilieuse touche les malades à la complexion chaude et sèche, d'âge mûr, faisant trop d'exercice, et touchés en été. La goutte mélancholique atteint les tempéraments secs, les hommes âgés, qui se nourrissent mal, tristes, qui dorment mal, et qui s'emploient sans relâche aux travaux de l'esprit, lettres ou affaires. Ils sont atteints à l'automne. La goutte est pituiteuse si le sujet est très âgé, consomme des viandes froides et humides, s'adonne à l'ivrognerie, la gourmandise, mène une vie sédentaire, et dort beaucoup trop. Il contracte la maladie en hiver. Ainsi, le type de goutte dépend-il de la complexion du malade.

Les gouteux ont des crises lors des changements de temps : tempêtes, orages, pluies, neiges et vents. Celles-ci touchent les riches plus que les pauvres, car ils ne travaillent guère, mangent beaucoup, particulièrement des viandes arrosées de sauces, boivent sans mesure et passent leur temps à jouer aux « dames ». Quant aux femmes, elles ne sont point sujettes à la goutte du fait de leurs purgations menstruelles[144].

Donc, la goutte est causée par l'excès d'humeurs qu'il faut évacuer pour soigner le mal. Le traitement consiste d'une part en un régime alimentaire, et d'autre part en la saignée, si le corps est pléthorique, ou encore la purgation, s'il est cacochyme (de santé fragile). Il faut tenir compte de la complexion du sujet, par un régime qui surpasse l'équilibre naturel. Si la bile, qui est chaude, est en excès, le régime doit être froid et humide ; si c'est la pituite, qui est froide, il doit être chaud et sec.

Il faut choisir des aliments faciles à digérer, soit peu de viandes, peu de légumes et de fruits (!). Les salures, épices, aulx, oignons, moutardes sont nuisibles aux bilieux, mais non pas aux pituiteux. Ainsi, Gérard le Preux, de Damery, de complexion phlegmatique, fut-il guéri de la goutte à l'âge de soixante ans après avoir pris chaque matin une gousse d'ail.

Le bouilli est propice aux cholériques, et le rôti aux phlegmatiques. Les malades d'un excès d'humeurs chaudes (bile) doivent s'abstenir de vin, et fuir le jeu de « dames », car Bacchus comme Vénus favorisent les écoulements dans le corps. Ce conseil est d'autant plus important que la goutte fait fondre la matière spermatique, qui descend dans les parties génitales, les remplissant et faisant enfler, ce qui accroît le désir de coït. Le gouteux doit aussi faire suffisamment d'exercice, qui aide à la digestion et consomme l'excès d'humeurs.

Pour la saignée, il faut ouvrir les veines de la partie du corps en face de celle qui est atteinte. Si la goutte affecte le pied droit, on doit piquer le bras

---

[144] La goutte touche effectivement moins les femmes que les hommes.

gauche. La purgation doit être appropriée à la cacochymie, c'est-à-dire à l'état du sujet cacochyme.

On commencera néanmoins par des remèdes communs à tous, comme la rhubarbe, les myrobolans, l'agaric, le catholicum. Ensuite, chez le pituiteux, par exemple, on provoquera la transpiration par décoctions de gaïac, fausse parille, chyne ou autres hydrotiques[145]. Elles dissolvent les humeurs phlegmatiques et les transforment en vapeurs qui sont évacuées par les pores de la peau. De plus, les diurétiques détournent les humeurs séreuses des articulations. On fera donc bouillir des potages de racines d'oseille, de persil, de fenouil ou d'asperges, dont l'on fera inhaler les vapeurs au malade.

On peut aussi provoquer l'écoulement du virus arthritique en ouvrant au-dessous du genou avec un cautère triangulaire, tranchant et aigu, opération qui doit être rapide, pour en réduire la douleur. Si elle s'effectue sur un homme d'affaires, qui passe beaucoup de temps à cheval, il faudra la situer sur l'extérieur de la jambe, pour que la blessure ne frotte pas sur l'étrivière ou la selle.

Après administration de remèdes universels, on appliquera des médicaments topiques (spécifiques). On commence par des répercussifs, qui repoussent les humeurs à l'intérieur du corps, donc hors des articulations. Les répercussifs froids conviennent aux excès d'humeurs chaudes (sang, bile), et les répercussifs chauds aux humeurs froides (pituite, atrabile).

• Les médicaments répercussifs aqueux, repoussant les humeurs seulement par leur qualité froide sont[146] : laitue, oseille, pourpier, chicorée, renouée, trèfle, mouron, lentille d'eau, joubarbe, nombril de Vénus, Psyllium, courge, concombre, melon, roses, glaire d'œufs. Les plus puissants sont la jusquiame, le pavot, la morelle et la mandragore.

• Les répercussifs terrestres, astringents et chauds sont : absinthe, centaure, agrimoine, menthe, laurier, gentiane, coriandre ; les aromates suivants : cannelle, muscade, spic nard, safran, tuyau aromatique, cardamone, myrrhe, aloès. Les minéraux suivants : vitriol, soufre et alun ; les composés suivants : huile d'absinthe, de mastic, de nard, de cost, cérat stomatique de Gantiel, de santal, emplâtre diachalciteos.

• Les répercussifs terrestres astringents froids, sont appelés tous simplement répercussifs : plantain, feuilles de vignes, de chêne, cyprès, ronces, épine vinette, queue de cheval, feuilles et fruits de cormiers, corneilliers, néfliers, poires sauvages, coigniers, meurthes, groseilliers, rosiers, têtes et queues de roses, noix vertes de cyprès, de galle, sumac ; jus de verius, vinaigre, vin grossier et rude, jus de grenades aigres, de coing, de

[145] La Framboisière, p. 447.
[146] La Framboisière, p. 478.

berbéris, d'acacia ; écorces de chêne, malicorium ; fleurs balaustes ; farines d'orge, de panay, d'avoine, de millet, d'orobe ; minéraux : antimoine, tutie de pompholyx, spode, plomb, litharge, céruse, terre sigillée, bol d'Arménie, corail, sang de dragon ; huiles de roses, d'olives vertes, de myrtilles, de coing, de nénuphar ; onguents : blanc Rhazès, de roses, de camphre, Comitisae, diapalmat dissout dans l'huile rosat et le vinaigre, dessicatif rouge, diapompholigos, populéum ; emplâtres : traipharmacon, contra rupturam, céruse

- Les répercussifs de substance épaisse : vinaigre et camphre

Ensuite on prescrit des résolutifs, pour évacuer l'humeur en l'évaporant à travers les pores, par transpiration :

- Résolutifs faibles ou rarefactifs : guimauve, pariétaire, adiantum, mercuriale hyeble, valériane, romarin, sauge, thym, fleurs de camomille, melilot, aneth, farines d'orge et de froment ; semence de lin, fenegrec, nielle, mie de pain, son, beurre, graisse de poule, d'oie, de canard, de conil, de veau ; les composés sont huiles de camomille, d'aneth, de lys.de vers, de Keiry, de jaunes d'œufs, de froment et d'amandes douces ; onguent d'althaea, emplâtre diachylon ireatum.
- Résolutifs forts ou diaphorétiques. Les simples sont l'aristoloche, aulne, iris, oignon, skille, seau de Salomon, brioine, pain de pourceau, acorus, asphodèle, dracunculus, menthe, origan, pouillot, serpolet, sabin, calament, hysope, ortie, armoise, lavande, choux, champytis, semence d'anis, fenouil & cumin, poivre, noix muscades, coriandre, baies de laurier, et de genièvre ; farines de fèves, de lupins, d'orobe et de millet, miel, vin vieux, eau de vie, muria, graisses de taureau, de cheval, de lion, de chien, de bouc, moelles de cerf et de mouton ; ammoniac, galbanum, opopanax, sagapenum, bdellium, ladanum , styrax, benjoin, stercus caprinum, colombinum, bubulum. Les composés sont huiles d'amandes amères, de genièvre, de scorpions, de cost, de nard, de laurier, d'iris, de rue, d'euphorbe, de tartre, de tuilles, pétroles ; onguents d'agrippa, marciaton, aregon et enulatum, emplâtre de vigo, oxycroceum et diachalciteos dissolutum in oleo digerente.

Si la douleur est intolérable, en particulier pour les gouttes bilieuses, on aura recours à des narcotiques. Il faudra arrêter dès que la douleur se sera légèrement apaisée, car un usage excessif de ces médicaments accumule encore plus les humeurs dans les articulations : elles se transforment alors en cals et durillons, qui immobilisent pour longtemps la jointure affectée.

Pour les paracelsiens, les causes des maladies ne se trouvent pas dans le déséquilibre des humeurs : « anciennement, on rapportait toutes les maladies aux quatre humeurs, et c'est pourquoi on ne les pouvait guérir ; la vraie raison en est le tartre qui adhère à quelque organe. Ce tartre ne peut être rapporté à aucune des quatre humeurs[147]. »

La podagre fait partie des maladies mercuriales exaltées par la chaleur astrale. Elle provient du tartre abondant en la boisson et l'alimentation[148]. Ici, les Astres ne sont que les éléments extérieurs au corps humain, qu'il ingère pour sa subsistance. Poursuivons avec Crollius.

Tout ce que nous mangeons et buvons contient de la morue aréneuse et du tartre sablonneux fort contraires à la santé humaine. Le tartre provient ainsi des plantes, des poissons ou de la viande que nous ingérons, mais aussi du firmament, lorsque l'air est infecté par les vapeurs de la terre, de l'eau et du ciel. Ce dernier nous inocule de sévères maladies astrales, comme la pleurésie, la peste ou la prunella.

L'estomac sépare le pur de l'impur, en particulier des impuretés tartreuses. Le pur va nourrir les organes, cœur, cerveau... Mais si l'estomac est débile, il ne peut empêcher que l'impur ne soit poussé au foie. Si le foie lui-même est débile (déficient), il renvoie la matière morueuse et aréneuse aux reins. Là, si la séparation se fait mal, l'esprit de sel coagule cette matière en sable, tartre ou pierre aussi dure que le mortier, au lieu d'être rejetée dans les excréments. Il y a donc quatre sortes de tartre : le calcul ou pierre de la vessie, le sable des reins, la glu, et la matière boueuse de l'estomac.

Si par la débilité de l'estomac, du foie ou des reins, les excréments demeurent dans le chyle (c'est-à-dire passent dans le sang), il s'en suit des maladies de l'estomac, du foie, des reins ou des intestins, mais aussi des maladies arthritiques qui affectent les parties visqueuses du corps, les nerfs, les organes et les jointures, comme sont la podagre, la chiragre, la genuagre[149].

Crollius n'en dit pas plus sur les causes de la podagre, mais du Chesne lui consacre une grande partie de l'un de ses quatre « Conseils de médecine : de la goutte et du calcul ».

La goutte provient de la coagulation du sel ou tartre, ce dernier étant le nom du Sel contenu dans le corps humain. Ce tartre est contenu dans le sang, et la chaleur du corps en extrait les parties tartrées : il s'attache alors aux viscères et descend dans les jointures. Cette matière salée et visqueuse se congèle, remplit et blesse les ligaments et autres parties sensibles des articulations.

Dans le Macrocosme il y a plusieurs sortes de sels, le sel marin, le sel nitre, de saveur amère, le sel alumineux, austère et astringent, le sel de vitriol et armoniac, acide, ou encore les alkalis, corrosifs et acres. De même, dans le corps humain, on trouve un tartre qui, une fois dissout, produit une pituite salée, un sel nitreux, qui rend la bile ou l'urine amères, un sel vitriolé et acide,

147 Crollius, Préface, p. 153.
148 Crollius, Préface, p. 132.
149Crollius, Préface, p. 158

qui donne leur acidité à la pituite ou la mélancolie. Ainsi, la bile airugineuse (couleur de l'airain) ou la pituite salée produisent des inflammations des jointures non pas en tant qu'humeurs, mais en tant que fluide contenant un sel acre, amer et nitreux, et donc corrosif s'il est quelque peu desséché. Car plus le liquide est réduit, plus ce qui reste est salé.

Ce sel qui est en le corps humain est appelé tartre par analogie avec les liquides dans lequel il est dissout, et en particulier du sang, avec le vin. Le tartre mêlé au vin, même le plus pur, lui donne sa couleur. Il apparaît par évaporation, ou par distillation, qui sépare la partie liquide, et laisse le tartre au fond. Plus ces opérations sont avancées, plus le tartre résiduel est sec, dur et solide. Il est différents sels dans le corps humain, comme il est différents tartres dans le vin, selon le lieu et l'ensoleillement : les uns sont plus acres, plus austères, et produisent plus de lies et de tartre que les autres.

Il faut connaître les causes pour bien soigner les maladies. Celles-ci proviendraient de la diversité des sels et des tartres qui se trouvent dans les fluides corporels, et non dans le froid, le chaud, l'humide et le sec qui sont enseignés à l'École. Le tartre amassé et contenu dans les articulations est donc la cause directe de la goutte. Revenons à Crollius.

Selon Paracelse, la podagre doit être soignée par résolutifs, mitigatifs et corroboratifs[150]. En ce qui concerne le résolutif, il conseille la poudre arthritique de composition suivante :

- Hermodacte (colchique d'Asie mineure, très vénéneuse)
- Turbith de très bonne qualité (en provenance des Indes)
- Diagridion ou scamonée d'Asie mineure (purgative)
- Feuilles de sennae
- Raclure de crâne humain
- Sucre fin

On en fait une poudre très fine, que l'on dissout dans de l'eau d'Anthyllis. La dose est d'une demi-drachme trois ou quatre matins consécutifs. Ce médicament purge sans violence les écoulements podagriques.

Le traitement de la goutte par l'hermodacte ne date pas de Paracelse, mais se trouve déjà chez Dioscoride (Ier siècle après J.-C.). Son nom signifie « doigt d'Hermès », étant donné la forme de son bulbe, ce qui justifierait, selon cette signature, ses vertus curatives de la goutte.

La colchicine extraite de cette plante est encore aujourd'hui utilisée dans le traitement de la goutte. À haute dose, elle peut être mortelle.

---

150 Crollius, p. 160

Pour le mitigatif, on peut utiliser l'un des deux baumes suivants. Pour le premier d'entre eux :

- Vitriol calciné jusque à ce qu'il soit jaune (deux livres)
- Miel vierge de ruche (une livre)
- Esprit de vin (une livre)
- Térébenthine (quatre onces)
- Romarin (quatre onces)
- Verbene ana (six onces)
- Caillou calciné (une demi-livre)

Broyer le tout, le verser dans un alambic en verre bien luté, à grand chapiteau et grand récipient, dont les jointures sont aussi bien lutées. L'alambic est chauffé durant trois jours au feu de sable (le vaisseau est posé sur du sable chauffé qui communique la chaleur à la matière). Puis distiller peu à peu, en montant graduellement la température. Les gouttes ou esprits se condensent. On laisse refroidir et on réverbère le résidu ou fèces, spongieux et noir, jusqu'à ce qu'il devienne blanc. On verse dessus le liquide condensé récupéré dans le récipient, et on distille une seconde fois.

Ce baume est très efficace : il arrête la douleur goutteuse par friction sur la partie malade. Le sujet aura auparavant été purgé à la poudre d'hermodacte de Paracelse ou au secret de Corallin. On lessive ensuite les parties douloureuses avec des linges mouillés d'eau tiède, jusqu'à ce que la douleur disparaisse. Alors, de toute évidence, les vapeurs goutteuses ont été exhalées.

Le second baume podagrique est préparé ainsi. Rectifier (purifier) plusieurs fois une des huiles suivantes (une once) :

- Huile de mâchoires inférieures de vieux chevaux longtemps exposées aux intempéries
- Huile d'os humains pris suite à une mort violente (pendaison, étranglement) longuement exposés au Soleil
- Huile de sang de cerf

Une once de l'une des huiles suivantes rectifiées plusieurs fois :

- Huile de Laurier
- Huile de Térébenthine
- Huile de Genièvre

Mélanger ces huiles et les distiller au bain, en oindre la partie douloureuse, ce qui apaisera instantanément les douleurs de la podagre.

Parmi les corroboratifs empêchant les défluxions (écoulements), il ne faut pas oublier l'esprit de vitriol, avec des sels de perles et du vin de Girofle et d'Acorus.

Quelle que soit l'efficacité des traitements prescrits par Crollius, on notera la précision des recettes, mais aussi la rareté des composants.

Croll conseille aussi d'autres médicaments : Mercure précipité avec pilules de Ruffi et huile de miel ; huile de sel ; chaux d'antimoine diaphorétique (un secret qui lui a coûté plus de 200 florins) ; sel de perle ; élixir de Paracelse ; Laudanum ; lait de Soufre.

Pour du Chesne, les remèdes des Dogmatiques n'ont, jusqu'à présent, produit aucun effet qui mérite d'être rapporté. Il soutient, par contre, que les remèdes chimiques, extraits des minéraux, sont les plus efficaces pour apaiser les douleurs dues à la goutte[151]. Il vante les mérites de sa propre eau antipodagrique « de Quercetan, la plus excellente de toutes ». Mais le médecin du roi ne livre pas son secret. Il faut aller le chercher dans ses manuscrits publiés en 1641, trois décennies après la mort de l'auteur[152].

Prendre huit pintes d'eau de rivière, et y éteindre seize fois de suite quatre billes d'acier ardent d'une livre chacune et une bille de cuivre d'une demi-livre. Faire infuser dans deux pintes de cette eau durant 24 heures une demi-once de verre d'antimoine. Dans les autres six pintes, faire dissoudre deux onces de mercure précipité de la meilleure qualité. Mélanger les deux liquides ainsi obtenus dans un matras.

Pour obtenir ce mercure précipité de couleur blanche comme neige, il faut partir d'un mercure précipité commun, puis ajouter à quatre onces de celui-ci autant d'eau forte, et ajouter une demi-once de soufre pulvérisé qui aura été dissout dans l'eau. Laisser l'eau forte s'évaporer complètement.

Ainsi, l'antimoine et le mercure, que l'on a l'habitude d'administrer sous forme solide, impriment cette eau de leurs esprits, et lui communiquent la vertu de pénétrer jusqu'aux racines du mal, de dissoudre puis évacuer les matières tartrées, gypsées et les sels congelés dans les articulations, et qui sont à l'origine des insupportables douleurs.

ONGUENT SYMPATHIQUE DE PARACELSE

Croll donne la préparation très complexe de l'onguent de Paracelse. Cet onguent guérit toutes sortes de plaies sans toucher le malade, à la seule condition de posséder l'arme ou l'instrument qui a provoqué la blessure[153]. D'aucuns y croyaient. Ce sera en particulier le cas de van Helmont, auquel son *De la Guérison magnétique des Blessures* vaudra quelques démêlées avec la justice ecclésiastique[154].

---

[151] Du Chesne, 1626b, p. 146.
[152] Du Chesne, 1641, p. 317.
[153] Crollius, p. 206.
[154] Voir chapitre suivant.

Prends :
- De la graisse d'un verrat de sanglier
- Graisse d'ours, le plus vieux possible

Fais bouillir ces graisses pendant une demi-heure dans du vin rouge. Verse dans l'eau froide, et recueille la graisse qui nage en surface. Prépare de la poudre de vers, après les avoir lavés dans le vin et rôtis dans un pot de terre au four de boulanger. Il faut aussi :
- De cette poudre de vers
- Cervelle de sanglier séchée
- Sandal (bois de santal) rouge odoriférant
- Mumie transmarine
- Hématites

Prends un crane d'homme mort violemment, comme un pendu, que tu racles lorsque la Lune est en croissant, et si possible dans la maison de Vénus[155]. Mélange et broie tout cela pour faire un onguent avec de la graisse, alors que le Soleil est loin du signe de la Balance.

« Cette façon de soigner n'est pas de la magie noire, comme le croient quelques sots et ignorants, mais se fait par une certaine vertu attractive et aimantée, causée par les Astres, qui, par la médiation de l'air, attire sur la plaie et se conjoint à elle, de manière à ce que l'opération spirituelle fasse effet[156]. »

Cet onguent cause un effet aussi admirable de trois manières. Premièrement la sympathie de la nature, secondement l'influence des corps célestes. Tiercement le baume naturel qui est en chacun des hommes.

Il faut prendre l'instrument qui a blessé le malade, et l'oindre d'onguent une ou deux fois par jour. Si c'est la pointe de l'arme qui a piqué le malade, il faut l'oindre par un geste descendant, sous peine de nuire au patient. Si le dard est entré dans toute la profondeur, ou si l'on ignore comment le patient a été blessé, l'onction doit se faire sur toute la longueur de l'instrument.

Il n'est pas besoin de coudre la plaie, comme le font les Chirurgiens, mais il suffit de bander la partie blessée avec un linge bien propre, et mouillé de l'urine du malade. En outre, le patient devra s'abstenir de femmes et de pollutions.

Dans son Cours de Chimie publié un siècle plus tard, le Français Lémery se montre plus prudent quant à l'efficacité de la « poudre de sympathie dont on a fait tant de bruit[157] » et censée être un véritable « onguent armaire », ayant la vertu de guérir les blessures à distance, comme le prétend Paracelse.

---

[155] Voir Walch (2017).
[156] Crollius, p. 205.
[157] Lémery, p. 492.

Elle se fait à base de vitriol exposé au Soleil pendant le signe du Lion (juillet), pour le dessécher[158]. On attribue le choix de cette date à la position du Soleil dans le zodiaque, mais Lemery pense que la vraie raison en est la force du Soleil en été. Certains y rajoutent un peu d'usnée humaine, cette mousse qui pousse sur les crânes des pendus qui sont restés attachés à leur gibet durant plusieurs années. Cette coutume est plus fréquente en Angleterre et en Irlande.

Usage : essuyer la plaie avec un linge pour l'imprégner de sang, et y jeter une pincée de poudre de sympathie. La plaie sècherait dès que le linge sanglant serait à 4 lieues du malade.

Le vitriol exhale constamment dans l'air de petites particules. Ces corpuscules vitrioliques tombent sur la plaie du malade : ce sont eux qui arrêtent le sang, comme la vertu du vitriol est de dessécher les plaies. « Voilà, ce me semble, l'explication la plus raisonnable qu'on peut donner sur un effet qui a passé pour une chose impraticable. Au reste, je ne conseillerais point à un blessé de se fier à un remède de cette nature ; car pour une personne qui en aurait reçu soulagement, il y en aura cent qui n'en auront pas aperçu l'effet[159]. »

Néanmoins, ceux qui s'entêtent à croire en la poudre de sympathie prétendent que lorsqu'elle manque son effet, c'est qu'elle a été mal préparée.

DE LA PRÉCIPITATION DU MERCURE

Croll donne la méthode pour bien précipiter le Mercure[160] : voilà qui ne peut qu'exciter la curiosité de l'apprenti alchimiste[161]. Ce Mercure, bien préparé et dosé, fournit un médicament « divin », que l'on peut admirer par son effet sur plusieurs maladies. La matière première est du cinabre naturel, broyé finement avec du safran, dans une conche ou un vaisseau en forme de bassin. En chauffant ce mélange, Croll lui-même a observé à plusieurs reprises le Mercure brut monter avec la fumée. Celle-ci avait le pouvoir de blanchir totalement un écu d'or.

Les chimistes ont essayé mille façons de préparer ce Mercure, soit par le sel nitre, par le sel commun, par l'huile de vitriol, par les eaux fortes. Mais Croll préfère sa propre méthode.

Prendre une demi-livre de mercure bien purifié et ajouter une livre d'huile de soufre, rectifiée par la cloche. Elle précipite le mercure mieux que l'huile

158 Lémery, p. 492.
159 Lémery, p. 494.
160 « Précipiter ou faire précipiter est séparer une matière qu'on avait fait dissoudre, afin qu'elle tombe au fond » (Lemery).
161 Crollius p. 15.

de vitriol. Faire digérer ce mélange pendant deux jours dans le feu de sable, puis distiller lentement dans une cornue bien lutée. Rectifier ainsi l'extrait quatre fois. La dernière fois, on aura ajouté de l'huile de soufre, et monté le feu jusqu'à ce que la cornue devienne rouge.

Le Mercure précipite au fond de la cornue en une masse blanche. Briser la cornue pour en retirer le Mercure. Le poser sur un plan de marbre, y verser de l'eau de pluie distillée et chaude, et broyer. Rincer plusieurs fois dans un verre à large col, jusqu'à ce que l'eau qui en sorte n'ait plus aucun goût, ce qui prouve que le Mercure a perdu tout son sel. Le Mercure est alors tout jaune : le sécher, puis le verser dans une fiole à long col, ou matras, que l'on bouche avec du coton. On la met au feu de sable (véhément) durant huit jours. Le Mercure, ainsi précipité, peut être utilisé en médicament.

On reconnait le Mercure précipité par le fait que broyé avec de l'or, ce dernier garde sa couleur sans blanchir.

Le Mercure précipité est un vrai baume naturel qui purifie le corps humain de toutes les impuretés vénériennes. C'est un excellent remède contre toutes sortes de maladies causées par la putréfaction des humeurs, pour lesquelles on peut l'utiliser en dernier ressort. Il extrait les mauvaises humeurs du corps, les écoulements du cerveau, purifie le sang dans les veines, et la moelle dans les os. C'est aussi un bon remède contre l'hydropisie (œdèmes), étant données ses facultés expultrices.

Il soigne la goutte, les pleurésies, les venins, la rogne et les fièvres continues ou intermittentes. Pour l'administrer, il faut le mélanger avec un véhicule : pilules de Ruffi, huile de miel, huile de vitriol.

Dans le traitement de la vérole, il déracine les ulcères vénériens. C'est le meilleur des remèdes contre la jaunisse ; on en a besoin lors des épidémies de peste. Comme c'est un excellent purgatif, on l'utilise pour purger les ulcères puants et malins, en mélange avec un onguent.

Paracelse, pour le traitement de la vérole, le mélangeait avec l'électuaire du suc de roses. Tel autre le mêlait à de l'esprit de tartre. Il opère mieux avec le suc de réglisse qu'avec le Thériaque. On peut aussi l'exhiber avec la conserve de roses, le suc rosat, enveloppé dans du pain à chanter (pain sans levain ; pain azyme). On peut le faire avaler plus facilement dans une cuiller en argent remplie de vin.

Si certains malades se plaignent de la gorge, en raison des vomissements de bile, il est facile de les soulager par gargarismes ou terre sigillée.

Chapitre 4

Andreas Libavius

Andreas Libavius naquit à Halle, en Saxe. Il fit des études à Wittenberg, puis Jena, où il obtint son *magister artium*. Il soutint ensuite un Doctorat de Médecine à l'Université de Bâle (1581). Il devint médecin de la ville (*Stadtphysicus*) de Rothenburg, en amont de la Tauber, cet affluent du Main, puis directeur du lycée de Coburg, en Franconie.

Libavius avait donc étudié la philosophie, et en avait gardé un profond attachement à la logique d'Aristote, qu'il opposait à la démarche mystique de Paracelse. Aussi, son *Alchemia* (1597) est un traité systématique de ce qui pourrait être enseigné dans les universités, à la différence de la Chimie de Croll, qui n'était qu'une succession de recettes à usage médical.

Andreas Libavius
(1555-1616)

Une première partie présente les instruments et les modes opératoires (*encheria*) de la Chimie : la putréfaction, la calcination au réverbère, la corrosion par les eaux fortes, la sublimation, la distillation par élévation, la distillation oblique, la distillation par descension, la coagulation, la digestion, la circulation, la fermentation, la projection, et bien d'autres... Ces opérations sont décrites avec précision indépendamment des matières auxquelles on peut les appliquer. Voilà ce qui manquait chez Croll.

Une seconde partie présente la préparation des espèces chimiques, en appliquant les opérations ci-dessus aux corps naturels, selon une nomenclature rigoureuse. Celle-ci est représentée sous forme d'un diagramme dichotomique, tel que préconisé par Ramus.

TABVLA LIBRI SECVNDI ALCHEMIÆ.

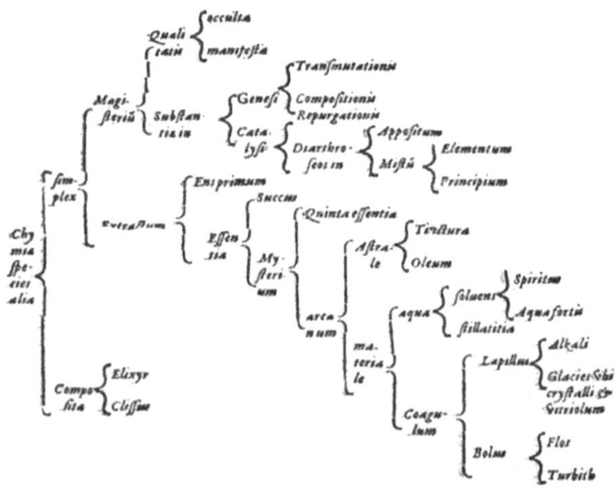

Son traité de chimie avait fait de Libavius une référence européenne en la matière. Il intervint dans le débat entre du Chesne et l'École de Paris. Le médecin de Henri IV avait fait un long voyage en Allemagne, au cours duquel il avait rencontré quelques-uns des meilleurs chimistes de son temps. Dans son *Ad veritam hermeticae medicinae* (1604), il se réfère aux très nombreux adeptes de cette vraie médecine que compte ce pays, comme son grand ami, Crollius, le fameux Andreas Libavius[162], « défenseur de la vraie chimie », ou encore Johannes Hartmann, docteur à Frankfort sur le Main. Il fait remarquer le nombre très important de grands princes partisans et mécènes de cette science[163] : l'empereur Rodolphe lui-même ; le roi de Pologne, Sigismond ; l'Archevêque de Cologne ; le Duc de Saxe ; le Marquis de Brandebourg ; l'électeur impérial ; Heinrich Julius, duc de Brunswick ; Maurice, Landgrave de Hesse ; Ferdinand, duc de Bavière ; le duc de Franconie ; tous les princes de Anhalt… Ainsi, l'Allemagne est-elle vraiment au cœur de la vraie science, où elle ne subit point les assauts qu'elle connait en France.

Libavius, qui pouvait se sentir pris à témoin, commença par se ranger du côté des médecins de Paris, tout en restant prudent[164] : les docteurs de Paris

[162] Ad veritam, p. 10.
[163] Ad veritam p. 13.
[164] Nous suivons ici Trevor-Roper, chapitre 6 : « The German Dimension », p. 84 sqq.

lui semblaient ne pas attaquer la vraie Alchimie, mais seulement sa forme paracelsienne dont ils accusaient du Chesne d'être adepte. En effet, Libavius voulait faire de la Chimie une vraie science, et donc la débarrasser de l'occultisme et du charlatanisme dans lesquelles l'enveloppait Paracelse.

Mais du Chesne avait protesté de son désaccord avec les idées les plus radicales de Paracelse : « je ne crois pas en tout ce qu'il peut avoir écrit ». La polémique parisienne prenant de l'ampleur, l'alchimie étant attaquée violemment en France, au point de pouvoir en être interdite, Libavius rédigea une *Défense de l'Alchimie et réfutation des objections des censeurs de l'École de Paris* (1606) qu'il dédia à Jacques Bongars, ambassadeur de Henri IV en Allemagne. S'il soutient du Chesne et Mayerne, c'est parce qu'ils « n'embrassent pas tous les crachats de leur monarque », et ne renient point Hippocrate. On peut les qualifier de « médecins chimistes hermétiques », plutôt que de paracelsiens. « Il y a plus de bien-fondé en l'art de la chimie qu'en la Faculté de Paris. »

Libavius fut alors considéré comme l'arbitre de l'art médical en Europe. Il poussa son avantage en publiant *Le Triomphe de l'Alchimie sur la Censure de la fausse Faculté galénique de Paris* (1607), un ouvrage de 900 pages !

Il soutient à nouveau du Chesnes, parce qu'il place l'expérience au-dessus des dogmes, pratique la médecine chimique et cueille les bons remèdes qui poussent sur le fumier de Paracelse[165]. Mais Libavius restait en désaccord avec la philosophie des deux médecins de Henri IV, sur la constitution de la matière, par exemple. Pour le Saxon, il n'était point question de Mercure, Soufre ou Sel[166].

Pour Libavius, il y a trois pratiques de la médecine[167]. Premièrement, celle des dogmatistes et rationalistes, élèves d'Hippocrate et Galien. Secondement, les médecins « chymiatristes », qui fondent leur art sur les anciennes méthodes, mais combinées avec des médicaments préparés selon l'alchimie traditionnelle. Celle qui a été développée par les Arabes, Avicenne (XIe siècle), Mézué, Rhazès (Xe siècle), Albulcasis (Xe siècle) et occidentaux : Albert le Grand (XIIIe siècle), Arnaud de Villeneuve (XIIIe siècle), Raymond Lulle (XIIIe siècle) et Ulstadius (XVIe siècle). Tiercement, les paracelsiens, dont le maître a certes préparé quelques bons médicaments, mais a aussi défini une nouvelle philosophie, rejetant celle d'Aristote, et faisant une large place à la magie, la nécromancie, l'astrologie, la géomancie.

Ces derniers doivent donc être combattus, au nom des vrais chymiatristes. L'erreur de l'école de Paris est de jeter son opprobre sur toute l'alchimie, et non pas la seule philosophie de Paracelse.

---

[165] Moran, 2007, p. 168.
[166] Moran, 2007, p. 171.
[167] Moran, 2007, p. 174 – 175.

Le statut de la transmutation est un peu différent. Il faut, à son propos, distinguer la vraie chimie, qui cherche à transformer les métaux, et à produire la médecine universelle, des pratiques frauduleuses de nombreux charlatans, qu'il faut nommer « chymériques ».

Le lorrain Nicolas Guibert avait fait ses études de médecine à l'Université de Pérouse. Il voyagea en Italie et en Allemagne, et devint médecin des États Pontificaux. Il s'adonnait alors à l'Alchimie, s'essayant à la transmutation, mais en vain. Ces échecs le transformèrent brutalement en pourfendeur de cet art, d'où la publication, en 1603, d'une *Alchymia (...) cum suis fallacis et deliramentis*...dans laquelle il dénonce les mensonges et divagations des alchimistes.

En effet, la plupart des récits de transmutations sont de seconde main[168] : c'est le juriste Johannes Andreas qui témoigne pour Arnaud de Villeneuve, Cardan, pour Antonio Trevisino, Jacques de Villamont pour Bragadino, Hieronymus Rubeus pour Angelus Siculus, qui aurait changé le vif-argent (mercure) en or devant le pape Grégoire XIII. Mais quelle est la crédibilité de tous ces récits ?

Blaise de Vigenère a contesté que Cornelius Agrippa, docteur de Cologne, ait fait apparaître de l'or, comme il le prétendait dans son *De occulta philosophia* (1510). D'ailleurs, le même Agrippa fit amende honorable quelque temps plus tard : « l'Alchimie est une imposture excellente et garantie de toute punition[169]. »

De même, selon Guibert, Libavius aurait été berné par un artifice de charlatan, faisant croire à la transmutation du cinabre en argent. En effet, le cinabre peut absorber de l'argent (en absence de celui que l'on veut plumer), et le restituer sous l'effet du borax (devant le pigeon). D'autres réussissent apparemment à changer le fer en cuivre. Là encore, Guibert explique la feinte[170]. Si l'on a précédemment dissout du cuivre dans le vitriol, ou l'eau forte, et qu'on y jette du fer, celui-ci attire le cuivre qui se sépare de l'eau, recouvre le fer, et lui donne la couleur du cuivre. Ainsi les alchimistes prétendaient-ils prouver la possibilité des transmutations ($Fe+CuSO_4 \rightarrow Cu + FeSO_4$).

Guibert se plongea dans une étude approfondie des anciens écrits alchimiques, non point pour en décoder les allégories, mais pour déterminer la vraisemblance de leur paternité[171]. Ainsi, aucune version grecque n'a été

---

168 Nous suivons ici Moran, 2007, p. 89 sqq.

169 *De incertitudine et vanitate omnium scientiarum et artium* (1525, 1re éd. 1530), trad. française Louis Tarquet de Mayerne (1582) : *Sur l'incertitude, Vanité et Abus des Sciences*, Paris, J. Durand, 1630, chapitre XC, « De l'Alchimie », p. 443.

170 Guibert, *De interitu alchymiae*..., 1614, cité par Louis Savot, *Recherche sur la métallurgie des Anciens*, 1627, p. 849.

171 Moran, 2007, p. 90.

trouvée des fameuses Tables d'Émeraude, censées fonder l'alchimie, et attribuées à Hermès Trismégiste. On peut douter de l'attribution au philosophe Démocrite de l'ouvrage intitulé *Physique et Mystique*. Les traités d'Aristote sur l'Usage de la pierre philosophique et le Secret des secrets n'ont jamais été trouvés en version grecque, et n'étaient pas connus des Anciens, malgré leurs recherches opiniâtres.

Libavius considère Thomas d'Aquin et Albert le Grand comme de bons auteurs de traités chimiques. Pour Guibert, ces ouvrages n'apparaissent dans aucun de leurs écrits originaux.

Concernant la transmutation, Libavius s'appuyait plus particulièrement sur les travaux de Raymond Lulle et Geber[172].

Guibert ne connaissait pas l'usurpation d'identité dont ces savants avaient eux aussi été victimes. Le grand chimiste du XIXe siècle, Marcellin Berthelot, a consacré une dizaine d'années à étudier les œuvres des Grecs, Syriens et Arabes, d'après les originaux archivés dans les bibliothèques de Paris, Londres et Leyde[173] : « Il y a dans ces vieux textes une science réelle et profonde, mélangée, à la vérité, de notions erronées sur la transmutation des métaux, et de prétentions illusoires et souvent charlatanesques. J'ai cherché à dégager de cet alliage le côté scientifique proprement dit ; et j'ai montré que la source de l'erreur fondamentale de l'alchimie se trouvait dans les théories philosophiques de Platon et d'Aristote sur la constitution de la matière. »

Jâbir ibn Hayyân al-Báriqi al-Azdi, dit Geber (721-815) ; Arnaud de Villeneuve (1240-1311) ; Raymond Lulle (1232-1315)

Celui que l'on appelle sous le nom latin de Geber, en arabe Jâbir ibn Hayyân al-Báriqi al-Azdi, a vécu au VIIIe siècle. Il était établi à Koufa, en Mésopotamie (l'actuel Irak). On lui attribue des centaines d'ouvrages, écrits en langue arabe, sur tous les domaines de la science. « Il y renouvelle sans cesse sa profession de bon musulman ». Mais son principal ouvrage d'alchimie, *Summa perfectionis*, « La somme de perfection », n'est pas de lui :

[172] Moran, 2007, p. 49.
[173] *La Chimie dans l'Antiquité et au Moyen-âge*, Revue des Deux Mondes, tome 119, 1893.

« elle est rédigée avec une méthode, une logique, une précision inconnues du véritable Geber ». On y trouve une clarté dans l'exposé issue de la scolastique, et inconnue du Geber arabe. Celui-ci croit en l'influence des astres sur les métaux, pas l'auteur latin. On ne trouve, dans ce texte latin, aucun fait, aucun personnage d'origine arabe, ni aucune allusion à l'islam, qui étaient si fréquentes chez le véritable Geber. Enfin, la Somme est ignorée de tous les savants, comme Albert le Grand, jusqu'au XIIIe siècle.

On peut donc penser que la Somme a été écrite au XIIIe siècle par un pseudo-Geber. Il en est de même de *L'Alchimie de Geber*, dans laquelle on trouve la première description de la préparation de l'acide nitrique et de l'eau régale. C'est de même à tort que l'on fait remonter aux Arabes, ou même aux auteurs des XIIe et XIIIe siècles, la connaissance précise des acides sulfurique, chlorhydrique, azotique, ou de leurs sels métalliques.

Il en est de même du Catalan Raymond Lulle, auteur chrétien né à Majorque au début du XIIIe siècle. Les écrits alchimiques qui lui sont attribués n'apparaissent qu'au XIVe siècle. Idem encore d'Arnaud de Villeneuve, médecin catalan qui enseigna à Montpellier au XIIIe siècle. Ses œuvres médicales ne s'appuient en aucun cas sur des conceptions alchimiques. Ses écrits alchimiques seraient dus à certains de ses élèves.

Ainsi, l'histoire de l'Alchimie est-elle toute aussi obscure que le contenu de beaucoup de ses écrits.

L'*Alchemia* de Libavius inspira le cours de Chimie qui fut dispensé à Paris par Jean Béguin à partir de 1604, puis publié en latin (*Tyrocinium Chymicum*, 1610) et en traduction française (*Éléments de Chimie*, 1615). Il connut des dizaines de rééditions durant le XVIIe siècle, étant donnée la nouveauté d'une description rigoureuse des procédés de la chimie, en comparaison des ouvrages obscurs et énigmatiques parus au cours des siècles précédents. Cependant, contrairement à celle de Libavius, la philosophie de Béguin était teintée de paracelsisme : il croit aux trois principes : Mercure, Soufre et Sel[174], « qui rendent les corps composés solubles et coagulables (...). Le Chymiste doit expliquer tous les examens, théories et opérations en fonction de ces trois principes : autrement ses connaissances et procédés seraient sans fondements. »

Le Traité de Chimie de Béguin ne fut réellement dépassé que par celui du Suisse Christophe Glaser. Après des études à l'Université de Bâle, et le traditionnel voyage à travers l'Europe, celui-ci s'installe à Paris, devient professeur de Chimie au Jardin du Roi (Jardin des Plantes) en 1660, et apothicaire ordinaire de Louis XIV. Son *Traité de la chymie, enseignant par une brève et facile Méthode toutes ses plus nécessaires Préparations* paraît en 1663.

---

174 Béguin, p. 28.

Enfin, le cours de Nicolas Lémery, publié en 1675, sera la référence durant près d'un siècle et ne deviendra obsolète que suite aux travaux de Lavoisier. Lémery avait été l'élève de Christophe Glaser, puis apothicaire à Montpellier, avant de revenir en la capitale, et d'ouvrir une officine rue Galande.

Béguin, au début de son traité de chymie, définit les trois principes de la composition des corps.

Sed si loquamur de primis principies, quae non ab alies prioribus ; sed a quibus reliqua omnia dependent : experientia nobis tria, nempe SAL, SULPHUR & MERCURIUM.

« Mais, si nous parlons seulement des premiers principes qui ne dépendent d'autres premiers et desquels tous autres dépendent, l'expérience nous les réduit à trois, à savoir Mercure, Soufre et Sel. »

Mercurius est liquor ille acidus, permeabilis, penetrabilis, aethereus ac purissimus.

« Le Mercure est cette liqueur acide, perméable, pénétrante, éthérée, et très pure. » On le compare à l'air parce qu'aisément il s'altère à la moindre chaleur et s'envole, et à l'eau parce qu'il ne peut être facilement contenu en ses propres termes, mais seulement par d'autres.

Sulphur est balsamum illud dulce,oleaginosum & visvidum.

« Le Soufre est ce baume doux, oléagineux et visqueux. » On le compare au feu parce qu'il s'enflamme aisément, comme tous autres corps huileux et résineux.

Sal est corpus siccum, salsum, resmistas a putredine defendens, mirabilius dissolvendi, coagulandi, detergendi & evavuandi facultatibus pollens.

« Le Sel est ce corps sec et salé, qui empêche la corruption du mixte, qui a des admirables facultés de dissoudre, coaguler, nettoyer et évacuer, duquel dépend la solidité de toutes choses. » Il a quelque rapport et analogie avec la terre, non pas en ce qu'elle est sèche et froide (Aristote), mais en ce que cet élément est ferme et fixe.

Ces trois principes ne sont ni corps, ni esprits, et les philosophes leur donnent plusieurs noms par allusion, métaphore ou analogie.

***Mercurius**, Sal Armoniacum, Acidum, Spiritus, Idea, Informans aut movens, Vaporosum, Intelligentia, Intellectus, Gloriosum*

Mercure, Sel armoniac, Acide, Esprit, Idée, Informant et mouvant, Vaporeux, Intelligence, Entendement, Glorieux.

***Sulphur,** Sal Petrae, Dulce, Anima, Forma, Agens, Inflammabile, Judicium, Spirituale*

Soufre, Salpêtre, Doux, Ame, Forme, Agent, Inflammable, Jugement, Spirituel

Sal, *Sal commune, Acerbum & amarum, Corpus, Materia, Patiens, Fixum, Ars, Sensus, Materiale*
Sel, Sel commun, Apre et amer, Corps, Matière, Patient, Fixe, Art, Sens, Matériel.

Cette décomposition des corps mixtes en principes est illustrée par Béguin sur plusieurs exemples. Pour commencer, celui de la combustion du bois vert.

1.En sort en premier lieu une vapeur aqueuse, qui se transforme en eau si elle est récupérée : c'est le Mercure. *C'est bien l'évaporation de l'eau contenue dans le bois vert. Elle n'a de Mercure que la propriété d'une température d'ébullition basse (100°), qui la fait sortir en premier*

2.Puis sort une vapeur oléagineuse et facilement inflammable, qui se change en huile si elle est récupérée : c'est le Soufre. *C'est le « jus pyroligineux », composé d'acide acétique et d'alcool méthylique (méthanol).*

3.Finalement restent des cendres sèches et terrestres (solides) : le Sel

La diversité des noms attribués par Béguin montre la difficulté qu'il y a de fonder toutes les propriétés des corps composés sur seulement trois principes. L'alchimiste confond les états de la matière (gazeux, liquide, solide), auquel peut être rattaché un principe métaphysique (l'esprit, l'âme, le corps), une saveur (acide, doux), une propriété majeure (être inflammable)...

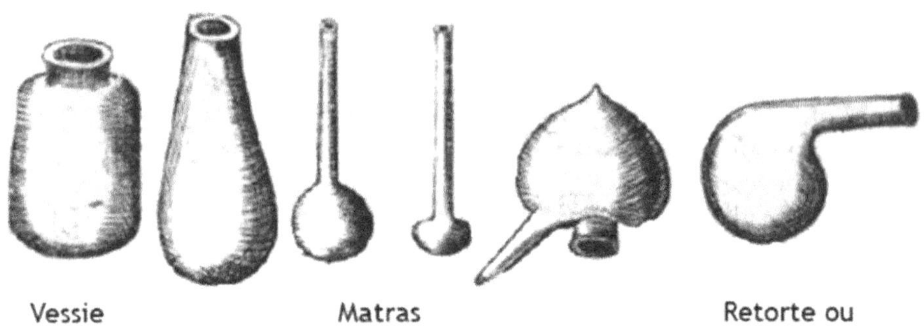

Les appareils de chimie : Béguin, p. 81

Aristote, au chapitre 4 des *Météorologiques*, avait énoncé la célèbre sentence selon laquelle « l'art imite la nature[175] ». La nature, ce sont les

[175] Béguin, p. 47.

vapeurs qui s'élèvent de la Terre par l'action des rayons du Soleil, se refroidissent dans les hautes régions de l'air, s'épaississent et retombent en pluie. L'art, c'est l'évaporation par le feu qui fait monter les esprits subtils vers la voute froide du chapiteau, laissant au fond les parties crasses et grossières : ainsi est extraite l'essence des matières liquides. Ainsi est séparé le pur de l'impur.

La distillation. A : le fourneau ; B : le corps ; C : le chapiteau ; D : le récipient

La distillation est soit droite, soit oblique[176]. La première est adaptée aux corps dont les esprits montent plus facilement : elle se fait par élévation dans l'alambic. L'oblique se fait par la retorte.

La distillation droite convient aux végétaux, dont la densité est moindre. L'alambic est constitué de trois parties. Le liquide à distiller est versé dans le corps, ou cucurbite, qui est chauffé. La vapeur monte verticalement jusqu'à la tête, ou chapiteau, puis descend dans un long bec, jusqu'au récipient.

Ainsi, les parties humides les plus subtiles, sous l'action du feu, s'élèvent sous forme de vapeur, jusqu'à rencontrer les voûtes froides de l'alambic : elles s'épaississent, s'appesantissent et se transforment en liqueurs qui tombent goutte à goutte dans le canal de l'alambic pour être recueillies dans le vaisseau placé en dessous. Ce canal peut être soit droit, soit « tordu », et s'appelle dans ce dernier cas serpentin. Cette condensation est accélérée si l'on arrose d'eau froide l'alambic ou le serpentin.

La chaleur est fournie soit par le bain Marie, soit par un fourneau. Le feu est monté par degrés.

---

[176] Béguin, p. 48.

Jean Béguin nous donne quelques conseils pour la distillation des végétaux, que ce soient fleurs, herbes, racines, écorces, semences ou bois[177]. Utiliser un vaisseau de cuivre ou une cucurbite de verre. Cueillir l'herbe lorsqu'elle est vigoureuse, la couper menu et la piler de manière à broyer les veines et les fibres. La placer dans le vaisseau et y verser une eau pure (de fontaine ou distillée) qui évitera que la matière végétale ne brûle. Ce liquide doit recouvrir complètement le hachis végétal. Fermer l'alambic dont le bec entre dans un canal traversant le tonneau plein d'eau froide. Adapter le récipient au bout du canal. Allumer le feu, et augmenter la température doucement, jusqu'à ce que les gouttes de produit condensé tombent les unes après les autres. Lorsque la distillation est terminée, récupérer le liquide distillé dans un vaisseau de verre. La distillation peut être réitérée pour renforcer les facultés du produit.

Dans la distillation oblique, on fait sortir les esprits par le côté du vaisseau. On l'utilise principalement pour la distillation des minéraux, mais aussi pour certains végétaux dont les vapeurs et les esprits sont pesants, et ne montent donc pas facilement, comme les gommes.

Le vaisseau dans lequel on distille est fait de terre ou de verre : on l'appelle cornue ou retorte. Une fois rempli, on le met sur un feu ouvert, ou dans une terrine remplie de cendre, d'arène, ou de limaille de fer. On monte peu à peu le feu : vapeurs et esprits s'élèvent et rencontrent la partie supérieure de la retorte, qui est toute aussi chaude. Elles sont repoussées par cette chaleur, ce qui les contraint à entrer dans le récipient adapté au col de la retorte, à s'épaissir et à se transformer en liquide. L'Artiste doit soigneusement joindre les récipients à ce col, pour qu'aucun esprit ne se perde. Le récipient doit être suffisamment grand afin que la force des esprits ne le brise, comme on peut l'observer lors de la distillation de l'huile d'antimoine ou du vitriol.

Le fourneau qui est le plus utilisé par les chymistes est le fourneau à réverbère[178]. Il est assez grand pour qu'on y place une grande cornue servant à la distillation. Il est composé de briques jointes par un lut fait d'un mélange d'argile, de fiente de cheval et de sable trempés dans l'eau.

La porte du fourneau est tournée du côté d'où vient l'air, ce qui augmente le feu lorsqu'elle est ouverte. Le réverbère est un dôme qui fait couvercle, percé d'une petite cheminée qui, quand elle est ouverte, conserve la flamme et la réverbère sur la cornue, excitant ainsi une grande chaleur.

La distillation par descension est utilisée pour la confection de la poix. Le feu est allumé sous une montagne de branches d'arbres résineux, dont les interstices sont bouchés de toute part. La poix coule par le bas. On trouve déjà une description précise de cette opération chez Pline (Ier siècle après J.-C.).

---

177 On obtient ainsi des huiles essentielles.

178 Lémery, p. 32.

Il y a quatre degrés de feu[179]. Le premier est faible, comme celui de la vapeur. Le second est la chaleur des cendres. Le troisième du sable ou de la limaille de fer. Le quatrième s'appelle feu nu. La distillation par ascension se fait au premier et second degré. La descente au moyen des feux de troisième et quatrième degrés.

La rectification est une répétition de plusieurs distillations des liquides, pour purifier le produit.

La cohobation est une répétition des distillations, mais pour laquelle on reverse le liquide distillé sur les fèces que l'on a broyées, afin que celles-ci en soient imbibées. On redistille ce mélange. La matière fixe (solide) devient ainsi volatile, et la volatile fixe. La digestion consiste à cuire la matière par un feu digestif, comme l'estomac cuit les viandes. Dans la putréfaction, un corps composé se résout (transforme) par pourriture naturelle. Dans la coagulation, la matière molle et liquide est rendue solide par privation de son humidité.

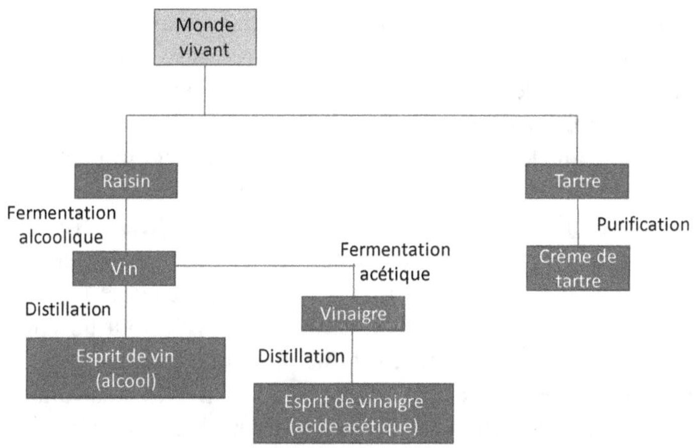

DE L'ESPRIT DE VIN

Les molécules produites par les organismes vivants, végétaux et animaux, possèdent un squelette constitué d'enchaînements d'atomes de carbone (C). Ainsi, par exemple, la molécule de carotène, qui donne sa couleur orange à la carotte, possède 40 atomes de carbone.

Libavius avait bien compris l'importance de la sémantique dans la science chimique. Ainsi le terme « alcool » fut tout d'abord repris de l'arabe

[179] Du Chesne, 1629, p. 25.

« al kohol » pour désigner la poudre d'antimoine. Le liquide issu de la distillation du vin fut appelé « esprit de vin », nom qu'il devait simplement à son processus de production, tout liquide extrait par distillation se parant alors du noble terme d'« esprit ». Lorsque l'alcohol devint antimoine, l'esprit de vin put devenir alcool de vin. On trouve déjà cette expression chez Béguin. On l'appelait aussi, plus communément, « eau ardente ».

$$\textit{Esprit de vin} = \textit{Ethanol} = C_2H_5OH$$

QUINTA ESSENCIA VINI : spiritum vini ex nobilissimo vino extractum & iam quarta vice destillatum, adhuc destilla septies vel usque ad summam subtilitatem, intercedentibus semper digestionibus suis, vase ita munito, ut nullus possit exire halitus. Postea circula in pelecano. Hic fi quid nubeculae vides, repetenda est destillation, donec aetheis pudissimi instar pelluceat[180].

Prends un vin d'excellente qualité[181], et mets-le à digérer durant huit à dix jours dans la fiente de cheval (fumier). Pour cela, le vin est versé dans un vaisseau circulatoire, ou Pélican, qui baigne dans ladite fiente, laquelle lui apporte sa douce chaleur. Lorsque le vase est refroidi, verse le vin dans une cucurbite haute que tu refermes par une chape bien jointe au moyen de vessies de porc ou de bœuf. Distille au bain Marie[182]. L'esprit sort en premier, que tu gardes en changeant de récipient. Tu élimines le phlegme jusqu'à ce que la matière qui reste au fond de la cucurbite soit épaisse comme du miel liquide. Tu mets cette matière dans une retorte pour la distiller, après avoir versé dessus le phlegme. Pour améliorer la qualité de cet esprit, rectifier, c'est-à-dire réitérer les distillations, en retirant le phlegme à chaque fois. Un volume de très bon vin produit un sixième de volume d'esprit ; pour un vin médiocre, ce n'est qu'un huitième. Le reste n'est que phlegme inutile.

Béguin mentionne le serpentin comme l'un des instruments de la distillation, mais ne présente pas son intérêt pour obtenir un pur esprit de vin. Glaser va plus loin[183]. Le produit d'une première distillation du vin est nommé « eau de vie ». Celle-ci est encore mêlée à beaucoup de phlegme qui s'est élevé avec cette première distillation. Il faut donc rectifier plusieurs fois. Comme cette opération est pénible, les Artistes ont inventé un instrument qui permet de rectifier l'esprit de vin en une seule distillation : le serpentin[184].

---

180 Libavius, p. 370.

181 Béguin, p. 114.

182 Cette technique tient son nom de Marie la Juive (IIIe siècle avant J.-C.).

183 Glaser, p. 141.

184 À ne pas confondre avec le serpentin, toujours en usage, dans lequel passent les vapeurs d'alcool sortant du chapiteau par le col de cygne et qui, par sa grande surface, améliore le refroidissement provoquant la condensation.

La vapeur s'élevant du vaisseau est encore un mélange d'eau et d'alcool. Les spires du serpentin condensent une fraction du composant le moins volatil (l'eau), ce qui enrichit la vapeur montante en composant le plus volatil (l'alcool).
Ce serpentin est remplacé aujourd'hui par un instrument plus efficace, comme la colonne de Vigreux (les spires sont remplacées par des pointes qui hérissent la colonne où monte la vapeur) : c'est la « distillation fractionnée ». Elle permet d'obtenir des alcools titrant jusqu'à 96% d'éthanol.

Ami lecteur, tu as sans doute un peu de mal à suivre la pensée de Béguin. Un demi-siècle plus tard, l'exposé se fait plus clair et précis. Lémery[185] :

« La commune méthode de faire l'esprit de vin, est en distillant l'eau de vie dans un alambic (obtenue par une première distillation), tant de fois que l'esprit vienne pur. Pour ce faire, on retire par la distillation environ la moitié d'une quantité d'eau de vie, et l'on rejette comme inutile le phlegme qui demeure au fond de l'alambic. On distille encore la moitié de l'esprit qui avait été distillé et l'on rejette le phlegme : on continue ces rectifications jusqu'à ce que mettant le feu à une cuillerée de l'esprit, tout brûle, et qu'il ne reste aucun phlegme.

Mais parce que cette opération est fort longue, et qu'il faut au moins réitérer ces distillations huit ou neuf fois pour avoir un esprit de vin, quelque petit feu qu'on ait fait, les Artistes ont inventé une haute machine qu'ils appellent Serpentin, à cause des circonvolutions anguleuses qu'elle fait. On l'adapte sur la cucurbite contenant le produit à distiller, et le haut, en forme d'entonnoir, reçoit un chapiteau, auquel est adapté un récipient dont les jointures sont exactement luttées. On met le vaisseau sur un petit feu : les esprits de vin montent par cette petite chaleur ; mais le phlegme étant trop pesant, ne peut être exalté si haut ; ainsi l'on a un esprit de vin dépouillé de phlegme dès la première fois. »

Cependant Lemery n'a pas d'explication pour la différence de volatilité entre les composants du vin. Une première interprétation est donnée dans *L'Encyclopédie* de Diderot et D'Alembert (article Distillation, 1754) :

> « Le degré de chaleur nécessaire pour entretenir l'expansion vaporeuse, variant comme la rarescibilité de chaque substance réduite en vapeurs, ces vapeurs dans les appareils communément usités à l'aide de la chaleur communiquée par l'application ordinaire du feu, s'élèveront en raison de leur rarescibilité spécifique. C'est ainsi que la vapeur de l'eau s'élèvera à peine à deux pieds, tandis que celle de l'esprit-de-vin peut s'élever à une hauteur bien plus considérable. »

---

[185] Lémery, p. 674.

Aujourd'hui, l'on sait que la température d'ébullition de l'alcool (78° C) n'est pas très différente de celle de l'eau, principal constituant du vin (100° C). C'est la raison pour laquelle chaque distillation produit un esprit impur, avec lequel est montée beaucoup d'eau. Il faut donc réitérer ou utiliser des colonnes plus sophistiquées.

« La rectification est la nouvelle distillation d'un produit d'une distillation précédente. Ainsi, on appelle rectifié l'esprit-de-vin distillé de nouveau dans la vue de le séparer de son eau surabondante. » (*Encyclopédie*, article Rectification, 1755).

Cette faible différence des températures d'ébullition de l'eau et de l'alcool est bien connue des producteurs « d'eau de vie ». Pour assécher les marais poitevins, Henri IV avait fait venir de Hollande des experts en l'art de lutter contre les inondations des « Pays-Bas ». Ils purent apprécier une production locale, les vins des Charentes, et en firent le commerce vers Amsterdam. Bientôt, ils les distillèrent sur place, ce qui présentait l'avantage de diminuer les volumes à transporter, et d'assurer une meilleure conservation. Ils baptisèrent ce nouveau breuvage « brandwijn » (brandy), ou « vin brûlé ». Ce n'était qu'une première étape. Au début du XVIIe siècle fut inventée la double distillation qui produit enfin l'eau de vie de Cognac.

La première distillation donne 3 fractions : les têtes[186], le brouillis et les queues. Les têtes et les queues (les flegmes) seront redistillées avec le lot de vin suivant, tandis que le brouillis est rectifié par une seconde distillation. Celle-ci produit quatre fractions : les têtes, le cœur, les secondes et les queues. C'est le cœur qui donnera l'eau-de-vie de Cognac après vieillissement en fûts de chêne.

DU VINAIGRE

Esprit de vinaigre = Acide acétique = CH_3COOH

La fermentation alcoolique est la transformation du sucre végétal en alcool (éthanol) par des levures, en absence d'oxygène. C'est pourquoi la fermentation du moût de raisin se fait dans des cuves fermées. Elle produit du dioxyde de carbone :

$$C_6H_{12}O_6 \rightarrow 2\ C_2H_5OH + 2\ CO_2$$

[186] L'alcool de tête contient du méthanol qui bout à 65°C.

Au contraire, la fermentation acétique est la transformation de l'éthanol en acide acétique par des bactéries consommant de l'oxygène (O_2). Le produit de la fermentation acétique du vin est le vinaigre de vin. Ce n'est qu'au XIXe siècle qu'il fut compris que des êtres vivants étaient responsables de ces mécanismes de fermentation.

$$C_2H_5OH + O_2 \rightarrow C_2H_4O_2 + H_2O$$

Voici comment Glaser imaginait ces processus[187]. « Le vin est un suc de raisins, appelé moût en premier lieu & avant la fermentation, contenant en soi beaucoup d'esprit, lequel par sa propre vertu, se réduit de puissance en acte, & en se fermentant se change de moût en vin, & se conserve longtemps dans cet état, jusqu'à ce que l'esprit s'étant rendu fort volatil par la fermentation, s'est en partie évaporé ; lorsque cet esprit, lequel contient en soi la partie sulfureuse, mercurielle & plus subtile, a délaissé le vin, ce qui reste s'en aigrit & s'appelle vinaigre. Lequel pourtant, quoique privé de son principal esprit, se laisse conserver longtemps, par la grande quantité de sel fixe qui lui reste. »

Ainsi, le chimiste du XVIIe siècle ne peut comprendre les processus de transformation que par le Soufre, le Mercure et le Sel.

Le vinaigre se distille comme le vin, sans digestion préalable, excepté que le phlegme sort le premier, et l'esprit le dernier[188], « comme en toutes choses acéteuses ». Glaser se fait plus précis[189] : « Mettez huit livres de bon vinaigre dans une cucurbite de verre, & la couvrez de son chapiteau, & adaptez un récipient, & lutez toutes les jointures, placez-la au feu de sable, & distillez à feu lent environ deux livres de liqueur qui n'aura presque point de force, c'est pourquoi on l'appelle phlegme de vinaigre. Changez alors de récipient, & augmentez peu à peu le feu, & distillez le tout jusqu'à ce qu'il vous reste au fond de la cucurbite une matière mielleuse. Il faut alors cesser le feu, de peur que la distillation ne sente le brûlé, & garder ce qui sera distillé, dont l'usage est pour dissoudre les chaux des minéraux, & les réduire en forme de sel. On peut mettre dans une cornue la partie mielleuse qui est restée, & la pousser par un feu gradué, on en tirera un esprit acide, & ensuite une huile puante, & le sel fixe demeurera dans la cornue, lequel on peut purifier par plusieurs solutions & congélations ; & il sera semblable au sel fixe du tartre. »

Ainsi, dans la distillation du vinaigre, le phlegme sort en premier, puis l'esprit acide, enfin l'huile puante. Le sel et la terre restent au fond. Lémery propose une explication[190]. « Dans la distillation du vin, le phlegme ne monte qu'après l'esprit, parce qu'il est plus pesant que lui ; mais dans la distillation

---

187 Glaser, p. 140.
188 Béguin, p. 137.
189 Glaser, p. 143.
190 Lémery, p. 684.

du vinaigre, la partie phlegmatique monte la première, parce qu'elle est plus légère que le sel acide qui compose la liqueur qu'on appelle esprit ; ainsi ce qui monte le dernier est le plus fort. »

En termes modernes, la température d'ébullition de l'éthanol est de 78°, celle de l'acide acétique 118°. Donc au cours de la distillation du vinaigre, l'eau s'évapore en premier, l'acide acétique seulement après, alors que dans celle du vin, c'est l'esprit qui monte en premier. Pour Lemery, à la fin du XVIIe siècle, c'était une question de poids des constituants. Nous savons aujourd'hui qu'il s'agit de différences dans les températures d'ébullition. Une fois encore, le processus de changement d'état de la matière était totalement incompris, et obscurci par le modèle des « trois principes ».

Comme tous les acides, le vinaigre est cardiaque (renforce le cœur), et réduit la malignité des humeurs lorsqu'elle est causée par une trop grande agitation, parce qu'il les coagule, ce qui modère leurs mouvements[191]. Le vinaigre préserve de la peste, car il protège dans les lieux où l'air est corrompu : en prendre une demi-cuillerée à jeun tous les matins. Il ne faut pas l'utiliser contre les maladies dues aux humeurs tartareuses, comme les mélancolies hypocondriaques, car il les fixe encore davantage.

DU TARTRE

Glaser nous précise que le chimiste ne traite pas du « tartre microscopique, qui est une matière visqueuse laquelle se forme dans nos corps, mais bien du tartre du vin[192] ». En effet, la lie, qui se dissocie du vin dans les tonneaux, s'accroche aux parois intérieures de ceux-ci, et se transforme en une petite peau tartarée au bout d'une année. Puis, avec le temps, elle se congèle en matière pierreuse et aréneuse : le tartre[193]. Sa couleur est blanche, crème, jaunâtre, voire rouge ou brunâtre. Les vins verts et bruts, comme ceux de Zurich, laissent beaucoup de lie dans les tonneaux. Au contraire, les vins généreux d'Espagne, de Crète et de Falerne, en Campanie, qui sont produits sur de meilleures terres et bénéficient de plus de Soleil, sont de nature mieux digérée : ils ne rendent donc pratiquement pas de lie ou de tartre.

Le tartre doit être purifié, pour en éliminer les parties les plus terrestres. Béguin nous donne la recette de cette opération, qui produit du cristal de tartre ou de la crème de tartre[194]. « Prends une livre de bon tartre blanc de

---

[191] Lémery, p. 685.
[192] Glaser p. 143.
[193] Du Chesne, 1626b, p. 25.
[194] Béguin, p. 295.

Montpellier ou d'Allemagne qui est meilleur, & l'ayant réduit en poudre subtile (fine) mets le dans un pot de terre ferme, comme celle de Beauvais, & par-dessus environ un seau d'eau. Puis fais chauffer jusqu'à ce qu'il commence à bouillir (le tartre est alors fondu dans l'eau), & alors ôte le du feu & coule par la manche d'Hypocras (cône en étoffe servant de filtre) dans un autre vaisseau de même terre ou qui soit bien vernissé, puis le mets en lieu fort froid (à la cave, par exemple, durant plusieurs jours), afin que le sel se puisse mieux congeler (en petits cristaux), ce qu'étant fait, il faut verser l'eau par inclination, ramasser le sel qui se trouvera attaché aux parois du vaisseau : & étant bien lavé, le faire sécher & mettre en poudre. »

Ainsi le tartre se dissout dans l'eau par le moyen de la chaleur, et se congèle lorsque la froideur survient. En effet, le tartre n'est pas soluble dans l'eau froide, « car encore qu'il contienne beaucoup de sel, ce sel est embarrassé et lié dans la terre et dans l'huile qui doivent empêcher une dissolution[195]. »

Crème de tartre = bitartrate de potassium = $C_4H_5KO_6$

Les Artistes appellent cristal de tartre cette matière coagulée en raison de sa ressemblance avec le vrai cristal naturel. Certains, lorsque la solution de tartre commence à refroidir, écument avec une cuiller de bois de manière à récupérer la crème qui se forme en surface. Béguin trouve cette habitude laborieuse et inutile, car les cristaux ont les mêmes vertus que cette crème. Toujours est-il qu'en conséquence on donne aussi aux cristaux le nom de « crème de tartre », qui est donc simplement synonyme de tartre purifié.

On en prend une dragme dans un bouillon. Il incite et atténue les humeurs crasses et tartareuses, ouvre toute obstruction ; c'est le meilleur des apéritifs. C'est un médicament agréable en raison de son aigreur, qui débouche les veines, incite, atténue et nettoie les humeurs visqueuses de l'estomac. Pour chasser la mélancolie hypocondriaque, on doit prendre une demi-dragme ou deux scrupules de crème de tartre dans un bouillon avec de la décoction de câpres, et appliquer sur l'hypocondre gauche un emplâtre *ex ammoniaco* dissout dans le vinaigre squillitique. La crème de tartre est à prescrire aux personnes âgées, et à celles qui ont le ventre constipé.

Le malade doit avoir été bien purgé avant de prendre du tartre, car en raison des facultés incisives et détersives de celui-ci, il emporte toutes les humeurs grossières et gluantes, et pourrait ainsi causer des obstructions fort douloureuses aux uretères et passages d'urine.

---

195 Leméry, p. 689. En effet, nous savons aujourd'hui que l'eau à 100° dissout 10 fois plus de tartre qu'à 20°. C'est cette propriété qui est utilisée pour purifier le tartre.

La crème de tartre est encore utilisée de nos jours, ainsi pour stabiliser le blanc d'œuf dans la confection des meringues : la crème de tartre est battue avec les blancs, et leur donne une consistance plus ferme, permettant de dessiner de jolies arêtes à leur surface. On l'appelle toujours crème de tartre, bien qu'il s'agisse d'une poudre.

Elle est mentionnée par François Massialot dans sa *Nouvelle Instruction pour les confitures, les liqueurs et les fruits* (1692) pour la préparation d'un colorant rouge, pour les gelées, les blanc-manger (sortes de flancs) ou les marmelades. À cette fin, on la fait bouillir dans l'eau avec de la cochenille, qui donne la couleur.

Dans l'industrie alimentaire, la crème de tartre est utilisée de nos jours comme additif stabilisant et séquestrant, sous la terminologie E336. On la trouve dans les jus de fruits ou les biscuits.

La crème de tartre est utilisée depuis le Moyen Âge pour le « mordançage » des textiles, qui permettra aux teintures de mieux s'y fixer. On dissout la crème de tartre avec de l'alun dans l'eau tiède, puis on y plonge les fibres, comme la laine ou la soie. La teinture des textiles ainsi traités sera mieux fixée, les couleurs plus vives, denses et lumineuses. Elle résiste mieux à la lumière et au lavage.

L'alun[196] *de potassium est un sel* ($KAl(SO_4)_2$)*, qui provenait essentiellement d'Asie Mineure avant qu'un gisement important ne fut découvert dans les monts de la Tolfa, appartenant aux États pontificaux (1460).*

DU SEL ARMONIAC

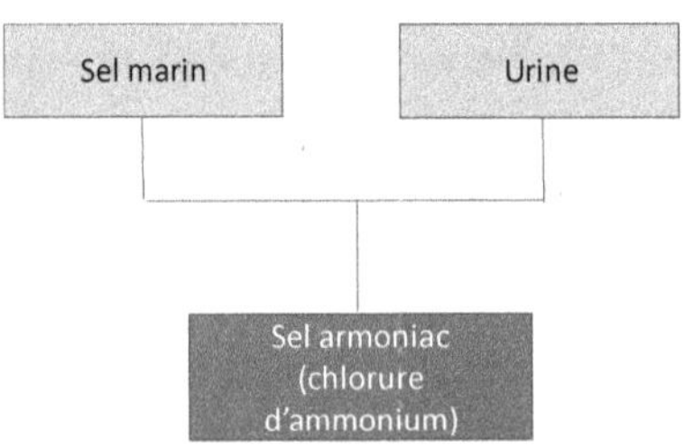

196 En anglais, alum, ou potassium alum.

Le sel armoniac des Anciens était le sel volatil de l'urine des chameaux qui traversaient les déserts de Libye ou d'Arabie[197].

Lémery n'est pas certain de l'origine du sel armoniac vendu au XVIIe siècle. Il serait préparé avec cinq parties d'urine, une partie de sel marin et une demi-partie de suie des cheminées. Le mélange est cuit à grand feu, puis sublimé en sel. Il est produit en Égypte ou dans d'autres pays du Levant, et arrive en Europe par Venise.

On purifie le sel armoniac en le dissolvant dans l'eau, puis en attendant l'évaporation complète, qui produit un sel blanc. On peut en donner 6 à 24 grains[198] dans une liqueur convenable, comme sudorifique, diurétique, cure contre les fièvres malignes et quartes, ou pour exciter les mois des femmes. Il est aussi utilisé en collyres.

Le sel armoniac est donc une combinaison d'ammoniac des urines (NH_3) et de sel commun ($NaCl$) : c'est notre chlorure d'ammonium (NH_4Cl). Pur, son ingestion est nocive : maux de tête, vomissements, intoxications graves. Il constitue néanmoins l'additif alimentaire E510.

À la fin du XVIIe siècle, le sel armoniac était utilisé pour rafraîchir l'eau : « si l'on dissout le sel armoniac à froid dans l'eau, il la rafraîchira tellement que si l'on y plonge aussitôt après un thermomètre commun, on verra l'esprit de vin coloré qu'il contient descendre vite et beaucoup plus bas qu'il ne serait dans l'eau pure (…). Cette expérience, qui a été découverte par Monsieur Boyle, peut servir pour rafraîchir le vin en été[199]. » Le vin est plongé dans un seau rempli de trois ou quatre pintes d'eau, dans laquelle on jette une poudre de sel armoniac.

Lémery utilise ici un thermomètre à alcool pour mesurer la température. Le physicien hollandais Cornelis Drebel avait déjà mis au point un thermomètre à air dès 1621.

L'ammoniac (NH3) se vaporise (sa température d'ébullition est de -33°) en absorbant de la chaleur, provoquant ainsi le refroidissement de l'eau. Cette propriété est encore utilisée dans les réfrigérateurs à absorption de gaz.

---

[197] Lémery, p. 458.

[198] La livre de Paris (489,5 g) était divisée en 16 onces de 8 gros, chaque gros valant 72 grains. Le grain pesait environ 50 g., soit le poids d'un grain de céréale.

[199] Lémery, p. 459.

DU VITRIOL

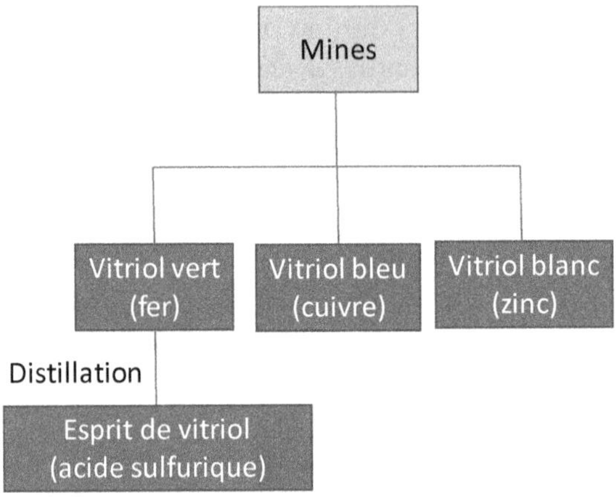

Dans les entrailles de la Terre se trouvent diverses sortes de sel, comme celui de gemme, l'alun, le vitriol, le sel nitre[200]. Les sels sont de nature métallique : comme les métaux, ils fondent et se dissolvent sous la véhémence du feu ; en se refroidissant, ils se congèlent en masse, encore comme les métaux. Ceci est vrai des sels que l'on trouve dans les mines et creux de la terre, mais aussi de celui qui provient de la mer. Ce sont les esprits de ces sels qui ont la vertu de dissoudre les corps métalliques. Cette dissolution met en évidence la concordance et la sympathie entre ces sels et la nature métallique, car le semblable se mêle au semblable.

Le soufre se présente généralement sous forme de cristaux jaunes sous forme simple dans certaines régions volcaniques, ou combiné à un autre élément chimique, comme dans les sulfates de cuivre (vitriol bleu ; $CuSO_4$), de fer (vitriol de Mars ou vert ; $FeSO_4$) ou encore de zinc (vitriol blanc ; $ZnSO_4$). Aujourd'hui, on appelle « sel » les solides constitués d'ions (comme Na^+ et Cl^-) et devant leur cohésion aux forces électrostatiques entre ces ions.

Selon Béguin, il y a trois espèces de vitriol : « le blanc tient plus de l'alun, le vert plus du sel et le bleu plus du soufre[201]».

> « Tous néanmoins sont composés de parties aqueuse, terrestre, & moyenne entre ces deux : laquelle moyenne partie selon Ripley en sa *pupille d'Alchimie* ne peut être séparée des autres deux extrêmes, que par le moyen du Mercure, qui

[200] Du Chesne, 1626a, p. 35.

[201] Béguin, p 121. Béguin se réfère encore aux trois principes paracelsiens, et non à l'élément chimique combiné au soufre.

selon Geber retient ce qui est de sa nature, & rejette ce qui n'en est pas. Cette substance moyenne et diaphane est par sublimation exaltée à une blancheur de neige, qui contient occultement une substance sulfurée rouge comme écarlate. Les Philosophes se sont émerveillés de ce qu'une si grande rougeur était cachée dans une si grande blancheur. Et de ce Soufre parle Geber au vingt-huitième chapitre de sa *Somme* disant par le Dieu très-haut qu'il illumine & rectifie tout corps : car il est alum & teinture. C'est cette eau de vie et cette eau sèche, qui ne mouille point. C'est cette eau congelée & ce sel animé, duquel parlant Raymond Lulle après Alphidius, dit que le sel n'est que feu, & le feu n'est que soufre, & le soufre n'est qu'argent vif, réduit en cette précieuse & incorruptible substance, que nous appelons nôtre Pierre. »

Béguin cite ainsi les grands auteurs de l'Alchimie, Ripley, Geber, Lulle, sans rendre plus claire leur très obscure pensée.

Les Artistes ne sont point d'accord sur la provenance du meilleur vitriol. Béguin trouve inégale la qualité de celui provenant de Chypre ou d'Italie. En 1611, il a visité les mines de Schemnitz en Hongrie[202] où l'on trouve du vitriol blanc, très alumineux, duquel sont produites des eaux fortes, et du vitriol bleu, de la meilleure qualité.

Glaser est plus précis. Le vitriol bleu, compact et formant de grands cristaux, provient de Chypre et de Hongrie. Il contient beaucoup de cuivre, ce qui le rend amer et acerbe. C'est le plus cher des vitriols, quoiqu'il ne soit pas meilleur, sauf pour les collyres ou comme vomitif. Le vitriol vert, de goût plus douceâtre et aux cristaux plus petits, provient d'Allemagne, de Suède et de la région de Liège. Il participe davantage du fer. Le vitriol blanc ne contient pas de substances métalliques, ce qui explique son absence de couleur.

Le vitriol de Mars entre dans la composition de l'encre utilisée par les moines copistes du Moyen-âge. Pour la produire, on fait fondre un peu de vitriol dans de l'eau, puis on ajoute de la noix de galle et de la gomme arabique. La noix de galle est une grosseur qui apparaît sur les feuilles du chêne. La gomme arabique provient de la sève des acacias d'Afrique du Nord et de l'Ouest. Le banc d'Arguin (sur les côtes de l'actuelle Mauritanie) vit l'installation des portugais dès les années 1440, qui y développèrent le commerce de la fameuse gomme vers l'Europe. Cette île devint donc un enjeu économique important, qui lui valut d'être prise par les Hollandais en 1633, puis les Français en 1678. Ils se firent déloger par Fréderic Guillaume de Brandebourg en 1685.

[202] Aujourd'hui, Banská Štiavnica en Slovaquie.

DE L'ESPRIT DE VITRIOL

Prends douze livres du meilleur vitriol ($FeSO_4$) et calcine le dans un vase de terre à feu modéré, jusqu'à faire disparaître toute son humidité[203]. Une fois le vase refroidi, réduis la masse solide en fine poudre, mélange avec une livre de la terre du vase aussi mise en poudre, et verse le tout dans une retorte bien lutée que tu mets dans un fourneau de réverbère. Adapte un grand récipient, au col court.

Prends une terrine large et peu profonde, dont le fond est percé, et pose-la sur la retorte de manière à ce qu'elle ferme la bouche du fourneau. Agence des briques autour du fourneau jusqu'à la hauteur de la terrine. Remplis de cendre l'espace entre les briques et la terrine. Fais une petite cheminée avec des briques posées au-dessus du trou de la terrine, par laquelle peut passer la flamme.

Augmente le feu pendant quatre heures, jusqu'à ce que la flamme sorte par le haut et que la cornue rougisse, puis laisse à feu vif pour dix-huit à vingt heures, le temps que les esprits sortent. Après deux jours, humecte avec un linge mouillé le lut qui fixe le récipient au col de la cornue, puis détache les deux vaisseaux. Distille le contenu du récipient au bain ou aux cendres, de manière à séparer le phlegme de l'esprit.

Cet esprit de vitriol, ajouté aux liquides appropriés, soigne les fièvres ardentes, car il rafraîchit, éteint la soif et vide les sérosités par les urines et la peau. Il consume le phlegme, incise les humeurs crasses et réveille l'appétit.

L'esprit de vitriol est huit fois plus acide que le jus de citron car, mélangé avec sept parties d'eau commune, il aura encore une acidité égale à celle du jus de citron. Alors que le jus de citron attaque les perles et les coraux, l'esprit de vitriol attaque le drap ou la chair sur lesquels on l'aurait versé, et les brûle. Il dissout le fer.

Le vitriol le plus fort et le plus caustique est appelé « huile de vitriol ».

Aujourd'hui, nous appelons acide sulfurique (H_2SO_4) cet « esprit de vitriol » : c'est un acide extrêmement puissant. L'huile de vitriol est l'acide sulfurique concentré, tandis que dans l'esprit de vitriol l'acide sulfurique est dilué.

[203] Béguin, p. 124.

DU SOUFRE COMMUN

Le soufre est un bitume minéral inflammable qui provient de plusieurs régions d'Europe, en particulier de Sicile[204]. Le soufre commun, de couleur jaune, est aussi appelé soufre à canon, en raison de sa forme cylindrique. Il contient beaucoup d'huile et de sel acide vitriolique, mais peu de terre. Il est fondu et purifié de sa terre la plus grossière, puis jeté dans les moules qui lui donnent la forme de bâtons qu'on lui connait.

« Quelques-uns croient que le soufre n'est qu'un vitriol exalté dans la Terre ; parce que ces mixtes (composés) se trouvent assez souvent l'un près de l'autre, parce qu'il y a beaucoup de soufre dans la masse du vitriol minéral, et que les esprits acides qui se tirent de tous les deux sont tout à fait semblables[205]. »

Il ne faut pas confondre le soufre commun et le Soufre pur, qui est l'un des trois principes chimiques, car s'il contient une substance grasse ou sulfureuse, à laquelle il doit son nom, il est aussi rempli d'un sel acide qui tempère et fixe son action, rendant difficile sa combustion.

DE L'ESPRIT DE SEL COMMUN

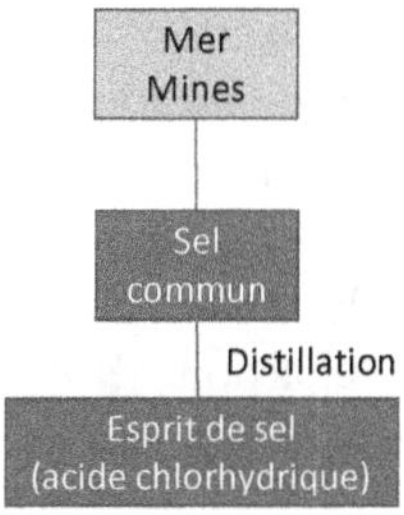

Il y a trois sortes de sel commun[206] : le sel fossile, ou sel gemme, que l'on trouve sous les montagnes, comme à Wieliczka, en Pologne ; celui qui est tiré de l'évaporation de quelques fontaines ; le dernier, qui provient de la cristallisation ou l'évaporation de l'eau de mer.

On fait du sel marin à La Rochelle dans les marais salants, qui sont plus bas que la mer, et dont le sol est argileux, qui leur permet de retenir l'eau salée qu'on y fait entrer. En Normandie, on fait évaporer l'eau de mer sur le feu, ce qui donne un sel moins fort que celui de La Rochelle.

---

[204] Lémery, p. 521 ; ce soufre est extrait des régions volcaniques.
[205] Lémery, p. 522 ; les vitriols sont effectivement des sulfures.
[206] Lémery, p. 420.

Le sel commun est composé de parties terrestres, aqueuses et ignées. Il est acre, doux, amer, incisif, pénétrant, pur, odorant et incombustible[207]. Il préserve les aliments de la corruption, se dissout dans l'eau, et fond au feu comme le métal. Le sel, comme le ferment, change la nature d'un corps s'il le pénètre. Il en consume l'humidité qui pourrait le pourrir. Paracelse l'appelle « mumie ».

Les artistes ont inventé plusieurs façons de tirer l'esprit de sel. Certains partent du sel pur. Mais comme il fond facilement à la chaleur, et qu'une fois fondu, les esprits en sortent difficilement, après 24 heures de distillation, ils laissent refroidir, puis brisent la retorte, broient la masse de sel restante, la mettent dans une autre retorte avec la liqueur qui en a été sortie, et redistillent le tout huit ou neuf fois, ce qui est un procédé long et ennuyeux.

Béguin préfère le procédé suivant : prendre 2 livres de sel marin calciné et le mélanger avec 6 livres de farine de brique ou terre rouge. Distiller pendant trente heures, séparer l'eau et le phlegme : on obtient ainsi 20 onces d'esprit, qu'il faut encore rectifier.

Cet esprit est très efficace, dans le corps et hors du corps, qu'il préserve de toutes les maladies. On le prend avec un excellent vin, de l'eau de vie ou mélangé avec du sel d'absinthe obtenu par combustion de la plante, lessivage des cendres, puis séchage.

Il guérit l'hydropisie, l'épilepsie, la jaunisse, les fièvres, chasse les vers et les pierres du corps ; il guérit les luxations, les contractures, les paralysies et apostèmes, si l'on en oint les parties atteintes. Il apaise la goutte, si on le mélange avec de l'huile de térébenthine ou de camomille. Il calcine tous les métaux, les pierres, et même le verre. Dans tous les cas, la dose est de quelques gouttes diluées dans l'eau de scolopendre, eau de vie, eau d'armoise, de persil, de bugrane (ou arrête-bœuf), de chardon bénit ou pariétaire.

L'esprit de sel purifie l'or lui-même. Le flegme qui en est retiré dissout la chaux des minéraux.

C'est l'acide chlorhydrique (HCl). La farine de brique ou terre rouge est une argile riche en sulfate ferreux ($FeSO_4$). À température élevée, ce sulfate ferreux donne de l'acide sulfurique, qui entre dans la réaction suivante[208] :

$$H_2SO_4 + 2\ NaCl \rightarrow 2\ HCl + Na_2SO_4$$

Dans l'industrie alimentaire, c'est l'additif E507.

---

[207] Béguin, p. 129.

[208] Bourzat, p. 136.

DU NITRE OU SALPÊTRE

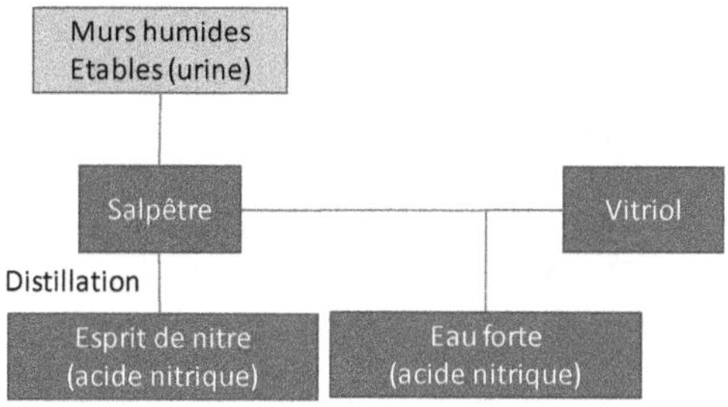

Le salpêtre, ou sel de pierre, (aujourd'hui nitrate de potassium, KNO_3), doit son nom aux accumulations de filaments blanchâtres et cotonneux que l'on trouve à la surface de murs humides, comme dans les vieilles maisons ou les caves. L'eau y remonte du sol, chargée de sels minéraux, puis s'évapore : les sels minéraux, qui étaient dissouts, se cristallisent alors et prennent l'état solide. Ce n'est qu'à la fin du XIXe siècle que l'on a compris que le processus de nitrification, c'est-à-dire de transformation de l'ammoniac azoté (NH_3) en nitrates (NO_3), était dû à des bactéries.
L'azote (N) peut aussi provenir de l'urée $CO(NH_2)_2$ favorisant la formation de salpêtre dans les étables ou les écuries.

Cette compréhension des phénomènes était hors de portée des chimistes du XVIIe siècle, comme Lémery : « je crois que le salpêtre est formé dans les pierres & dans les terres par l'acide de l'air & que cet acide de l'air ayant insensiblement pénétré les pierres, s'y fixe & fait un sel semblable au commencement au sel gemme ; mais qu'ensuite de nouveaux esprits acides volatils s'y accrochent, s'y mêlent & le rendent entre volatil & fixe. C'est aussi pour cette raison qu'on retire beaucoup de salpêtre des vieilles masures ; car ayant demeuré longtemps exposées à l'air, elles en ont reçu l'esprit en plus grande quantité que les autres pierres : on en retire aussi de la terre des caves & de plusieurs autres lieux que le Soleil n'échauffe point, parce que l'esprit de l'air se résout (dissout) facilement par la fraîcheur & par l'humidité[209] (…). Le salpêtre se fait aussi quelques fois par l'urine des animaux qui tombe sur des pierres ou dans des terres. »

Certains croyaient que tout le salpêtre venait de l'urine des animaux. Mais Lémery conteste ce point de vue, puisqu'on trouve du salpêtre en des lieux où il n'y a point eu d'urine.

[209] Lémery, p. 14.

Le salpêtre, purifié par dissolution dans l'eau puis évaporation, est très apéritif, rafraîchit les humeurs trop agitées et pousse les urines. On en donne pour les fièvres ou les gonorrhées.

Il était utilisé depuis le Moyen Âge pour la conservation des viandes, et se trouve toujours à la base de l'additif E252, ajouté aux viandes et charcuteries, en particulier le jambon.

DE LA POUDRE A CANON

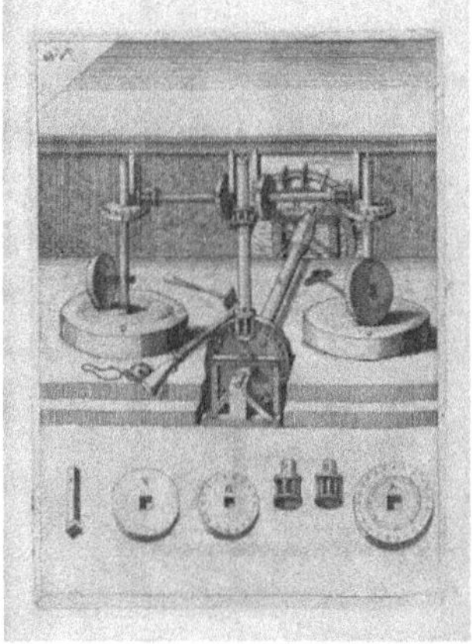

Fonctionnement d'un moulin à poudre
(Pulvermühle, 1661)

La récolte du salpêtre revêtait une importance stratégique car ce sel entre dans la composition de la poudre noire, ou poudre à canon, avec du soufre et du charbon de bois. Ce mélange déflagrant avait été inventé en Chine, et fut connu en Occident à partir du XIVe siècle. Alors, couleuvrines (armes de main) et bombardes rendirent obsolètes les mangonneau et trébuchets purement mécaniques.

Au XVIIe siècle, on attribuait l'invention de la poudre à canon à un moine de Fribourg-en-Brisgau, découverte qui aurait été purement fortuite. Il en aurait enseigné l'usage aux Vénitiens, en 1380, qui auraient alors gagné, grâce à leurs canons, la bataille de Fossa Claudia contre les génois. Mais Froissard raconte que les Anglais avaient utilisé des canons au siège de Romorantin, en 1356. L'inventeur occidental de la poudre à canon serait alors l'Anglais Roger Bacon.

« Prenez sept parties de salpêtre (78%) bien raffiné & purifié de son sel fixe, une partie de soufre (11%) jaune & une partie de charbon (11%) ; pulvérisez subtilement le soufre & le charbon chacun en son particulier : dissolvez le salpêtre dans de l'eau, & le faites épaissir doucement sur le feu, jusqu'à consistance de bouillie, mêlez-y exactement les poudres, & les y incorporez dans une grande auge, deux hommes les remuant avec des poêles de bois, mettez le mélange au moulin à poudre, qui est un moulin à eau, dans lequel il faut qu'il soit battu au moins vingt-quatre heures dans des auges par quinze ou seize pilons ; ces pilons ne s'élèvent pas tous ensemble, mais alternativement, pour faire que la matière s'agite & se tourne mieux : pendant ce temps-là ayez soin de l'humecter avec de l'eau, car si l'on ne l'humectait pas, elle se sécherait & s'enflammerait : on sait que la poudre est sèche en entendant le bruit du moulin qui augmente, car alors les pilons rebondissent du fond de l'auge & redoublent leurs coups[210]. »

Une fois la poudre suffisamment battue, il faut la granuler.

L'équation de combustion de la poudre à canon est la suivante :

$$2\ KNO_3 + 3\ C + S \rightarrow K_2S + 3\ CO_2 + N_2$$

Salpêtre + charbon + soufre -> sulfure de potassium + gaz carbonique + azote

La réaction produit beaucoup de gaz (dioxyde de carbone et azote) qui est responsable de l'explosion.

DE L'ESPRIT DE NITRE

L 'Esprit de nitre est un liquide très acide et corrosif que l'on tire du salpêtre par la distillation.

Mélange le salpêtre (KNO_3) avec trois parties de farine de brique ou d'argile desséchée, et verse dans la cornue[211]. Distille durant 10 ou 12 heures. D'une livre de salpêtre tu peux tirer treize onces d'esprit.

Le sel commun ou le salpêtre doivent, pour leur distillation, être mélangés à de la terre grasse en poudre ou du bol (argile) pour empêcher leur fusion. Au contraire, l'alun ou le vitriol n'en ont pas besoin, car ils contiennent en eux une quantité suffisante de terre minérale[212].

---

[210] Lémery, p. 542.
[211] Béguin, p. 133.
[212] Glaser.

On se sert de l'esprit de nitre pour la dissolution des métaux : le cuivre, le mercure, l'argent, le plomb.

Il soigne la colique, la pleurésie, la squinance (angine) et la pierre. On le mélange avec l'esprit de vin, les eaux d'endive, de pourpier ou de chicorée.

L'esprit de nitre est aujourd'hui appelé acide nitrique (HNO_3). La calcination de l'argile forme de l'acide sulfurique[213] *:*

$$H_2SO_4 + 2\ KNO_3 \rightarrow 2\ HNO_3 + K_2SO_4$$

Acide nitrique + salpêtre -> esprit de nitre + sel de prunelle

DES EAUX FORTES

Prends 2 livres de vitriol d'Allemagne desséché et une livre de salpêtre commun[214]. Broie et mélange bien. Mets le tout dans une retorte bien lutée, place au four de réverbère, et adapte un récipient de grand volume. Distille durant 24 heures. Quand tu vois les esprits blancs et nébuleux se dissiper dans le récipient, laisse refroidir et clarifie l'eau distillée par l'argent de la manière suivante : prends le quart de cette eau et jettes-y une dragme d'argent fin que tu dissous sur les charbons dans une haute cucurbite. Verse cette solution sur les trois autres parties d'eau, qui deviennent blanches comme le lait. Laisse reposer et verse ce qui est pur dans un verre bien fermé.

On la nomme « eau forte » car elle dissout presque tous les métaux et minéraux, et même l'or si elle est « régalisée » par addition de sel Armoniac ou de sel commun[215].

Cette eau forte n'est autre, elle aussi, que de l'acide nitrique. Sa production était déjà décrite par Geber. Elle était utilisée, depuis le Moyen Âge, pour la gravure sur cuivre. Le graveur répartit un vernis ramolli par la chaleur sur toute la surface d'une plaque de cuivre. Avec une pointe métallique, il retire alors le vernis selon le trait de son dessin. Il plonge ensuite la plaque dans un bain d'eau forte qui « mort » le cuivre là où le vernis a été retiré. La gravure apparaît donc tracée en profondeur dans le cuivre. La plaque de cuivre est ensuite enduite d'encre et placée dans une presse où elle imprime les estampes.

---

[213] Bourzat, p. 142.

[214] Béguin, p. 112.

[215] Glaser, *Traité de chimie.*

Cette eau est appelée « régale » ou « royale », car elle dissout l'or, qui est le Roi des métaux.

Prends deux onces de salpêtre commun, et autant de sel armoniac[216]. Le sel armoniac est aussi appelé Aigle, parce qu'il enlève l'or comme l'Aigle emporta Ganymèdes.

Broie et mélange le tout, puis verse dans une grande cornue à laquelle tu adaptes un grand récipient. Distille dans les cendres, jusqu'à ce que toutes les vapeurs soient violemment sorties, et qu'il ne tombe plus aucune goutte de la retorte. Retire la cornue toute chaude, rajoute la même dose de matière qu'au début. Distille comme avant.

Il est assez difficile de comprendre comment l'eau régale dissout l'or, alors qu'elle ne dissout pas l'argent qui est moins solide[217]. Pour certains, cela est dû à ce que l'or contient plus de Soufre que l'argent et, par conséquent, est mieux dissout par un solvant sulfureux, tel que l'eau régale composée des sels volatils sulfureux du sel armoniac. Mais cette explication est erronée, car en ce cas, l'or serait plus léger que l'argent, puisque le Soufre est le principe chimique le plus léger.

L'eau régale est un mélange d'acide chlorhydrique et nitrique. L'esprit de nitre déplace l'acide chlorhydrique de son sel d'ammonium selon la réaction[218] :

$$NH_4Cl + HNO_3 \rightarrow HCl + NH_4NO_3$$

DE L'OR POTABLE

« Ars sine arte, cujus principium mentiri, medium laborare, et finis mendicare » : l'Alchimie est un Art sans art, dont le commencement est de mentir, le milieu de travailler, et la fin de mendier[219].

On a retrouvé dans les manuscrits de Joseph du Chesne de nombreuses préparations de l'or potable[220]. Ce serait un remède universel, qui préserverait de toute maladie, et pour longtemps, et prolongerait la vie de celui qui en aurait bu : la « quintessence » de Raimond Lulle ou de Zacaire. La première étape consiste à produire le Soufre des philosophes.

Pour cela, il faut distiller un vin d'excellente qualité, et continuer après que l'esprit de vin se soit totalement volatilisé. Il faut obtenir des fèces épaisses

---

216 Béguin, p. 112.
217 Lémery, p. 467.
218 Bourzat, p. 154.
219 Lémery, p. 85.
220 Du Chesne 1641, p. 32 sqq. ou 1626a, p. 72 sqq.

comme de la poix fondue sur lesquelles surnage leur flegme. On met quatre heures sur un petit feu de cendres, ce qui fait se colorer le flegme. On vide ce flegme par inclinaison, en continuant ainsi jusqu'à ce que le flegme restant ne se colore plus. Il reste alors au fond une huile rouge comme du sang. Mettez ces fèces dans une petite cucurbite, versez dessus de l'eau de vie, et distillez. Videz toute cette liqueur par inclinaison, puis remettez de l'eau de vie, et distillez, et recommencez cette opération jusqu'à ce que les fèces deviennent noires. Les eaux ainsi tirées sont soigneusement conservées : c'est « l'eau animée des philosophes ».

Mettez les terres dans un matras que l'on place au four d'Athanor durant six jours. Les terres deviennent ainsi blanches et très bien calcinées. Rajoutez l'eau animée qui avait été conservée, et distillez lentement sur un feu de cendres pendant deux jours. On rajoute de l'eau animée et continue la distillation aux cendres jusqu'à ce que les terres se soient rendues volatiles, c'est-à-dire qu'elles se subliment et s'envolent à la moindre chaleur. On peut le vérifier par l'essai de la lame d'argent rougie au feu : les terres s'en vont alors en fumée.

« Cette terre ainsi préparée est, selon l'opinion du grand Lulle, le vrai Souphre & le vrai Mercure des Philosophes[221]. »

Prenez deux ou trois onces de ce Soufre des Philosophes, et mettez dans un matras avec six onces d'esprit d'un excellent vin : 34 heures au Bain Marie réduisent le tout en une eau azurée dans laquelle on jette cinq onces de Soleil (d'Or) préparé, qui se dissout instantanément, faisant rougir l'eau. Distillez au bain cette solution par six fois, en remettant l'eau sur les fèces, puis distillez encore au feu de cendres : votre Or montera avec l'eau, laissant le Soufre philosophique au fond du vaisseau. Redistiller le produit au bain : la teinture (solution) du Soleil demeure alors au fond de l'alambic sous forme de liquide et d'huile précieuse : c'est le vrai or potable, ou médecine universelle.

On appelle or potable, ou Elixir, ou encore quintessence, une telle médecine, non parce qu'elle est faite d'Or, mais parce qu'elle égale l'excellence de l'Or[222]. Les vertus de l'Or sont dues à sa parfaite combinaison et égalité de Soufre et de Mercure, qui le rendent incorruptible[223], que ce soit par la terre, l'air ou le feu. Mais pour cette raison, il ne peut agir sur notre corps qui ne peut le digérer. C'est pourquoi il faut le dissoudre au moyen du Soufre végétal provenant du vin. Il devient ainsi Or animé, au sens littéral, c'est-à-dire élevé au rang de l'âme.

En effet, de toutes les matières végétales, le vin occupe la première place, étant donné sa nature vitriolée, qui se reconnait à la couleur jaune et saphirique

[221] Du Chesne, p. 39.
[222] Du Chesne, 1626a, p. 13.
[223] Du Chesne, 1626a, p. 61 sqq.

des raisins mûrs, ainsi qu'à leur saveur acre[224]. Telle est la raison pour laquelle Raimond Lulle et quelques autres Philosophes ont utilisé le vin pour en extraire le Soufre au moyen duquel sera produit le vrai or potable.

Lémery n'est pas de cet avis : « Leur or potable qu'ils ventent tant, & qu'ils vendent si cher, n'est ordinairement qu'une teinture (solution) de végétal ou de minéral, dont la couleur approche de celle de l'Or, & comme ils font cette teinture avec un menstrue spiritueux, elle excite quelquefois la sueur : on ne manque pas d'attribuer cet effet à l'Or, qui le plus souvent n'y a rien contribué. Cette manière de tromper n'est pas une de celles qui leur réussit le moins : car en fait de remède, il se trouve toujours du monde fort crédule, & principalement quand on parle d'un remède universel, comme on veut que soit l'or potable[225]. »

L'or potable fortifierait le cœur, car selon les Astrologues, le Soleil est le cœur du macrocosme. Cependant, aucune correspondance n'a jamais été prouvée entre le Soleil et l'Or, et notre luminaire répand également sa lumière et sa chaleur sur tous les objets de notre monde. Et l'homme qui a avalé de minuscules feuilles d'Or les restitue à l'identique, ce qui prouve qu'elles n'ont produit aucun effet en traversant son corps.

L'Or, reconnait cependant Lémery, est un bon remède pour ceux qui ont pris trop de mercure, car il fixe ce mercure. Ainsi remarque-t-on que l'haleine de ceux qui ont été frictionnés au mercure blanchit la pièce d'Or qu'ils tiennent entre les dents.

DU SUBLIME CORROSIF

Le Chlorure mercurique ($HgCl_2$) est un solide blanc obtenu par action du chlore sur le mercure. C'est le sublimé corrosif des alchimistes. Mais le chlore lui-même n'a été isolé qu'en 1774.

La préparation la plus simple, connue de Paracelse, consiste à mêler du mercure brut, du sel commun et du vitriol[226]. Mais il faut alors beaucoup d'effort pour incorporer le vif-argent. Il est donc préférable de dissoudre le mercure dans l'esprit de nitre.

Suivons Béguin[227] : prends du mercure, du vitriol et du sel, une livre chacun, et quatre onces de sel nitre. Broie et mêle le tout dans un mortier de pierre avec un peu de vinaigre, jusqu'à ce que le mercure ne soit plus visible. Mets dans une cucurbite, place l'alambic au-dessus, et chauffe durant huit à

---

[224] Du Chesne, 1626a, p. 70.
[225] Lémery, p. 82.
[226] Lémery, p. 230.
[227] Béguin, p. 338 : mercure sublimé commun.

douze heures. Sépare l'eau forte qui sort la première. Sublime une seconde fois en ajoutant douze onces de sel et 4 onces de vitriol pour chaque livre du premier sublimé. Sublime une troisième fois en ajoutant seulement du sel. Le produit se sublime dans la partie supérieure du vaisseau en beaux cristaux blancs.

Selon Lémery[228], la masse blanche que l'on obtient est très corrosive : c'est un puissant escarotique (qui brûle les parties vivantes), qui mange les chairs baveuses, et nettoie les vieux ulcères. Si le sublimé était pris intérieurement, il entraînerait la mort en peu de temps. C'est un poison dont l'effet est encore plus rapide que celui de l'arsenic.

DU SUBLIME DOUX

Prenez[229] quatre onces du sublimé commun et trois onces de mercure de cinabre revivifié. Broyez le mélange dans un mortier de marbre ou de verre, jusqu'à ce qu'il ne paraisse plus aucun grain de Mercure vif, puis ajoutez deux ou trois onces de sel préparé et broyez le tout ensemble. Mettez ce produit dans un matras et faites sublimer à feu de cendres durant cinq ou six heures. Le matras étant refroidi, il faut séparer avec un fer chaud ce qui est sublimé et le sel qui est resté au fond. Réduire le sublimé en poudre, et le sublimer une seconde fois.

Le sublimé doux est appelé ainsi car sa préparation rend sans risque l'usage du sublimé corrosif. On peut donc l'utiliser à l'intérieur comme à l'extérieur pour guérir les maladies vénériennes, les fièvres putrides et les hydropisies. Il est ainsi préférable à tous les précipités de mercure.

Pour Lémery[230], il est prescrit pour toutes sortes de maladies vénériennes, il tue les vers, et purge doucement par les selles, mais son effet ne vient pas de cette vertu purgative. La dose est de 6 à 30 grains.

Le précipité doux est le chlorure mercureux (Hg_2Cl_2), appelé aussi calomel, ou Aigle blanc (Aquila alba), car sa sublimation imite le vol de l'aigle.

---

228 Lémery, p. 229.
229 Béguin, p. 341.
230 Lémery, p. 241.

- Eaux fortes
  - Eau forte commune (*)
  - Eau forte perpétuelle
  - Eau royale (*)
- Esprits
  - Esprit de vin (*)
  - Esprit de tartre (*)
  - Esprit de térébenthine
  - Esprit de soufre
  - Esprit de vitriol (*)
  - Esprit de sel commun (*)
  - Esprit de nitre (*)
  - Esprit ardent de Saturne
- Baumes
  - Baume de soufre
  - Baume de Saturne
- Teinture molle
  - Teinture molle de soufre
  - Teinture molle d'antimoine
- Calcination
  - Calcination du sel commun
  - Calcination de salpêtre
  - Calcination de vitriol
  - Calcination de pierre ponce
  - Calcination de cristal
  - Calcination de marcassite d'argent
- Calcination d'antimoine
  - Poudre émétique
  - Foie d'antimoine
- Précipité de mercure
  - Précipité blanc
  - Précipité rouge
  - Précipité diaphorétique
  - Précipité de cinabre
- Calcinations
  - Calcination de Saturne
  - Calcination de Jupiter
  - Etain sudorifique
  - Calcination de Mars
  - Calcination de Vénus
- Calcinations de Lune et de Soleil
  - Calcination de Lune
  - Calcination de Soleil
  - Bézoart métallique
  - Or fulminant diaphorétique

Chimie de Béguin (1615) : (*) sont les produits dont la préparation a été décrite dans ce chapitre.

- Sels
  - Crème de tartre (*)
  - Sel de pierre d'homme (calculs)
  - Sel de colcothar (peroxide de fer)
  - Vitriol vomitif
  - Sel ou vitriol de Lune
  - Sel ou vitriol de Mars
  - Sel ou vitriol de Jupiter
  - Sel ou vitriol de Saturne
- Fleurs
  - Fleurs de soufre
  - Fleurs d'antimoine
  - Fleurs d'armoniac
  - Sublimation de sel Armoniac
  - Mercure sublimé commun (*)
  - Sublimé doux (*)
  - Manne de mercure
  - Aigle impérial
- Magistères
  - Magistère de tartre
  - Panacée du Soufre d'antimoine
  - Panacée de vitriol
  - Teinture narcotique de vitriol
  - Panacée solaire diaphorétique
  - Esprit de vin tartifié
  - Sublimation de Soleil
  - Mercure de vie

Toutes les préparations décrites par Béguin étaient déjà connues avant lui, sauf celle de l'esprit ardent de Saturne (acétone) à partir de la chaux de plomb (acétate de plomb) ou du minium (oxyde de plomb), dont je t'ai épargné la recette, ami lecteur, vu sa grande complexité.

ANNEXE : GLOSSAIRE DE CHYMIE[231]

Al : particule arabe qui signifie « le » ou « la ».
Alchymia : la *Chymie*, qui enseigne la transmutation des métaux.
Alkaest : de l'allemand « Al geest », dissolvant universel, selon Paracelse et Van Helmont.
Alkali : soude.
Alkool : esprit très pur, comme l'esprit de vin bien rectifié.
Amalgamer : mélanger du mercure avec quelque métal fondu.
Aqua stygia : eau régale. En référence à l'eau du prétendu fleuve des enfers, que les anciens païens nommaient Styx.
Athanor : de l'arabe Tannaron, four. Fourneau qui produit un feu modéré et à peu près constant, comme pour les digestions.
Chrysulca : nom de l'eau régale, car elle dissout l'or.
Circulation : mouvement des liquides dans un vaisseau dont le but est de faire un mélange. C'est le feu qui fait monter et descendre les vapeurs (mouvement de convection).
Coaguler : donner une consistance aux liquides en faisant par le feu consumer une partie de leur humidité.
Cohober : réitérer la distillation d'une même liqueur, en la renversant sur la matière restée dans le vaisseau.
Congeler : figer quelque matière en la laissant refroidir après l'avoir mise en fusion.
Digestion : se fait quand on laisse tremper quelque corps dans un dissolvant, sous une faible chaleur, pour le ramollir.
Dissoudre : liquéfier quelque matière dure au moyen d'un liquide.
Eau régale : eau royale qui dissout l'or.
Extraire : séparer la partie pure de la partie grossière.
Fermentation : ébullition causée par des esprits qui cherchent à sortir de quelque corps, mais rencontrent des parties terrestres et grossières qui s'opposent à leur passage. Dans ce détachement, les esprits rendent la matière d'une autre nature qu'elle était auparavant.
Filtrer : clarifier quelque liquide en le passant par un papier gris.
Magistère : préparation très fine et très exquise.
Menstrue : dissolvant. Les Alchimistes croyaient que la dissolution parfaite d'un corps composé s'achevait à l'issue du mois Philosophique, qui dure 40 jours.
Précipiter : séparer une matière qui avait été dissoute, pour la faire tomber au fond.
Projection : action de mettre cuillerée après cuillerée quelque matière que l'on veut calciner.

---

[231] Lémery, p. 62.

Rectifier : faire distiller les esprits pour en séparer les parties hétérogènes.
Réverbérer : faire retomber la flamme dans le fourneau, par un dôme le fermant.
Revivifier : faire retourner à son premier état quelque corps composé que l'on aurait déguisé par des sels ou des soufres. On revivifie le cinabre en mercure coulant.
Sel acide : sel, comme le salpêtre, le vitriol ou l'alun, qui ne fermente point avec les acides, et duquel on retire un esprit acide par distillation.
Sel alkali : sel qui fermente avec les acides : sel de soude, de tartre, …
Sel essentiel : sel acide tiré des plantes par cristallisation.
Sel fixe : sel qui reste à peu près identique sous l'action du feu.
Sel volatil : sel qui se sublime et s'envole sous la moindre chaleur, comme les sels de vipères ou de cornes de cerf.
Sublimer : faire monter une matière volatile en haut de l'alambic ou du chapiteau, sous l'action du feu.
Transmutation : action de changer la nature d'un corps composé en une autre plus parfaite, comme si l'on pouvait faire de l'or ou de l'argent à partir de cuivre ou d'étain.

Chapitre 5

Les Rose-Croix

Rodolphe II de Habsbourg fut empereur germanique de 1576 à 1612. Bien que catholique, il était très tolérant à l'égard des savants protestants, qu'il prenait à son service pourvu qu'ils soient les meilleurs dans leur discipline. Ainsi accueillit-il le Danois Tycho-Brahé, qui avait mesuré la position des planètes dix fois plus précisément que Ptolémée, et prouvé que les comètes n'étaient point des phénomènes atmosphériques, comme le soutenait Aristote. Grâce à lui, l'astronomie d'observation des Modernes supplantait celle des Anciens[232].

Rodolphe II
empereur germanique (1552 – 1612)

[232] Voir Walch (2017).

Mais c'était principalement les compétences astrologiques de Tycho que recherchait l'empereur. À la mort du Danois, c'est le luthérien Johannes Kepler qui lui succéda au poste de « mathématicien impérial », toujours en charge des horoscopes : il en profita pour révolutionner l'astronomie mathématique.

Rodolphe s'était aussi entouré, en sa capitale de Prague, d'une cour d'alchimistes, dont il attendait la transmutation en or de vils métaux, ou encore la préparation d'un élixir de jouvence.

Le Polonais Michel Sendigovius fut au service de Rodolphe de 1593 à 1599, puis de 1602 à 1607. Dans son *Traité du Soufre*, il prétend : « Nous assurons que la transmutation métallique est une chose vraie et très vraie, comme nous l'avons fait voir par expérience à diverses personnes de haute et basse condition, et qui méritaient bien d'avoir la preuve de cette vérité. Ce n'est pas que nous ayons fait cette Médecine de nous-même ; mais c'est un intime ami qui nous l'a donnée[233]. » Ainsi, Sendigovius admet ne point savoir comment préparer lui-même la fameuse poudre transmutatoire.

L'Anglais Edward Kelley se plaint, dans sa *Pierre philosophale*, d'avoir été emprisonné deux fois sur ordre de Rodolphe, alors qu'il ne cherchait qu'à « lui apporter grand profit ». L'empereur s'offusquait, en effet, de tant de promesses non tenues. Cette Pierre est une substance métallique transformant en or les métaux imparfaits. Mais Kelley se contente de citer nombre d'Anciens, dont aucun ne donne comment préparer la fameuse poudre mercurielle.

À défaut, dans sa *Dissertation sur le menstrue végétal de Saturne*, Kelley décrit une préparation d'or potable par distillation de l'huile de plomb, que l'on mélange avec un amalgame d'or commun et de mercure sublimé, lui-même distillé. « Il n'y a aucune autre méthode sous le ciel permettant de dissoudre matériellement le corps de l'or. » Ainsi obtiendrait-on un Elixir qui purifie l'air, faisant fuir la peste, et desséchant les humeurs nocives.

Michael Maier, docteur en médecine de l'Université de Bâle (1596), devint, en 1609, médecin et conseiller de l'empereur qui l'éleva bientôt au titre de Comte Palatin.

Dans *Atalanta Fugiens*, il décrit son office à mots couverts : « La disposition de ce roi est mélancholique et atrabilaire et, pour cette raison, sa valeur et son autorité sont en moindre estime que celle des autres princes : on lui impute en effet le caractère morose de Saturne et la colère ou la fureur de Mars. Il voulut donc ou mourir ou être guéri si cela est possible. On trouva un médecin qui accepta ce ministère. »

[233] Traité du Soufre, 1616, p. 230.

Dans son *De Medicina regia et vere heroica, Coelidonia*[234], Maier, après avoir expliqué comment se forme l'or dans les entrailles de la Terre, proclame que le but de l'Art est de reproduire diligemment ce processus pour obtenir une médecine universelle[235]. Mais il ne sera guère explicite sur la préparation pouvant conduire au succès : « Du mâle et de la femelle, fais un cercle, puis, de là, un carré, et ensuite un triangle ; fais un cercle et tu auras la Pierre des Philosophes[236]. »

Le Pape ne pouvait qu'être irrité et inquiet de cette passion de l'empereur pour les « sciences occultes » et de sa tolérance à l'égard des hérétiques, luthériens ou tchèques, et, pire encore, de sa désaffection pour les pratiques religieuses : « Sa majesté a maintenant atteint un état dans lequel il abandonne totalement Dieu ; il ne veut ni plus entendre ni plus parler de Lui, ni plus accepter le moindre signe de Lui. Non seulement il refuse d'assister au moindre sermon, ou service religieux, mais il éprouve de la haine pour ceux qui y participent[237]. » Heureusement, il était d'autres Habsbourg qui voulaient faire triompher la reconquête des territoires protestants, réclamée par le Concile de Trente. Ils se réunirent secrètement à Vienne en 1606, pour désigner Mathias, le frère puîné de Rodolphe, comme prochain empereur, avec pour mission de précipiter la date de la destitution.

Matthias 1er, empereur de 1612 à 1619
Ferdinand II, empereur de 1619 à 1637

Ainsi, Mathias n'allait pas se contenter d'être Archiduc d'Autriche. Profitant des faiblesses de l'empereur, il se fait élire roi de Hongrie (1608), marche sur Prague à la tête d'une armée, et force son frère à lui céder le trône de Bohème (1611). La troupe des alchimistes s'envola de Prague, comme des

234 Prague, 1609.
235 Ulrich Neumann, *Michel Maier, philosophe et médecin*, in *Alchimie et Philosophie à la Renaissance*, Jean-Claude Margolin et Sylvain Matton, 1993.
236 *Atalanta Fugiens*
237 *Proposition des Archiduc*, Vienne, 1606.

oiseaux effrayés par un coup d'arquebuse. Quelques mois tard, Rodolphe décède, laissant ainsi la couronne impériale à Matthias.

Le jeune Ferdinand de Habsbourg, élevé chez les jésuites d'Ingolstadt, en Bavière, devint archiduc d'Autriche intérieure à sa majorité (1595). Très vite, il demande à tous les protestants de se convertir ou de s'exiler. Il fit ainsi fuir le génie de l'astronomie, Johannes Kepler, alors professeur de mathématiques à Graz, le contraignant à trouver refuge auprès de Rodolphe à Prague (1600).

Le très catholique Ferdinand devait succéder à Matthias, d'abord aux trônes de Bohème (1617) et de Hongrie (1618), avant d'être couronné empereur germanique en 1619.

Johan van Oldenbarnevelt (1547-1619). Il fut exécuté en 1619 ; Maurice de Nassau (1567-1625) ; Hugo Grotius (1583 – 1645)

Maximilien 1er, par son mariage avec Marie de Bourgogne (1477), avait apporté les Pays-Bas aux Habsbourg. Cette contrée occupait alors tout l'espace compris entre la France, la Mer du Nord et l'Empire germanique. Le nord, passé au calvinisme, se révolta et fonda la République des Provinces-Unies (1581), tandis que le sud, toujours catholique, restait sous domination des Habsbourg d'Espagne[238].

La république fédérale était constituée de sept provinces, dont la plus puissante est la Hollande. Son gouvernement politique était assuré par les États Généraux, assemblée constituée de délégués de chaque province. De 1586 à 1619, Johan van Oldenbarnevelt, représentant de la Hollande, détenait, dans les faits, ce pouvoir politique.

Le pouvoir militaire était aux mains, quant à lui, du « stadhouder », ou gouverneur général. Maurice de Nassau fut Stadhouder des Provinces-Unies de 1585 à 1625. Il s'illustra par de nombreuses victoires contre les Espagnols, mais dut, contre son grès, signer le traité d'Anvers, qui fixait une trêve de douze années entre les deux pays (1609-1621).

238 Le nord correspond à peu près aux actuels Pays-Bas, et le sud à la Belgique.

Les Provinces-Unies s'étaient construit une flotte puissante, qui fera sa richesse durant deux siècles, en commerçant avec les Indes Orientales. L'objectif d'Oldenbarnevelt, par le traité avec l'Espagne, était d'assurer la libre circulation des navires hollandais autour de l'Afrique, et dans l'océan Indien. Il mettait en avant les théories du juriste Hugo Grotius, selon lesquelles les mers, étant un bien commun, devaient être accessibles à tous.

Au début du XVIIe siècle, les Provinces-Unies furent secouées par une violente querelle religieuse au sein même du camp protestant. Le théologien Jacobus Arminius y prêchait que la prédestination n'est pas absolue, comme l'enseignait Calvin, laissant ainsi place au libre arbitre : « **je peux choisir de Croire ou ne pas Croire** ».

« Ce Dieu, par le dessein éternel et immuable de Jésus-Christ, son fils, avant la fondation du monde, a déterminé de sauver dans la race déchue et pécheresse des hommes ceux qui, en Christ et par le Christ et par la grâce du Saint-Esprit, croiront en son fils Jésus, et persévéreront dans cette foi et dans l'obéissance à la foi, même en situation extrême ; et, d'autre part, il laissera l'incorrigible et l'incroyant dans le péché et frappé de sa colère, et le condamnera comme éloigné du Christ, selon la parole de Jean 3:36 : 'Celui qui croit au Fils a la vie éternelle ; celui qui ne croit pas au Fils ne verra point la vie, mais la colère de Dieu demeure sur lui', et selon d'autres passages d'Écriture également[239]. »

La mésentente politique entre le militaire et le représentant de la bourgeoisie commerçante se doublait d'une profonde divergence religieuse. Oldenbarnevelt, tout comme Grotius, avait épousé la foi arminienne, plus tolérante que le calvinisme, tandis que Nassau était resté fidèle à la doctrine originelle de Calvin. Le désaccord entre les deux camps était devenu tel que la province de Hollande menaçait de faire sécession. Le synode de Dordrecht (1618) confirma que le strict calvinisme restait la doctrine officielle de l'Église des Provinces-Unies.

Maurice de Nassau fit condamner à mort Oldenbarnevelt pour trahison et emprisonner Grotius. Ainsi les affaires politiques et religieuses étaient-elles intimement mêlées.

Christian de Anhalt avait 18 ans lors de la mort de son père, Joachim Ernest, qui laissait sept fils cogérer ses états. Ce n'est qu'en 1603 que le partage se fit, et que Christian devint prince d'Anhalt-Bernburg, dans le nord de l'Allemagne. C'était déjà un homme politique important, par ailleurs zélé calviniste.

En 1591, il commandait l'armée allemande, forte de 8 000 lansquenets et 5 000 reîtres, qui volait au secours de Henri IV. Le roi de France était encore

[239] Article 1 de la *Confession des Remonstrants* (1626). Les Remontrants sont les adeptes de l'arminianisme.

Huguenot en ce temps-là. Le 2 août, les Allemands franchirent le Rhin, en aval de Mayence. Bientôt, ils ravagèrent la Lorraine. Le 29, Henri les rejoint près de Verdun, à la tête de 1000 cavaliers, et trinque avec Anhalt. En passant par l'Oise et la Somme, la troupe germanique gagne Rouen, bastion de la Ligue catholique, qu'elle assiège à partir du 24 novembre. Mais la prolongation des opérations vint à bout de l'argent dont disposait Henri IV. Nombre de mercenaires désertèrent et regagnèrent leurs provinces. Henri dut lever le siège, d'autant plus qu'une armée espagnole arrivait au secours des catholiques[240].

Ainsi Anhalt était-il devenu un interlocuteur privilégié du roi de France, lequel n'oubliera pas la dette morale et financière qu'il devait à ses voisins de l'est.

En 1593, Henri abjura, ce qui ne manquait pas d'inquiéter ses meilleurs amis allemands, comme l'électeur palatin ou le landgrave de Hesse, tous deux calvinistes. Allait-il passer dans le camp des Habsbourg ? Hesse fit dire par l'ambassadeur de France « que cette abjuration ne serait pas seulement un acte contraire à la haute et entière confiance qu'avaient eue dans le Roi les princes et électeurs protestants de l'Empire, mais qu'un tel changement de religion devait aussi inspirer la juste crainte que le Tout-Puissant, après avoir soutenu le Roi miraculeusement contre tous ses ennemis, ne retirât de lui sa main et ne le châtiât sévèrement. » Mais les relations de Henri et des princes protestants d'Allemagne, « ses amis, alliés et voisins », restèrent toutes aussi excellentes qu'elles avaient été jusque-là, car si le Roi donnait tant de gages de papisme à l'intérieur de son royaume, sa politique extérieure était entièrement tournée vers la résistance aux visées expansionnistes des Habsbourg. Sans doute était-il aussi conseillé en ce sens par son ministre, Sully, qui avait été au côté de Navarre dans tous ses combats et n'avait pas, lui, abjuré la foi protestante.

En 1595, le comte Frederick IV nomma Anhalt gouverneur du Haut-Palatinat. En effet, ses états étaient divisés en deux parties, la plus riche étant irriguée par le Rhin et le Neckar. Sa capitale était Heidelberg, qui était aussi celle du calvinisme allemand. Le Haut-Palatinat, quant à lui, se situait au nord de la Bavière. Sa capitale était Amberg, à seulement 60 lieues de Prague.

Henri IV ambitionnait que se crée en Allemagne une confédération d'États, pour résister aux visées hégémoniques des Habsbourg. Il avait formé ce vœu dès 1591. Cette alliance tardait à voir le jour en raison de la haine des luthériens pour les calvinistes. « Sachez, écrivait-il au landgrave de Hesse en 1599, que vous ne pouvez prendre de résolution qui vous soit plus utile que de vous unir tous ensemble, car il convient d'oublier et de mettre sous le pied toutes sortes de déplaisirs et de riottes (querelles)[241]. » Anhalt était chargé

---

240 Bongars, p. 37.
241 Bongars, p. 120.

d'obtenir l'adhésion du plus grand nombre de princes. Mais on tergiversait. On demanda à Henri de prendre la tête de la ligue : il déclina.

Deux événements vinrent précipiter la constitution de cette Union. Des incidents entre luthériens et catholiques eurent lieu à Donauwörth (Bavière), où les deux religions étaient tolérées. Le très catholique duc Maximilien 1er de Bavière en profita pour prendre la ville et y interdire le culte protestant (1607). Quelques jours plus tard, se tenait la Diète (*Reichstag*) de Ratisbonne, assemblée où siégeaient les électeurs[242], les princes et les députés des villes franches : les catholiques, enhardis, demandèrent qu'on leur restitue les bénéfices qu'ils avaient perdus à la paix d'Augsbourg. De plus, l'empereur Rodolphe, qui présidait la Diète, n'écouta point les plaintes des protestants : ceux-ci quittèrent l'assemblée avant sa clôture.

Le 4 mai 1608, fut formée l'Union évangélique, entre l'électeur palatin, représenté par Christian d'Anhalt, les margraves d'Anspach et de Bade-Dourlach, le comte palatin de Neubourg et le duc de Wurtemberg. Ainsi, calvinistes et luthériens avaient fini par s'entendre. Les confédérés se promettaient assistance mutuelle, en particulier en cas d'agression militaire contre l'un d'entre eux. Un corps de troupe commun sera constitué et financé. Dès l'année suivante, un grand nombre de villes impériales se joignirent à l'Union.

Mais Henri voulait aller encore plus loin : c'était le Grand Dessein qu'il fomentait pour l'Europe, sous l'influence de Sully. Il s'agissait d'élire un « roi des Romains » à côté de l'Empereur. C'est la Bulle d'or de 1356 qui fixe les modalités d'élection de l'Empereur germanique. Mais selon Henri[243], celui-ci ne devait être que le représentant des États allemands, et ne pouvait prendre aucune décision sans le consentement de la Diète. Or, les Habsbourg, Charles-Quint, Ferdinand 1er, Maximilien II, avaient outrepassé leurs droits. Le titre électif semblait être devenu héréditaire ! On aurait pu croire que la passion de Rodolphe II pour la peinture ou l'alchimie, son laisser aller à la débauche, le détourneraient de ces abus de pouvoir. Mais à partir de 1606, on ne doutait plus que d'autres Habsbourg aient l'intention de transformer l'empire en une monarchie absolue, et de restreindre la liberté de penser des protestants.

Henri-le-Grand pouvait-il devenir ce Roi des Romains ? « Dieu formera et fera naître en moi, s'il lui plait, la résolution que je dois prendre », se contenta-t-il de répondre à ses conseillers[244]. Puis il changea d'avis, et signifia à son ambassadeur, Jacques Bongars : « Pour mon regard, je n'envie pas cette

---

[242] Dans le Saint-Empire romain germanique, un prince-électeur (en allemand : Kurfürst) ou électeur était un des sept princes allemands ayant le privilège d'élire le roi des Romains avant son couronnement comme Empereur par le pape. Leur statut était défini par la Bulle d'Or de 1356.

[243] Bongars, p. 137.

[244] Bongars, p. 141.

dignité impériale. Le présent de mes affaires et de la chrétienté ne me permet pas d'y prétendre. » Mais il n'arrivait pas à identifier le bon candidat, qui ne pouvait être protestant, sous peine de faire couler le sang européen jusqu'à la dernière goutte, ni catholique : ainsi, le puissant duc de Bavière, un moment envisagé, s'était discrédité par son attitude à Donauwörth.

Leopold V d'Autriche-Tyrol
(1586-1632)

Jean-Guillaume, duc de Juliers, Clèves et Berge mourut sans héritier le 25 mars 1609. La moitié des princes allemands revendiquaient la succession d'un fief qui jouxtait les Provinces-Unies. Les archiducs Habsbourg y voyaient la possibilité d'installer un prince catholique en ce lieu stratégique. Henri IV se mit à la manœuvre. Son ambassadeur, Bongard, rencontra le margrave de Bade, le comte palatin du Rhin, le duc de Wurtemberg, le landgrave de Hesse, et enfin le margrave Jean-Sigismond de Brandebourg, l'un des prétendants luthériens.

L'empereur ne restait pas non plus les bras ballants. Il décrète le séquestre des duchés, et envoie s'installer à Juliers le jeune archiduc Léopold (23 ans). Il faisait savoir à Henri que s'il ne respectait point les coutumes de l'empire, s'en suivrait une conflagration universelle (on dirait aujourd'hui une guerre mondiale). L'Europe était un champ de poudre, qui n'attendait que son étincelle.

En face, Wolfgang-Guillaume de Neubourg, fils d'Anne de Clèves, et donc autre prétendant à la succession, lui aussi luthérien, avait fait camper ses soldats non loin de Juliers. Christian d'Anhalt lui promet 4000 fantassins et

1000 chevaux, au nom de l'Union et se rend à Prague pour mettre en garde Rodolphe « avec hardiesse » contre la réaction des princes protestants. Henri préparait une intervention armée de la France, et massait des troupes à la frontière de Champagne.

Ces petits duchés étaient comme la clé de voûte qui assurait l'équilibre d'une Europe au bord de la conflagration

Anhalt, Brandebourg, Anspach, Bade, Neubourg, Deux-Ponts et Wurtemberg se retrouvent à Halle, en janvier 1610. L'envoi d'une armée pour faire le siège de Juliers est confirmé. Henri IV y avait son émissaire, de Boisisse : l'intervention de la France au côté des protestants risquait de la faire attaquer par l'Espagne. En ce cas, les princes acceptèrent de venir prêter main forte aux armées françaises après avoir repris Juliers. Henri ratifia le traité de Halle en février. En mai, le Roi s'apprête à mener personnellement son armée à Juliers. C'eut été le premier acte, certes violent, du Grand Dessein que Sully avait formé.

C'est alors que, le 14 mai, Henri fut assassiné par Ravaillac. Marie de Médicis, chargée de la régence par le Parlement de Paris durant la minorité de Louis XIII, demanda à l'armée de rallier Christian d'Anhalt, sous les murs de Juliers, pour respecter les décisions de feu son époux. Le corps français descendit la Moselle, et attint Juliers le 18 août. Le siège de la ville, que les Allemands et les Hollandais avaient commencé le 28 juillet, se termina le 2 septembre. L'archiduc Léopold se retira la queue basse, signant ainsi la défaite des Habsbourg. Juliers fut attribué à Neubourg et Clèves à Brandebourg.

Ainsi Anhalt tirait les ficelles de Paris jusqu'aux frontières de la Bohème. Il avait son propre grand dessein : faire porter la couronne impériale à quelque prince calviniste ! Christian était aussi influencé par son médecin ordinaire, Oswald Croll, qui lui présentait le paracelsisme[245]comme une philosophie cohérente et complète pouvant rivaliser avec la scolastique. Le grand dessein d'Anhalt est de fédérer une Allemagne protestante, qu'elle soit luthérienne ou calviniste, et de la libérer de la tutelle des Habsbourg catholiques et de l'influence sectaire des jésuites. Il y a urgence : la Compagnie de Jésus monte en puissance au centre de l'Europe. En Bavière, Maximilien, qui avait fait ses études au Collège jésuite d'Ingolstadt, fonde, en 1609, une Ligue catholique en réponse à la formation de l'Union protestante, tandis que Ferdinand de Habsbourg, qui avait étudié au même Collège, était destiné à devenir Empereur.

Un réseau paracelsien pourrait-il jouer, en Europe du Nord, le rôle des jésuites, dans le Sud : celui d'une élite intellectuelle qui constituerait le cerveau des états protestants.

---

[245] C'est la thèse de Yates : *The Rosicrucian Enlightenment*, pp. 40, 49, 71.

Deux manuscrits circulaient entre les mains de quelques paracelsiens allemands : la *Fama Fraternitatis* et la *Confessio Fraternitatis*[246]. Il s'agissait de lancer un projet très ambitieux de « réformation universelle » (on dirait aujourd'hui de la révolution mondiale) ! On y raconte, tout d'abord, le voyage initiatique d'un certain C.R., ou Christian Rosenkreutz, qui apprit l'alchimie à Damcar, en Arabie, puis en Égypte, à Fez, et enfin en Espagne, avant de regagner l'Allemagne. Ce tour de la Méditerranée est celui que fit l'art alchimique lui-même, partant d'Iran, puis véhiculé en langue arabe jusqu'en Espagne, avant d'être « aiguisé » par le génie de Paracelse. Car c'est bien à ce maître que se réfèrent les Rose-Croix.

> « Nous devons véritablement confesser que le monde, déjà à l'époque gravide d'un grand bouleversement, ressentait les douleurs de l'enfantement ; il engendrait également des héros inépuisables et glorieux qui brisaient violemment les ténèbres et la barbarie, et que, faibles que nous étions, nous ne pouvions que contrefaire. Ils étaient la pointe du triangle de feu, dont l'éclat de flamme ne cesse d'augmenter et qui allumera sans aucun doute le dernier incendie qui embrasera le monde. Telle fut alors la vocation de Paracelse[247]. »

Les rosicruciens proclament comme erronée l'alchimie des faiseurs d'or, qui se consacrent à la transmutation des métaux. « Il faut bannir la majorité, si ce n'est la totalité, des ouvrages de ces faux alchimistes qui ne cherchent qu'à duper le public par des figures mirobolantes et des propos obscurs et occultes, en soutirant l'argent des simples[248] ». L'ambition rosicrucienne est toute autre !

Il s'agit de mettre à bas les anciens dogmes du Pape, d'Aristote et de Galien[249]. Voilà les ennemis : la religion catholique, la philosophie scolastique, et la médecine dogmatique. Les remplacer par la vraie religion et la vraie science, voilà ce qu'est la « bonne cause ». *Wir werden aber aus gutem Grund verborgene Hilfe tun* (nous soutiendrons la bonne cause en secret). *La fama et la confessio* contenaient quatre principes actifs, énoncés ci-dessous, et un excipient que l'on analysera plus tard.

1.Ce combat est donc tout d'abord celui de l'Église réformée, qui proclame la connaissance vraie de Jésus-Christ, alors que celui-ci est l'objet de sacrilèges de la part de l'Orient et de l'Occident, c'est-à-dire de Mahomet, mais aussi du Pape qui ne fait pas mieux. Déjà, les protestants s'en sont pris à la tyrannie du Pape, et l'ont chassé d'Allemagne, « le foulant au pied de la

---

246 *La Bible des Rose-Croix*, Bernard Gorceix.
247 Gorceix, *Fama*, p. 7.
248 Gorceix, *Confessio*, p. 32.
249 Gorceix, *Fama*, p. 4.

plus belle manière [250]». Paracelse a pronostiqué qu'un nouveau lion mettra fin à ses hennissements de bourrique poussés depuis Rome : ses myriades de théologiens arrêteront alors de vulgariser et prostituer la Sainte-Écriture,

2.La philosophie scolastique, tout entière contenue dans la *Somme* de Thomas d'Aquin, qui est enseignée dans les Universités, et sur laquelle se fondent toutes les sciences et les arts, est totalement déficiente et malade. Elle vit ses derniers instants. Tous les ouvrages de l'ancienne philosophie pourraient disparaître sans grande perte. Une nouvelle forteresse de la vérité doit être construite, dont le parvis sera plus grand, comme les fenêtres et les portes[251].

3.La science nouvelle pourrait être développée par les Allemands, s'ils pratiquaient des recherches sérieuses, et mettaient leurs résultats en commun. La base en est l'art médical.

4.L'Allemagne sera, d'après la *Fama*, « le terrain d'une lutte prodigieuse et périlleuse », qui l'amènera bientôt à une « profonde transformation [252] ». Les rosicruciens savent les changements qui se préparent, mais gardent, pour l'instant, le secret. Ils reconnaissent l'Empire romain, dont le souverain est celui de tous les chrétiens. Mais un nouveau gouvernement de l'Europe doit être organisé[253].

En conclusion, les Rose-Croix appellent tous les savants européens à faire parvenir leurs travaux : bien que les rosicruciens n'aient pas communiqué leur propre adresse, ils ne doutent pas que ceux-ci leur parviendront. En retour, ils prendront contact avec les auteurs dont l'art sera jugé suffisamment précis et rigoureux.

Tübingen est située sur le Neckar, en amont de Heidelberg, mais dans le duché de Wurtemberg. En 1536, y avait été fondé le séminaire évangélique destiné à former les prêtres luthériens. C'est un établissement de très haut niveau, où Kepler étudia la philosophie et la théologie, mais aussi les mathématiques et l'astronomie, avec le succès que l'on sait.

Au début du XVIe siècle, s'était constitué à Tübingen un « cercle » de juristes et de théologiens qui mirent en forme cette cause juste et extrêmement ambitieuse : la réforme générale du christianisme. C'est le volet philosophique de la cause commune conçue par Christian de Anhalt, Sully et Henri IV. Tant qu'il fallait craindre la puissance des Habsbourg, la cause devait rester secrète.

Leur doyen était Tobias Hess, qui avait étudié à Jena, Erfurt et Nuremberg, sa ville natale, avant d'obtenir son doctorat en droit à Tübingen en 1592.

---

[250] Gorceix, *Confessio* p. 26.
[251] Gorceix, *Confessio*, p. 24.
[252] Gorceix, *Fama*, p. 8.
[253] Gorceix, *Confessio*, p. 26.

C'était aussi un médecin paracelsien, bien qu'il n'ait pas étudié cette discipline à l'Université. C'est donc l'alchimiste du cercle.

Christophe Besold était lui aussi de formation juridique : il obtint son doctorat de droit en 1598. De quelques années plus jeune que Kepler, il fut son ami à Tübingen, et deviendra l'avocat de sa mère lorsque celle-ci sera accusée de sorcellerie. C'est le politique du cercle.

Le jeune Johannes Valentinus Andreae alternait études de théologie à Tübingen et voyages en Suisse, France, Autriche et Italie. C'est le poète du cercle. C'est lui l'auteur de l'excipient. Il écrira aussi *Les noces chymiques de Christian Rosenkreutz*, vides de tout principe actif, mais reconnues pour leur qualité littéraire. Leur effet placebo aura encore plus d'impact que celui des exposés originaux du projet rosicrucien.

La *Fama* et la *Confessio* n'étaient que les feuilles de route de la réforme générale, qui seraient restées confidentielles sans le génie littéraire d'Andreae. C'est lui qui sut habilement enrober de mystère la profession de foi contre le Pape, les jésuites et les Habsbourg. Selon ce nouveau mythe, le fameux Christian Rosenkreutz, de retour de son voyage méditerranéen, se retira durant cinq années, avant de fonder la Rose-Croix avec trois frères, puis bientôt sept, qui se dispersèrent dans tous les pays. Ce n'est qu'en 1604 qu'une étoile nouvelle apparut dans le ciel, dans la constellation du serpentaire[254], et que fut retrouvé le magnifique tombeau de C.-R., mort depuis 120 ans. C'était le signe, pour la confrérie, de faire appel à tous les hommes de science, pour que les meilleurs d'entre eux la rejoignent.

Elisabeth Stuart (1596-1662)
Frederick V du Palatinat (1596-1632)

Frederick IV du Palatinat décéda en 1610, à l'âge seulement de 36 ans, « des excès de la vie ». Son fils, le futur Frederick V, n'atteignit donc la

[254] C'est la supernova de Kepler.

majorité qu'en 1614. Il venait alors d'épouser Elisabeth Stuart, fille du roi d'Angleterre, Jacques 1er. Cette jeune femme de sang royal aurait dû convoler avec un roi, pourquoi pas Philippe III d'Espagne, tout juste veuf, mais elle n'acceptait pas de partager la vie d'un catholique.

Elisabeth quitta l'Angleterre le 27 avril 1613[255], et fut accueillie de l'autre côté de la Mer du Nord, à Flessingue, par l'oncle de Frederick, Maurice de Nassau, le fameux Stadhouder des Provinces-Unies. Elle passa trois semaines à visiter les Provinces-Unies, avant d'embarquer pour remonter le Rhin. Son navire se devait d'être aussi beau que la galère sur laquelle Cléopâtre suivit le cours du Cydnus pour aller à la rencontre de Marc-Antoine.

Chaque ville traversée célébrait son passage par des parades de fantassins ou de cavaliers. Elle fut escortée jusqu'à Düsseldorf par le jeune Georges-Guillaume, futur électeur de Brandebourg, qu'elle trouva d'une grande gaieté, mais fort porté sur la boisson. Enfin, elle arrivait en Palatinat. La cité de Frankenthal lui avait été offerte comme douaire[256]. Toutes les maisons étaient décorées de guirlandes. Les bourgeois s'étaient costumés en soldats de tous les pays ; femmes et enfants faisaient tomber une pluie de fleurs. Un arc de triomphe avait été dressé sous lequel trônait une statue équestre de Frederick, grandeur nature, en costume de général romain. En arrière, se tenaient deux compagnies de mousquetaires, la première étant composée de « nègres », vêtus bizarrement de jaune. Puis, on pouvait voir une peinture de Salomon et de sa femme, qui ressemblait étrangement à Elisabeth en robe nuptiale. Frederick rejoignit l'Anglaise. Ils pénétrèrent dans le château et purent admirer depuis un balcon une parade militaire composée de Romains, Maures, Perses, et archers vêtus de vert. Le soir venu, la guerre de Troie fut mise en scène, éclairée d'une centaine de lumières, et bientôt illuminée d'un magnifique feu d'artifice.

Le lendemain, le cortège princier gagna Heidelberg, où toute la noblesse protestante s'était réunie, à commencer par ses héros militaires : le comte Guillaume de Mansfeldt, et le prince de Anhalt. Une parade d'officiers multicolores, au son des trompettes, précédait le défilé des nobles allemands, tel le marquis d'Ansbach ou le magnifique duc de Wurtemberg. Bientôt, les cavaliers, tous à l'unisson, déchargèrent leurs mousquets, dont les canons pointaient en l'air.

Elisabeth n'avait jamais vu château aussi imposant que celui de Heidelberg. Elle y fut accueillie par Louise-Juliana d'Orange, sa belle-mère, accompagnée d'une douzaine de princesses. L'Anglaise put admirer l'intérieur du palais, au sol de porphyre, aux piliers dorés et aux corniches

---

255 Nous suivons les *Mémoires d'Elisabeth Stuart* (Benger).

256 En tant que douairière, elle hériterait de ce bien au cas où son époux décèderait avant elle.

incrustées de pierres précieuses. Les plafonds étaient peints de fresques et les murs tendus de tapisseries.

Frederick avait convié 5000 invités au tournoi qui se déroulait dans le Jardin Royal. Le Marquis d'Anspach était un bon candidat au premier prix, qui fut cependant remporté par le Prince d'Anhalt. Les jours suivants furent agrémentés de reconstitutions mythologiques, telle Pallas dans sa voiture tirée par des dragons, Orphée montant une licorne ou Jason et ses compagnons dressés sur le pont de leur Argos.

Ainsi avait été formée une alliance entre l'Angleterre, les Provinces-Unies, et l'un des plus puissants princes protestants d'Allemagne, devenu chef de l'Union évangélique. L'heure du « grand bouleversement » approchait.

Les rosicruciens pouvaient sortir de l'ombre : il était temps pour eux de constituer le réseau sur lequel comptait Anhalt, pour fonder philosophiquement le nouvel Empire, dont il allait, sans aucun doute, être le Premier Ministre.

La *Fama Fraternitatis* et la *Confessio Fraternitatis* sont alors publiées officiellement à Cassel, en territoire calviniste (1614-1615). Elles connurent un grand succès : la Fraternité était au centre des conversations de toute l'Allemagne savante. La *Fama* connut cinq éditions avant 1617, la *Confessio* quatre ! Plusieurs centaines de commentaires seront publiés avant 1620 !

Michael Maier (1569-1622)
Maurice de Hesse-Cassel (1572-1632)

L'assassinat de Henri IV avait poussé le calviniste Théodore de Mayerne à émigrer en Angleterre, où il devint premier médecin du roi, Jacques 1er. De même, Michael Maier, l'auteur de *l'Atalanta Fugiens*, quitta Prague après le décès de l'empereur Rodolphe, et rejoignit cette île refuge des protestants. Il y restera jusqu'en 1616. Il rentre alors en Allemagne, pour participer à la « bonne cause ». Ses relations étroites avec Christian d'Anhalt sont attestées par la dédicace de son *Viatorium, traité des sept métaux* (1618).

Maier entre comme médecin et chimiste au service de Maurice de Hesse-Cassel, un prince grand protecteur des Arts, à l'égal de l'empereur Rodolphe, au point d'être surnommé « le savant ». Il s'était converti au calvinisme en 1605, et entretenait des relations très étroites avec Henri IV, en faveur de la « cause commune ». Maurice se joint naturellement à l'Union évangélique en 1609.

Maier publie en 1617 *Silentium Post Clamores*, qui prend la défense des Rose-Croix. Il se plaint cependant de ce que nombreux sont ceux qui ont offert leurs services, mais qui n'ont été ni entendus, ni visités par quelque membre de la Fraternité. « Sans doute », leur répond Maier, qui n'a pas l'air très sûr de lui, pour beaucoup de candidats, il n'y a eu, jusqu'à présent, que très peu d'élus[257].

Maier prie donc les rosicruciens de « laisser résonner, au moins une fois en public, leur doctrine, leur esprit chaleureux et aimant, pour leur prospérité, leur bien et celui des autres. » La fameuse confrérie doit se montrer au grand jour, sinon, elle risque de décourager définitivement ceux qui voudraient la rejoindre.

L'année suivante, Maier publie encore *Themis Aurea*, qui reprend, en les confirmant, les objectifs philosophiques de la Fraternité.

Dans l'épigramme, il n'hésite pas à en faire une alternative supérieure à la philosophie d'Aristote : « C'est une école plus savante en art Aurifique que celle des portiques du Lycée (...). La Sagesse est l'unique Or auquel ces hommes de cœur aspirent. » Ici, l'ambition des R.C. est sans borne. Il ne s'agit de rien moins que d'un grand dessein philosophique : renverser l'idole scolastique, qui forme les pieds du trône papal, mais aussi de celui des Habsbourg. Il faut donc constituer une Société, aujourd'hui, nous dirions un réseau, de philosophes, qui serait le contrepoids de la *Societas Jesu*. Bien entendu, il fallait avancer masqué.

Maier, par ses anciennes fonctions impériales, sait le pouvoir dont le médecin jouit auprès des grands de ce monde « quand il leur ordonne ce qu'ils ont à faire et à ne pas faire, chose qui n'est pas à la portée des conseillers juridiques, même auprès des plus grands princes ou de sa majesté l'Empereur[258]. » Ceci explique que la première loi de la Fraternité ne permet qu'aux médecins d'en devenir membres. La médecine y jouera le rôle de la théologie chez les jésuites.

C'est bien de médecine paracelsienne qu'il s'agit. Par les signatures (*characterismum*), les membres de la Fraternité connaissent la force cachée, occulte, de chaque plante (*simplicis*). Le Frère ne doit pas mélanger celle qui doit rester simple avec quantité d'autres, qui altèreraient sa qualité première[259]comme le ferait un galéniste. L'usage de ces plantes doit être confirmé par le médecin lui-même, sur la base de sa propre expérience, alors

---

[257] Maier, 1617, p. 77.
[258] Maier, 1618, p. 45.
[259] Maier, 1618, p. 52.

que les dogmatiques appliquent strictement et uniquement le *Plaetarius* [260] de l'école de Salerne (XIIe siècle), sans même se soucier de l'efficacité du traitement.

Mais cet art ne doit pas être destiné qu'aux princes. Les Frères (*Fratres*) doivent rendre service au plus grand nombre, soigner les malades gratuitement, consoler les affligés, aider les pauvres de leurs aumônes[261]. En bons chrétiens, ils doivent œuvrer au bien de tous.

Les Rose-Croix tardaient donc à se découvrir. Étaient-ils frileux d'affronter les jésuites ? Attendaient-ils la révolution politique pour apparaître au grand jour ?

L'empereur Matthias vieillissant confie le trône de Bohème à Ferdinand de Habsbourg, l'ancien élève des jésuites (19 juin 1617)[262]. Dès les mois suivants, le changement de politique à l'égard des protestants se fait sentir. Certains de leurs biens ecclésiastiques sont restitués au clergé catholique. Des luthériens sont démis de leurs charges civiles. Les constructions de chapelles protestantes sont interrompues. Les États de Bohème (assemblée) ayant élevé une protestation, sont dissouts. Le comte Heinrich von Thurn, à la tête des contestataires, est démis de son titre de burgrave du château de Karlstein, qui lui avait été attribué par Rodolphe pour ses victoires sur les turcs.

Ferdinand, qui régnait depuis Vienne, avait nommé dix régents pour gouverner la Bohème. Le 23 mai 1618, ils devaient rencontrer les membres des États au château royal, le Hradschin de Prague. Deux d'entre eux, ainsi que leur secrétaire, furent passés par la fenêtre, une chute à laquelle ils survécurent. Selon les catholiques, ils avaient été sauvés par la Vierge Marie, selon les protestants, par un tas de fumier.

Les États de Bohème nomment alors leurs propres gouverneurs, confient une armée au comte von Thurn, et bannissent les jésuites du Royaume. De son côté, le prince Frederick V du Palatinat envoie une force de 4000 hommes sous le commandement du général Ernst von Mansfeld : elle fait le siège de Pilsen, où s'était constituée la résistance catholique, et prend la ville le 21 novembre. La promptitude de Frederick à voler au secours des protestants de Bohème, contre les Habsbourg, montre qu'il ne demandait qu'à en découdre avec le « parti espagnol ». La prise de Pilsen est-elle le premier acte de la Grande Réformation ?

En Autriche, l'Empereur Matthias forme une armée qu'il place sous les ordres du général Bucquoy et envoie prendre Prague. Mais les forces de Bohème furent capables d'arrêter son avancée au sud du pays.

Les rebelles proposent à Frederick la couronne de Bohème. Les conseillers du prince palatin, Anhalt, toujours à la manœuvre, le comte Johann Albrecht

---

260 Ouvrage décrivant les plantes et leur usage médicinal selon la doctrine de Dioscoride.

261 Maier, 1618 p. 63.

262 Nous suivons *The Winter King* de Pursell, p. 45 sqq.

von Solms et Ludwig Camerarius, sont unanimes : il faut accepter. Mais Frederick hésite, sachant qu'une telle décision ferait de lui l'ennemi de la Ligue catholique, des Habsbourg d'Espagne, de ceux d'Autriche et du Pape. Plus de la moitié de l'Europe. L'Angleterre, les Provinces-Unies, et même l'Union protestante accepteraient-elles de s'engager dans une telle aventure ?

La bataille de Sablat (1619)

Son beau-père, Jacques, n'était pas prêt à intervenir militairement ; quant à l'Union protestante, elle décide, en assemblée à Rothenburg, de ne pas se lancer dans une guerre de religion « universelle ». Les affaires de Bohème ne doivent pas exposer l'Allemagne à un tel risque militaire.

Au contraire, dans l'autre camp, les Habsbourg d'Autriche, en difficulté sur le plan militaire, font appel à Philippe III d'Espagne, qui met à leur disposition 2000 cuirassiers wallons, sous le commandement de Henri du Val, comte de Dampierre. Une armée d'élite. Après le rude hiver, la guerre reprend au sud de la Bohème, et c'est donc les impériaux qui remportent la bataille de Sablat (10 juin 1619).

Matthias avait quitté ce monde le 20 mars 1619 : l'été suivant devait voir deux élections. Celle du nouvel Empereur et celle du roi de Bohème. Dans l'attente, Frederick était à Amberg, capitale du Haut-Palatinat, voisine de la Bohème, et organisait son armée, en compagnie du marquis d'Ansbach et d'Anhalt. Fin août, les États de Bohème déposent leur roi, Ferdinand, et élisent Frederick à une écrasante majorité. Au même moment, Ferdinand de Habsbourg est élu Empereur des Romains à l'unanimité. Il avait paradoxalement obtenu la voix du Palatin, qui se contentait du trône de Bohème, d'autant plus que, de toute façon, les six autres électeurs avaient fait le choix de la prudence.

Le couronnement eut lieu à Prague le 4 novembre 1619 ; Frederik était accompagné de son épouse, de son frère, Louis, du duc de Wurtemberg, et de l'incontournable Anhalt. L'accueil du couple royal fut le plus chaleureux qu'ait jamais fait la Bohème, le peuple signifiant ainsi qu'il avait lui-même choisi son monarque, et qu'il se sentait assuré des libertés religieuses[263].

Frederick s'était fait accompagner de son propre prédicateur, Abraham Scultetus, une sommité du calvinisme, qui prononça dans son sermon : « C'est par la providence de Dieu que je suis ici, en votre cathédrale, et que vous avez élu Frederick ; n'est-ce pas un miracle que d'avoir un roi évangélique, ici même, en Bohème[264] ? » Il avait joué un grand rôle dans l'acceptation du trône par son prince, le persuadant que Dieu lui avait confié la plus haute destinée. Cependant, le comte von Thurn mit en garde Frederick contre les excès du réformé : ce devait être l'Administrateur des Hussites de Bohème qui déposerait la couronne sur la tête royale. Elisabeth fut elle-même couronnée deux jours plus tard, elle aussi en la cathédrale Saint-Guy.

Néanmoins, Frederick convertit la cathédrale en église calviniste. Les images, les autels, les crucifix, les reliques en furent retirés, et le service calviniste célébré. À Noël, le roi rompit le pain, devant une assistance désapprobatrice. Il se retint cependant d'abattre les statues de la Vierge et de saint Jean qui bordaient le pont sur la Moldau[265].

Mais Frederick n'obtenait, dans son aventure, le soutien militaire ni de l'Angleterre, ni de l'Union. Seuls les Pays-Bas lui envoyèrent une armée de 1500 hommes. De plus, les États de Bohème durent faire face à une mutinerie de leurs mercenaires, qui n'avaient pas été payés depuis plusieurs mois[266]. Ils durent confisquer des biens et saisir l'or des monastères de Prague.

Dans l'autre camp, le très catholique duc de Bavière, Maximilien, lève une armée de 20 000 hommes, dont il confie le commandement au comte de Tilly, qui se joint aux impériaux de Bucquoy. Pire encore, durant l'été 1620, 25 000 soldats quittent les Pays-Bas espagnols, sous le commandement du général Spinola, pour gagner le Palatinat, avec l'assurance que l'Angleterre n'interviendra pas ! Ils prirent Kreuznach, Oppenheim et Bensheim dès septembre.

---

263 Benger, p. 318 sqq.

264 Les habitants de Bohème croyaient, pour nombre d'entre eux, en leurs propres religions issues de la doctrine de Jean Hus (1369-1415), et pour d'autres en les différentes religions du reste de l'Europe (catholicisme, luthérianisme et calvinisme).

265 Actuel pont Charles.

266 Pursell, p. 107.

La bataille de la Montagne Blanche (1620)

Le destin de la Bohème devait être scellé avant l'hiver. Bucquoy et Tilly sont aux portes de Prague, que défend Anhalt, personnellement à la tête des armées protestantes. Il allait ainsi jusqu'au bout de ses idées, même au péril de sa vie. La bataille se déroula sur les hauteurs de la Montagne Blanche (*Bila Hora*), à l'ouest de la capitale. Elle ne dura que quelques heures (8 novembre 1620). Le soir même, lorsque Frederick, qui avait passé la journée au Hradschin, se rendit sur les lieux, il vit ses armées refluer. Le lendemain, il prit la fuite avec sa famille, abandonnant sa couronne, son sceptre ainsi que tous les bijoux lui ayant appartenu. C'était le Roi d'un Hiver ! Il se refugiera bientôt en Hollande, accueilli par le prince d'Orange, son oncle.

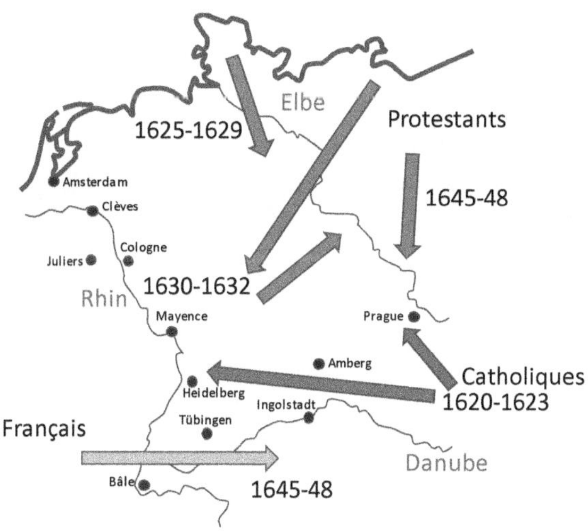

La guerre de Trente ans. Turenne traverse le Rhin en 1644 et gagne la bataille décisive de Zusmarshausen contre les bavarois en 1648.

La guerre qu'il avait déclenchée dura, quant à elle, trente années. Une guerre effectivement « universelle », pendant laquelle les mercenaires mettaient villes et villages à feu et à sang, et dans laquelle plongèrent le Danemark et la Suède luthériens, mais aussi la France. En 1636, les Espagnols arrivèrent aux portes de Paris, puis les batailles se succédèrent dans la Somme, l'Artois (prise d'Arras par les Français en 1640), les Ardennes (Rocroi, 1643, cinq jours après la mort de Louis XIII) et les Flandres, avec la victoire décisive du Grand Condé à Lens (1648).

Le Traité de Westphalie (1648) met fin à cette guerre européenne, mais les combats se poursuivent entre la France et l'Espagne, jusqu'à la bataille des Dunes, qui valut à Louis XIV sa dose d'antimoine. La France, suite à cette victoire, annexe l'Artois et le Roussillon (Traité des Pyrénées, 1659).

Chapitre 6

Jean-Baptiste van Helmont

Jean-Baptiste van Helmont (1579-1644) naquit à Bruxelles, en Pays-Bas espagnol, en 1579. Il fit des études de philosophie et de médecine à l'Université de Louvain. Une aventure personnelle le fit douter de la médecine galénique. Il avait contracté la gale en serrant la main d'une dame[267]. Deux médecins de la ville diagnostiquèrent une cholere (bile) brûlée ou « aduste », ainsi qu'un phlegme salé : c'était donc une maladie de foie. Leurs prescriptions laissèrent van Helmont dans un état critique. Helmont comprit qu'il s'agissait d'une maladie de peau, et se soigna en trois mois avec un onguent de soufre : un traitement qu'il avait emprunté à Paracelse !

Il voyagea donc en Europe pour apprendre la vraie médecine : Suisse, Italie, Angleterre, et revint aux Pays-Bas en 1605, en pleine épidémie de peste. Il comprit que le médecin était investi d'une mission divine : « il doit préparer ses dons, par la grâce de Dieu, pour la santé de son Prochain ; la compassion doit être son guide ; la vérité doit être en son cœur, et la connaissance en son esprit ; la Charité doit être sa sœur, et la miséricorde doit éclairer son chemin... ».

Van Helmont était un traître à la médecine galénique, à la scolastique, lui qui était pourtant fervent catholique ! Comme Galilée, il devait donc être la cible des censeurs qui sévissaient dans l'Europe bien-pensante. Le prétexte en fut son traité *De magnetica vulnerum curatione (Du traitement magnétique des plaies)*. Il s'immisçait dans une controverse entre l'Allemand Rudolf Goclenius et le jésuite Jean Roberti. Le premier soutenait l'efficacité de l'onguent armaire. Croll avait décrit cette pommade, ainsi que son usage, sous le nom « d'onguent sympathique de Paracelse ». Il guérit les plaies à distance, par onction de l'instrument les ayant produites. « Ce n'est pas de la magie noire, comme le croient certains sots et ignorants, mais il possède une vertu attractive et aimantée causée par les Astres, laquelle par la médiation de l'air

[267] *Biographie de van Helmont*, Stanley Redgrove, p. 25.

est attirée sur la plaie, et se joint à elle de manière à ce que l'opération spirituelle fasse son effet[268]. »

En 1609, Rodolphe Goclenius, professeur à l'université de Marburg, publie un *Tractatus de magnetica vulnerum curatione*, qui explique l'effet de l'onguent par le magnétisme, un concept devenu très à la mode depuis les travaux de l'Anglais William Gilbert (1600). Ainsi, le très sérieux Kepler, dans son *Astronomia Nova* (1609, chapitre 34), se base sur les travaux de Gilbert, qui font de la Terre un grand aimant, pour attribuer des fibres magnétiques au Soleil, qui sont à l'origine des mouvements planétaires. Le magnétisme était alors considéré comme la base physique de toute force s'exerçant à distance.

Le paracelsien fut violemment pris à partie par le jésuite Jean Roberti, qui enseignait les Saintes-Écritures à Trèves : le fameux onguent n'était que magie noire.

Van Helmont ne nie pas l'existence de la magie noire. Une femme enceinte effrayée par une souris, d'effroi se touche une partie du corps, et engendre dans le fœtus une souris à l'endroit même qu'elle a touché[269]. De même, une sorcière, inspirée par le Démon, peut transférer, par son seul désir, son venin à l'être qu'elle veut ensorceler. C'est ainsi que le Démon, qui ne peut pas agir par lui-même, auquel cas il perdrait tous les mortels, utilise des femmes comme intermédiaires. Elles enchantent des objets avant de les enterrer sous le seuil des portes, où ils déchargent sur les premiers qui entrent toute la malice vénéneuse qu'ils contiennent. Cette action sympathique est la même que celle par laquelle le vitriol de l'onguent armaire guérit les plaies à distance.

Ce n'est pas parce que les moyens sympathiques sont utilisés par les ministres du Démon qu'ils doivent être diffamés. Au contraire, n'a-t-on pas vu des aiguilles ou des arêtes de poissons, qui avaient été avalées, sortir du corps après avoir traversé l'estomac, puis les différentes membranes, sans faire le moindre mal, ni laisser la moindre plaie. De même encore, on a vu des femmes qui avaient assisté à la décapitation de criminels accoucher d'enfants sans tête, le cou encore sanglant[270]. Tel est le pouvoir de l'imagination.

Ceux qui ont été frappés de ces maléfices peuvent être guéris par des remèdes ecclésiastiques, mais aussi par des simples à qui Dieu a donné de telles vertus. L'*Electrum mineral immaturum* de Paracelse porté en pendentif délivre de l'ensorcèlement : c'est ce que nous dit son auteur. Même chose pour le corail rouge et sa teinture.

Des actions sympathiques par lesquelles des objets éloignés agissent l'un sur l'autre peuvent aussi être observées dans la nature. Le vin se trouble dans

---

268 Crollius, p. 205.

269 Van Helmont, p. 283.

270 Van Helmont, p. 286.

les tonneaux quand les vignes sont en fleurs[271]. Il en est de même de la bière, dans un tonneau bien bouché, alors que les orges fleurissent dans les champs. Ou encore les envies des femmes qui sont empreintes dans la chair de leurs bébés : ces cerises ou ces fraises changent de couleur comme en imitant les vrais fruits.

Pour ce qui est des remèdes sympathiques qui guérissent les plaies ou résorbent le pus, leur effet n'est pas dû aux Astres de Paracelse, mais à la volonté de celui qui les applique, d'autant plus qu'il le fait avec charité et amour.

Pour van Helmont, la vertu de l'onguent n'est ni magique, ni astrale : son magnétisme, un ajustement (*coaptatio*) occulte, est purement physique, comme chez William Gilbert. Et ce magnétisme peut être mobilisé par l'imagination de l'homme : « il y a en l'homme une énergie, qui par la seule volonté et l'imagination, peut agir en dehors de lui et imprimer une vertu et une certaine influence, agissant et persévérant ensuite par elle-même, sur un objet très lointain » (*De magnetica*). Ce magnétisme a son siège dans le sang. C'est lui qui explique les effets du suaire de Paul : « on appliquait sur les malades des linges ou des mouchoirs qui avaient touché son corps, et les maladies les quittaient, et les esprits malins sortaient » (Actes 19). La transpiration qui imprègne le suaire de saint Paul serait donc un onguent magnétique (*Tractatus de magnetica*). De même, l'étole de saint Hubert, le patron de la ville de Liège, qui protégeait ceux qui avaient été mordus par un animal enragé, agissait par onguent magnétique.

Roberti alerte les autorités théologiques et médicales de Louvain qui censurent l'ouvrage (1624). Puis, l'Inquisition d'Espagne ordonne une instruction pour hérésie, qui aboutit aux interrogatoires de van Helmont en 1627 et 1630. Il est arrêté en 1634, interrogé, puis assigné à résidence : « Ce livre est rempli d'une quasi infinité d'exemples pris au domaine de la magie diabolique, qui sont présentés comme naturels (...). Il recouvre tout de ténèbres à tel point que l'on ne peut distinguer l'opération de Dieu, de celles de la nature et du diable[272]. »

Van Helmont était d'une famille de grande noblesse brabançonne, qui fit appel de la sentence. Il fut exempté de toute peine. Un peu plus tard, Galilée sera condamné à la prison par le Saint-Office, et contraint à abjurer ses erreurs et hérésies.

Pour van Helmont, l'histoire de la médecine dogmatique est celle d'arrivistes, comme Galien, qui s'appropria la gloire due à Hippocrate et Dioscoride, pour énoncer des théorèmes que l'école de Médecine révère encore avec superstition, bien qu'il s'agisse d'une science de païens[273]. Il s'en

[271] Van Helmont, p. 327.
[272] *Citation à comparaître de 1630*, citée par Halleux, p. 1071.
[273] Van Helmont, p. 39.

suit les saignées, les purgatifs, les bains, les cautères qui n'ont pour effet que d'affaiblir le malade. Aussi, le premier venu, suivant sa seule expérience, guérit en peu de temps ce que toute la théorie des Médecins avait déclaré comme incurable. Ceux-ci ne devraient-ils pas simplement admettre que toutes leurs hypothèses sont fausses.

La médecine n'est pas une science comme les autres : les païens ont pu créer correctement l'Histoire, les Mathématiques, la Logique, l'Astronomie. Mais la Médecine, puisque c'est une science de l'Homme, nécessite la connaissance de Dieu, et même un don de Dieu. Ainsi, les Écoles ont pâti du fait qu'Aristote ait fait de la Logique la mère de toutes les sciences. Or, la Logique seule ne peut nous apprendre que ce qui existe déjà en nous. La Logique nous conduit à la confusion et à l'erreur, car l'un de ses principes est la division du tout en ses parties, afin de le connaître. Or, la connaissance du Tout est antérieure à celle des parties, il est compris dans l'entendement, alors que les parties le sont par les sens[274].

La philosophie de Paracelse est-elle meilleure ? Ses trois principes, Soufre, Sel et Mercure, ne peuvent être les composants ultimes de la matière, car il y a tant de diversité dans la nature que chaque « espèce » doit avoir sa propre semence[275]. Les vrais principes des corps ne peuvent être que l'eau, qui est le principe matériel, et le ferment, qui est le principe séminal. Ainsi, la plante qui produit la semence est la cause naturelle, nécessaire mais pas suffisante, de la plante qui va naître[276]. Les matières minérales sont aussi issues de leur propre semence : la Terre est empreinte de semences métalliques, qui transforment l'eau en différents minéraux.

Van Helmont pense montrer, par une expérience restée célèbre, que tout végétal tire sa matière de l'eau : « Il prit un grand vase, dans lequel il mit 200 livres de terre desséchée au four qu'il humecta d'eau de pluie[277]. Le vaisseau était recouvert d'une lame de fer blanc percée de trous, qui ne laissaient passer que l'eau de pluie ou l'eau distillée quand nécessaire. Puis il y planta un tronc de saule, qui pesait cinq livres ; cinq années plus tard le saule qui avait poussé en ladite terre fut arraché : il pesait alors 169 livres et 3 onces (...). Il fit ressécher la terre, qui n'avait perdu que 2 onces. Donc 164 livres de bois, d'écorce et de racines avaient été produites par de l'eau seule. »

Van Helmont aurait pu être le Galilée de la physique. Le célèbre pisan mesurait la chute des corps au moyen d'une clepsydre dans laquelle l'eau s'écoule lentement d'un vaisseau supérieur vers un flacon inférieur au travers

274 Van Helmont, p. 46. La méthode exposée ici par van Helmont est opposée à celle de Descartes : « diviser chacune des difficultés en autant de parcelles qu'il serait requis pour les mieux résoudre ».
275 Van Helmont, p. 59.
276 Van Helmont, p. 58.
277 Van Helmont, p. 101.

d'un petit orifice. Dès le XIIIe siècle, Vitellion avait mesuré l'angle de réfraction d'un rayon lumineux passant de l'air au verre. Mais personne n'avait encore introduit de mesure en chimie, ce qu'Helmont fut l'un des premiers à réaliser. Son instrument était la balance.

Malheureusement, la chimie, et en particulier la chimie organique, est beaucoup plus complexe que la cinématique d'une bille métallique. L'équation simplifiée de la photosynthèse est :

$$2n\ CO_2 + 2n\ H_2O + lumière \rightarrow 2\ (CH_2O)n + 2n\ O_2$$

Effectivement, l'eau en est un des réactifs, l'autre étant le gaz carbonique de l'air, qui entrait, lui aussi, par les trous du couvercle. La réaction produit des glucides et de l'oxygène. Si van Helmont a fait progresser la chimie, sa compréhension de ses mécanismes était encore archaïque.

Le charbon de bois, et généralement tous les corps qui ne se transforment pas immédiatement en eau, dégagent en brûlant un certain esprit sauvage (*spiritum sylvestrem*). Par exemple soixante-deux livres de charbon de bois consumé ne laissent guère plus d'une livre de cendres[278]. Donc les soixante et une livres restantes ne sont que cet esprit sauvage, jusqu'à présent inconnu, et que van Helmont nomme *Gas* (de l'allemand *gahst* – esprit – *geist*) : il ne peut être ni enfermé dans un récipient, ni rendu visible.

C'est donc van Helmont qui découvrit la notion de gaz, et identifia le gaz carbonique comme produit de la combustion du carbone : $C + O_2 \rightarrow CO_2$ *(dioxyde de carbone).*

Ce « gas » se trouve comme fixé ou coagulé dans les corps qui le contiennent, et l'action d'un ferment le fait sortir, comme dans la fermentation du pain, du vin, de l'hydromel, ou du cidre. Les raisins entiers sèchent et se conservent. Mais si la peau des grains est déchirée, ils reçoivent rapidement le ferment bouillonnant qui est un principe de transmutation (transformation). Le jus de raisins, de pommes, de baies, l'hydromel commencent à bouillonner dès qu'ils ont acquis du ferment, et alors le « gas », ou esprit sauvage, est expulsé. Cet esprit sauvage n'est pas l'esprit du vin prêt à être bu (éthanol), mais un « gas » furibond quand le vin est encore bouillonnant dans les cuves de fermentation, et qui étouffe ceux qui le respirent profondément.

---

278 Van Helmont, p. 99.

Il peut provoquer l'asphyxie de ceux qui travaillent dans les caves de fermentation où l'on prépare vin ou bière. Van Helmont a reconnu que c'est le même gaz carbonique qui est produit par la fermentation alcoolique ($C_6H_{12}O_6 \rightarrow 2\ C_2H_6O + 2\ CO_2$).

Ce « gas » explique aussi l'explosion de la poudre à canon, qui est composée de salpêtre, de soufre et de charbon. Lorsqu'on les mélange et les enflamme, aucun vaisseau ne résiste au même « gas » qui se produit alors.

Effectivement, la combustion de la poudre à canon libère instantanément une grande quantité de gaz qui procure à la poudre sa vertu explosive :

$$2\ KNO_3 + 3\ C + S \rightarrow K_2S + 2\ CO_2 + N$$

Chapitre 7

L'illustre Robert Boyle

« J'ai montré la source de l'erreur fondamentale de l'alchimie dans les théories philosophiques de Platon et d'Aristote sur la constitution de la matière. » *La Chimie dans l'Antiquité et au Moyen Âge.* Marcellin Berthelot.

« Il faut se garder de permettre à l'entendement de sauter, de voler, pour ainsi dire, des faits particuliers aux axiomes qui en sont les plus éloignés, et que j'appellerai généralissimes, tels que sont ceux qu'on nomme ordinairement les principes des arts et de toutes choses, de les regarder aussitôt comme autant de vérités immuables, et de s'en servir pour établir les axiomes moyens, ce qui serait très expéditif. Et c'est ce qu'on a fait jusqu'ici, l'entendement n'y étant que trop porté par son impétuosité naturelle et étant d'ailleurs de longue main accoutumé, dressé à cela même par les démonstrations syllogistiques (...)

Ce qu'il faut pour ainsi dire attacher à l'entendement, ce ne sont point des ailes, mais au contraire du plomb, un poids qui comprime son essor. » Francis Bacon, *Nouvel Organum*, livre premier, CIV.

Francis Bacon (1561-1626).

L'Angleterre n'avait connu ni l'Inquisition, comme en Espagne, ni les Guerres de Religions, comme la France, ni la dévastation de son territoire, comme l'Empire germanique. Si elle avait rompu avec le Pape, ce n'était pas pour des raisons doctrinales, mais pour les intérêts de son monarque, Henri VIII, qui voulait annuler un mariage devenu stérile, afin d'épouser sa maîtresse. La fille née de cette seconde union, Elisabeth 1ère, sut éviter les conflits religieux durant son long règne (1558-1603).

Le Chancelier Francis Bacon ébauche, dès 1605 (*The Advancement of Learning*), « la méthode qui devrait permettre le progrès des savoirs ». Il précise celle-ci en 1620, dans son *De novum organum scientiarum*, considéré aujourd'hui comme l'exposé fondateur de la méthode scientifique moderne, basée sur l'expérimentation.

Bacon avait fait ses études au Trinity College de Cambridge. Il devint parlementaire, attorney général et enfin Lord Chancellor sous Jacques 1er. En 1621, il fut condamné pour corruption.

Il critique l'approche des Écoles, tout autant que celle de Paracelse. Les scolastiques médiévaux étaient des esprits enfermés dans les cellules de monastères et de collèges, qui n'alimentaient leur grande intelligence que par un nombre très restreint d'ouvrages, particulièrement d'Aristote[279]. Tels de besogneuses araignées, ils tissèrent des toiles d'une délicatesse admirable, mais constituées d'une substance insignifiante. Ainsi, les écrits d'Albert le Grand, ou d'auteurs arabes, comme Avicenne, sont basés sur des allégations invérifiables, et le plus souvent totalement fausses.

Ces grands maîtres de l'alchimie cachaient par des écrits énigmatiques la tromperie et la fatuité de leurs travaux. Il faut cependant reconnaître qu'ils sont semblables au paysan d'Esope, « qui, sur son lit de mort, dit à ses fils qu'il leur avait laissé de l'or, enfoui dans le sol du vignoble. Ils creusèrent tout le terrain sans trouver d'or. Mais, comme ils avaient remué et retourné le terreau autour des racines des vignes, ils profitèrent d'une belle vendange l'année suivante[280]. » Ainsi, les chimistes ont construit une philosophie imaginaire et d'une portée fort restreinte, car elle n'était basée que sur quelques expériences réalisées dans leurs fourneaux[281].

Par cette méthode intellectualiste, les philosophies d'Aristote, de Démocrite ou d'Hippocrate, qui étaient brillantes à leur époque, ont été dégradées et corrompues. Au contraire, les arts mécaniques, grossiers à leur origine, se sont développés et affinés au cours du temps. Ainsi en est-il de l'artillerie, la navigation ou l'imprimerie. « Inventer, c'est découvrir ce que

---

279 Bacon, 1605a, p. 34.

280 Bacon, 1605a, p. 39. Bacon est bien sévère au regard de tous les produits dont la préparation est décrite dans Béguin.

281 Bacon, 1620, p 18. Effectivement, la « philosophie » des alchimistes est bien « imaginaire », malgré le nombre d'expériences qu'ils ont réalisées dans leurs fourneaux.

nous ne connaissons pas, et non retrouver ou proclamer ce que nous savons déjà[282]. »

La méthode « intellectualiste » doit être délaissée au profit de l'étude de la nature, et de l'apprentissage par l'expérience.

Quant à l'école de Paracelse, elle prétend trouver toutes les vérités de la philosophie naturelle dans les Écritures. Pour elle, l'imagination de l'homme peut atteindre la puissance de la Foi, et faire des miracles, en opérant sur des corps autres que celui de la personne qui imagine. Or, il faut distinguer la théologie sacrée fondée sur le Verbe, des connaissances enseignées par les lumières de la Nature. Et ce n'est que pour ce qui concerne la Foi et la religion que notre imagination peut s'élever au-dessus de notre raison.

Bacon définit ainsi la nouvelle méthode : « La voie qui permet la recherche et la découverte de la vérité tire les lois de l'expérience et des faits, en s'élevant progressivement et sans secousse jusqu'aux principes les plus généraux qu'elle atteint en dernier lieu ; on ne l'a jamais pratiquée[283]. » La science doit procéder ainsi par induction (*inductio*), à l'inverse de la méthode aristotélicienne, qui établit des principes généraux sans consulter l'expérience. Enfin, la connaissance devient parfaite lorsque les mathématiques viennent finaliser les travaux de la physique[284].

Dans la deuxième partie de son *Novum Organum*, Bacon décline sa méthode avec relativement peu de bonheur. Son analyse des principes de l'alchimie est juste, mais reste superficielle : les corps extraits de la distillation ne faisaient pas partie auparavant du composé, mais sont produits ou ajoutés par la chaleur[285]. Ainsi, la vapeur s'élevant par l'ébullition de l'eau n'était pas contenue dans le liquide avant qu'on le chauffe, mais elle est l'ouvrage du feu, qui fait dilater le liquide.

L'analyse des corps doit donc être faite par la raison et l'induction reposant sur des expériences, plutôt que par le feu. Il faut abandonner Vulcain pour Minerve[286].

Quelques exemples de ses conceptions de la chaleur :

-L'eau forte de soufre ou de vitriol produit les effets de la chaleur en brûlant le linge,

-L'esprit de vin aussi : un morceau de pain qu'on y plonge devient un pain grillé,

---

282 Bacon, 1605a, p. 167.
283 Bacon, 1620, p. 9.
284 Bacon, 1620, p. 82.
285 Bacon, 1620, p. 81.
286 Van Helmont sera le premier à suivre ce précepte, imaginant une expérience d'un nouveau type, sans l'usage du fourneau.

-On peut se demander si la tiédeur de la laine, des peaux ou des plumes provient de la petite portion de chaleur issue de l'être vivant dont ces tissus sont extraits,

-La chaleur animale s'accroît avec l'exercice, le vin, la bonne chère, les plaisirs de l'amour ou les fièvres,

-Le Soleil est plus chaud lorsqu'il se trouve dans les régions du ciel où sont le plus grand nombre d'étoiles,

-Le mouvement augmente la chaleur comme on le voit à l'action des soufflets de forge, ou même au souffle de nos bouches.

Sa conclusion est cependant prémonitoire : « la chaleur est un mouvement expansif, combattu, et qui opère dans les molécules des corps[287]. »

Gaston Bachelard considère que les conceptions scientifiques de Bacon sont tout aussi fausses que celles d'Aristote, alors que le philosophe anglais est souvent considéré comme le père de la méthodologie moderne[288] : « La méthode de Bacon cesse d'être incompréhensible quand on se rappelle qu'il est juriconsulte et juge, et que, par suite, il applique à la nature les procédés d'une enquête civile et criminelle[289]. » L'usage de ses tables d'observations naturelles (comme ci-dessus dans l'exemple concernant la chaleur) eut une influence néfaste sur les progrès de la science durant plus de 150 ans.

Andreae, à la grande époque du cercle de Tübingen (1610), avait visité Genève, république calviniste depuis 1541. Il y avait été impressionné par la pureté morale : point de blasphèmes, de jeux d'argent, de luxure, de bagarres. Chaque semaine, le commissaire de quartier examine toutes les incivilités, et remonte les plus sérieuses à l'échevin, voire au juge[290].

Andreae fit voyager le lecteur dans une **république** idéale : *Christianopolis* (1619). Cette société est fondée sur la crainte de Dieu et l'amour de son prochain. L'héritage y est aboli, si bien que les plus hautes fonctions sont attribuées aux plus méritants. La conduite de l'État y est assurée par ceux qui ont reçu leurs dons par un choix du Ciel. Ils gouvernent plus par l'exemple que par le son de leur voix. La domination y est remplacée par la communion fraternelle. On n'y trouve point de monarque, qui pourrait se comparer au Christ. Le pouvoir est assuré par un triumvirat assisté de son sénat. L'économe d'état distribue les vivres à chacun en quantité égale, et chacun reçoit sa juste part des richesses produites. On n'y voit donc pas les uns mourir de faim, et les autres nager dans la surabondance jusqu'à en avoir la nausée.

---

287 Bacon, 1620, p. 112.

288 Bachelard, p. 67.

289 Bachelard, p. 71.

290 *Vita*, citée par Felix Emil Held, dans sa traduction (1916) du *Christianopolis d'Andreae*, p. 27.

On trouve à Christianopolis un laboratoire de chimie, doté des meilleurs fourneaux, où l'on sépare et réunit les matières. Ce n'est point le lieu des charlatans, mais celui des serviteurs de la nature. On y étudie les propriétés des métaux, des minéraux et des végétaux, que l'on purifie, fait croître et assemble pour le bénéfice et la santé des habitants. On y découvre les mystères divins imprimés dans le livre de la Nature, en remettant en cause les conceptions des Anciens.

Ainsi, l'utopie d'Andreae est une société égalitaire, assise sur les valeurs fondamentales du christianisme.

En 1622, Bacon publie sa propre version d'un monde parfait : *La Nouvelle Atlantide*. Comme chez Andreae, des voyageurs occidentaux échouent sur une île inconnue, où subsiste une civilisation extrêmement avancée. Tous les exégètes s'accordent à voir une filiation du rosicrucien vers le philosophe anglais.

Le flambeau de ce **royaume** est « la Maison de Salomon, consacrée à l'étude des œuvres et des créations de Dieu[291] ». Les arts y sont plus développés que partout ailleurs. Dans des grottes souterraines, on coagule, solidifie ou réfrigère les corps ; on produit artificiellement de nouveaux métaux, dont certains sont utilisés comme médecines ; on fait croître des composts qui rendent les terres plus fertiles ; on fait infuser des plantes, pour obtenir l'Eau de Paradis qui prolonge la vie ; on fait naître de nouvelles espèces de vers, d'insectes ou de serpents à partir de simples matières putréfiées ; on sait même fabriquer des machines qui permettent « dans une certaine mesure » de voler dans les airs. On y sait prédire les maladies, les famines, les tempêtes, les tremblements de terre, ou le passage des comètes…

Aussi les inventeurs sont-ils comblés d'honneurs : on leur dresse des statues. L'organisation de la recherche scientifique y est la suivante[292] : (1) Ceux que l'on appelle les Flambeaux proposent des expériences inédites qui doivent permettre de percer de nouveaux secrets de la Nature. (2) Les Greffiers réalisent ces expériences et en font le compte-rendu. (3) Enfin, les Interprètes de la Nature en généralisent les résultats en axiomes et aphorismes. Telle est bien résumée la méthode baconienne.

La Nouvelle Atlantide est un royaume fondé sur l'avancement des sciences, mais Bacon, à la différence du rosicrucien, n'en fait pas un lieu de progrès social. Inversement, le Chancelier insistait sur l'influence négative des conditions idéologiques et sociales sur le progrès des sciences : « si pendant beaucoup de siècles les esprits n'avaient été absorbés par la religion et la théologie ; si les gouvernements et surtout les monarchies, n'étaient pas ennemis des nouveautés, à tel point que les hommes ne peuvent s'y appliquer

---

[291] Bacon, 1627, p. 104.

[292] Bacon, 1627, p. 130.

qu'à leurs risques et périls, n'en retirant aucun fruit, mais au contraire exposés par là même au mépris et à la haine, on aurait vu naître, sans aucun doute, bien d'autres sectes de philosophies, semblables à celles qui fleurirent autrefois dans la Grèce avec une grande variété[293]. » Pour notre philosophe moderne, c'est donc bien la religion et le système politique absolutiste qui empêchent le développement de la Pensée depuis l'effondrement de la civilisation grecque. Ainsi, ni les Romains, ni les Arabes, ni les Modernes n'ont apporté grand-chose à la science qui avait été léguée par les Grecs.

Comenius (1592-1670).

Le projet des Rose-Croix, formulé au début du siècle, était mort dans l'œuf. Rappelons qu'il reposait sur un quadruple rejet : celui de l'Antéchrist romain, de la philosophie scolastique, de la médecine galéniste et de l'empire des Habsbourg. Il aurait dû être développé par un réseau des meilleurs docteurs européens. Mais l'empereur et son allié bavarois y mirent fin par les armes. Nombre de savants protestants quittèrent l'Europe centrale, pour se mettre hors d'atteinte des mercenaires papistes.

Samuel Hartlib était né à Elbing, en Prusse royale, d'une mère anglaise, et d'un père qui avait fui la Pologne pour des raisons religieuses. Protestant, donc, il fit ses études à Brieg, Königsberg, puis Helborn, dans la Hesse. Cette académie calviniste propageait l'enseignement de Ramus, profondément opposé à la Logique et à la Rhétorique d'Aristote. En 1628, les armées catholiques s'approchent de la Prusse, et Hartlib se réfugie en Angleterre.

Elbing, à proximité de la mer Baltique, était un centre important de commerce avec la Grande-Bretagne. L'Ecossais John Dury, qui avait étudié la théologie aux académies calvinistes de Leyde et de Sedan, y devint

[293] Bacon, 1620, p. 21.

prédicateur presbytérien. En 1641, après s'être rendu en Suède et dans les Provinces-Unies, Dury s'installe en Angleterre.

Jan Amos Comenius était natif de Bohème, et membre de la secte des Frères Moraves. Il étudia lui aussi à Helborn, puis à Heidelberg, en 1613, à l'époque de la fondation du mouvement Rose-Croix. Il devint pasteur des paroisses de Prerov puis de Fulnek, en Moravie. En 1621, il est obligé de s'enfuir à l'arrivée des armées catholiques. Il met alors en place la réforme pédagogique ramiste à Lezno, une ville de Pologne refuge des protestants tchèques, puis en Suède. En 1641, il est appelé par le Parlement anglais pour définir une réforme du système scolaire. Il milite pour la démocratisation de l'enseignement qui devrait permettre à tous d'accéder directement aux Écritures-Saintes.

En 1642, Hartlib, Dury et Comenius signent un pacte pour une Réforme universelle. Il s'agit de faire des Anglais un peuple prospère, en bonne santé, en paix et heureux, à l'image de Macaria, le royaume utopique décrit dans une petite nouvelle signée Hartlib[294].

Dans ce pays, il n'y a pas de querelles théologiques, car des bases infaillibles permettent de fonder une religion qui n'est ni protestante, ni papiste. Le prêtre de chaque paroisse est aussi médecin, soignant les âmes comme les corps : *cura animarum & cura corporum*. Un bon docteur ne doit-il pas recevoir son inspiration de Dieu ?

Hartlib crée un « cercle » de savants anglais et irlandais qui échangent des informations sur les sciences, mais aussi la religion et la politique, tout ce qu'il faut pour jeter les bases de cette société idéale. Parmi eux, un certain Robert Boyle est chargé de rédiger une *Invitation à la Communication Libre et Généreuse des Secrets et des Recettes de la Physique*, un domaine du savoir où l'habitude est, au contraire, à la plus grande obscurité.

En effet, de nombreux correspondants s'adonnaient à l'alchimie helmontienne, alors considérée comme l'aboutissement des travaux de Paracelse. Nombre d'entre eux avaient des arrière-pensées utilitaires. Cheney Culpeper était un propriétaire terrien du Kent, qui s'intéressait aux applications agronomiques de la *chymie*. Benjamin Worsley, qui avait étudié au Trinity College de Dublin, recherchait le moyen le plus efficace de produire du salpêtre pour les armées. William Rand voulait créer une « Société des physiciens chimistes », concurrente du très conservateur Collège (royal) des Physiciens[295].

Paracelse qui n'était jamais à court d'imagination, avait inventé un « alkahest » sensé guérir les maladies de foie et dont personne n'a jamais su comment le produire. Van Helmont eut une idée géniale : faire de l'alkahest

[294] *A Description of the Famous Kingdom of Macaria* (1641).

[295] Homologue londonien de la Faculté de médecine de Paris.

une « liqueur prodigieuse » (l'expression est de Boyle), qui ouvrait de nouvelles perspectives aux alchimistes las de poursuivre une insaisissable pierre philosophale. Ce menstrue dissout tout corps en ses constituants, et finit, si l'on continue l'opération, par tout transformer en eau, cette matière première dont Dieu a fait le Monde ! Cette action de l'alkahest est due à l'extrême petitesse des corpuscules dont il est constitué. Grâce à cette propriété, il permettra de produire nombre de nouveaux médicaments.

L'Allemand Glauber pensait avoir trouvé le fameux alkahest ! Il avait « fixé » du salpêtre par combustion au charbon de bois. Pour cela, il fait fondre le salpêtre (nitrate de potassium = KNO_3) à grand feu, et y jette une cuillerée de poudre de charbon (C)[296]. Il se produit alors une détonation et une grande flamme. Lorsque celle-ci s'éteint, il remet autant de poudre de charbon, et ainsi de suite jusqu'à ce que plus rien ne brûle. Il se produit ainsi une poudre blanche « caustique et détersive » : le nitre fixé, *nitrum fixum* qui diffère peu du « sel de tartre » (carbonate de potassium = K_2CO_3)[297].

$$5\,C + 4\,KNO_3 \text{ -> } 2K_2CO_3 + 3\,CO_2 + 2N_2$$

Mais on peut aussi obtenir de l'esprit de nitre (acide nitrique = HNO_3) à partir du salpêtre. Le salpêtre est donc un sel « hermaphrodite[298] », composé d'un acide volatile et d'un solide caustique, qui peut dissoudre quantité de substances : ce doit être lui, l'alkahest !

Hartlib envoie Benjamin Worsley à Amsterdam rencontrer quelque proche de Glauber (Johann Moriaen) pour lui soutirer, voire lui acheter, le secret de l'alkahest (1649). Il fut déçu du voyage.

L'alchimiste Georges Starkey, qui avait fait ses études à Harvard, le premier collège fondé de l'autre côté de l'Atlantique (1636), cherchait de manière obsessionnelle à produire le fameux dissolvant universel. Sans doute au courant des recherches du « cercle », il vint s'installer en Angleterre en 1650 et communique à Boyle sa fièvre de l'alkahest[299] : « le secret de l'alkahest est encore plus noble et désirable que celui de la pierre philosophale elle-même[300]. »

Un jour, épuisé par la tâche, Starkey s'endormit sur le plan de marbre, et reçu la visite d'un esprit bienveillant qui lui donna la recette tant convoitée. Il était sûr de réussir, et Clodius, le gendre de Hartlib, lui proposa immédiatement 200 couronnes pour une pinte de ce menstrue. Mais des mois

---

[296] Lémery, p. 454.
[297] Bourzat, p. 146.
[298] *Hermaphroditic salt.*
[299] C'est la thèse de *Alchemy Tried in the Fire* de William Newman et Lawrence Principe
[300] Boyle, p. 485.

de labeur n'aboutirent qu'à un nouvel échec. Dieu rendit encore plusieurs fois visite à l'Américain, pour lui révéler l'ultime secret, mais rien n'y faisait.

Boyle, « le chymiste sceptique », ne doute cependant point qu'Helmont ait produit le fameux alkahest. Prétendant ignorer les travaux de Glauber, il dissout du nitre fixe dans l'eau douce[301], puis y verse de l'esprit de nitre jusqu'à ce que s'arrête le bouillonnement dû à l'action de ces deux **liquides contraires**. Au bout de quelques heures, on voit des particules salines tomber au fond du récipient. Le lendemain, des cristaux se sont formés. Mais, quelle déception : c'est à nouveau du salpêtre. Ainsi, avant d'être un chimiste moderne, Boyle fût-il un alchimiste malheureux.

Robert Boyle
(1627-1691)

Robert Boyle était né en 1627 d'une noble famille irlandaise et avait fréquenté le fameux College d'Eton, avant de partir pour Genève, dès l'âge de 11 ans, accompagné d'un tuteur français, deux servantes et un laquais. Il connut une expérience déterminante alors qu'il visitait le monastère des Chartreux, à proximité de Grenoble[302] : pour chasser le doute religieux qui l'oppressait, il écouta les opinions des Turcs, des Juifs et des principales sectes du Christianisme ; il en conclut que si, dans le domaine religieux, il fallait croire plus qu'on ne peut comprendre, dans celui des sciences, il ne fallait pas croire plus qu'on ne peut prouver. Ainsi naquit son scepticisme scientifique.

Il poursuivit son voyage en Italie, où il lut les œuvres interdites de Galilée, en italien dans le texte, alors qu'il n'avait que 13 ans. Il en sortit révolté que le Pape, qui décidait en matière de foi, puisse en faire autant dans le domaine scientifique[303].

---

301 Boyle, p. 362 : *A physico-chymical essay concerning salt-petre* (1661). Boyle reproduit le salpêtre à partir de son propre acide et son propre sel fixe.
302 Boyle, p. XXIV.
303 Voir Walch (2017).

De retour en Angleterre (1644), il se retira dans le manoir de Stalbridge (Dorset) que lui avait légué son père, où il se consacrera définitivement à la philosophie naturelle et la chimie.

Charles 1er (1600-1649) ; une tête ronde puritaine ; Olivier Cromwell (1599-1658) ; Charles II (1630-1685).

Jacques 1er, qui avait vu sa fille ne régner qu'un hiver sur la Bohème, décéda en 1625. Son jeune fils, Charles 1er, lui succède alors sur les trônes d'Angleterre, d'Irlande et d'Écosse. La même année, il épouse Henriette Marie de France, fille de Henri IV : une catholique ! Lors du couronnement, la reine dut rester à l'extérieur de Westminster Abbey !

La guerre de Trente Ans faisait rage sur le continent, et l'Angleterre s'y opposait donc à l'Espagne. Pour financer cet effort, Charles lève des impôts contre l'avis du Parlement. Il se considérait comme monarque de droit divin. En 1629, il se permet de dissoudre la Chambre des Communes qui lui reproche sa bienveillance à l'égard du catholicisme, ainsi que les taxes abusives qu'il prélève sur les produits d'importation.

L'opposition permanente entre le Roi et le Parlement déclencha une guerre civile qui dura de 1642 à 1651. Les plus farouches opposants à Charles étaient les « têtes rondes », puritains (calvinistes) dont les cheveux courts contrastaient avec les longues boucles alors à la mode. Les royalistes tenaient le nord et l'ouest du pays, mais perdirent toutes les batailles à partir de 1644. Le roi se rendit, fut condamné à mort, puis exécuté en 1649. La République est proclamée sous le nom de « Commonwealth ». Cromwell, qui s'était illustré comme chef de guerre, devient « Lord Protector », et exerce un pouvoir absolu jusqu'à sa mort en 1658.

Ce régime étant sans issue, la monarchie est rétablie en la personne de Charles II (1660), qui avait passé dix ans sur le continent, en France, dans les Provinces-Unies et les Pays-Bas espagnols. Lui aussi épouse une catholique, Catherine de Bragance, princesse de Portugal.

Il n'y avait alors plus d'espoir d'établir une Utopie dirigée par de savants puritains. Le cercle Hartlib se disperse. Les meilleurs scientifiques du moment constituent la Royal Society (1660), qui sera approuvée par Charles II en 1662.

Les membres fondateurs étaient médecins, astronomes, mathématiciens ou professeurs de philosophie naturelle. Contrairement au cercle Hartlib, la plupart des membres fondateurs étaient royalistes : Brouncker, Boyle, Bruce, Moray, Neile. Mais, parmi eux, Jonathan Goddard avait servi comme médecin dans l'armée de Cromwell, et William Petty travaillé pour le Commonwealth en Irlande. Ils seront ensuite rejoints par des savants comme John Wilkins, qui avait épousé la sœur de Cromwell ou John Wallis qui avait déchiffré les messages royalistes pour les Parlementaires[304].

Dans son *Chymiste sceptique* (1661), Boyle conteste que la matière soit constituée des quatre éléments, comme l'enseignent les Aristotéliciens, ou des trois principes paracelsiens. Il exprime un certain respect pour les travaux de « Helmont », alors que beaucoup doutent des expériences d'un homme qui avait pu commettre un traité des onguents magnétiques[305]. Il fallait néanmoins vérifier les dires de celui qui avait été capable de telles extravagances. Boyle demanda à son jardinier de sécher au four une certaine quantité de terre, d'en remplir un pot et d'y semer des graines de cucurbites originaires des Indes (américaines). Il ne l'arrosait que d'eau de pluie ou de source. Cinq mois plus tard, la plante pesait trois livres et quart, tandis que la terre, une fois séchée n'avait pratiquement pas changé de poids. Des expériences faites avec d'autres plantes donnaient le même résultat. Les plantes étaient-elles constituées, ainsi que le pensait Helmont, uniquement d'eau transmutée [306]?

En tout cas, le Sel et le Soufre ne sont pas des corps premiers ou principes. Ils sont produits tous les jours à partir de l'eau pure qui est transformée par les plantes.

Si vous dissolvez du cuivre dans l'eau forte ou l'esprit de nitre, la cristallisation de ce mélange produit un bon vitriol[307]. La distillation de cet esprit de vitriol produit une fumée rouge caractéristique de l'esprit de nitre, et la chaux (calx) résiduelle est faite de cuivre. La distillation permet donc de retrouver les constituants initiaux.

Boyle décrit ici la réaction d'oxydation du cuivre par l'acide nitrique :

$$4\ HNO_3 + Cu \rightarrow 2NO_2 + 2H_2O + Cu(NO_3)_2$$

La solution prend une teinte bleue due à la formation d'ions Cu^{2+}*, comme dans le sulfate de cuivre. C'est pourquoi Boyle l'appelle à tort vitriol, quoique le sel produit ne contienne évidemment pas de soufre.*

---

304 *The Royal Society : its Origins and Founders*, p. 32.
305 Boyle (*Le Sceptique* : 458-586), p. 495.
306 Boyle, p. 494.
307 Boyle, p. 507.

Dans cet exemple, conformément à l'opinion des Chymistes, comme des Aristotéliciens, la substance qui est extraite d'un corps par le feu préexiste en lui[308]. Mais au contraire, le feu ne permet pas de séparer les cendres et le sable qui ont servi à constituer le verre, ou l'antimoine et le fer, qui composent le régule de mars[309].

De même, si vous dissolvez du minium, (oxyde de plomb : Pb_3O_4 ou plomb calciné), qui est du plomb nourri par le feu, dans un bon esprit de vinaigre (acide acétique : $C_2H_4O_2$), et cristallisez la solution, vous obtiendrez un « sel » ou « sucre de Saturne » (acétate de plomb : $C_4H_6O_4Pb$) qui diffère complètement des deux ingrédients, et doit son nom à sa douce saveur[310]. Sa distillation produit une liqueur qui est tout sauf acide, n'a ni l'odeur, ni le goût de l'esprit de vinaigre, tandis que le *caput mortuum* (résidu) n'a ni l'odeur ni la couleur du minium[311]. Aussi doit-on appeler le sucre de Saturne concrétion ou corps résultant plutôt que corps composé.

La formation du sel de Saturne ou acétate de plomb peut s'écrire[312] *:*

$Pb(OH)_2 \,.\, 2\,PbCO_3 + 6\,CH_3COOH \text{ -> } 3Pb(CH_3COO)_2 + 4H_2O + 2CO$
Céruse -> acide acétique + acétate de plomb + eau + dioxyde carbone

La distillation du sel de Saturne produit l'acétone :
$Pb(CH_3COO)_2 \,.\, 3\,H_2O \text{ -> } (CH_3)_2CO + Pb_3O_4 + CO2$
Acétate de plomb -> acétone + minium + dioxyde de carbone

De plus, contrairement à ce qu'en pensent les chimistes, la distillation n'est pas le seul moyen de diviser un corps en ses constituants. Ainsi, le bois de gaïac, chauffé dans une cheminée ouverte, est réduit en cendres et en suie (*soot*), tandis que, distillé dans une retorte, il se décompose en huile, esprit, vinaigre, eau et charbon de bois. De même, lorsque l'ambre brûle, elle dégage une fumée totalement différente de ce que l'on obtient par distillation. C'est donc en se basant sur des expériences précises et reproductibles que Boyle combat la doctrine des trois principes.

Cela ne signifie certainement pas que le feu ait le pouvoir de produire de nouveaux éléments. La vraie matière élémentaire préexiste en les corps composés ; mais elle n'est point Sel, Soufre et Mercure[313].

---

308 Boyle, p. 493.
309 Boyle, p. 500.
310 Boyle, p. 507.
311 Jean Béguin avait réalisé la distillation de l'acétate de plomb et découvert ainsi l'acétone (C_3H_6O), qu'il avait appelé « esprit ardent de Saturne » (*Chimie*, p. 134).
312 Bourzat, p. 88.
313 Boyle, p. 493.

Trois des quatre éléments d'Aristote, la terre, l'eau et l'air ne sont, en dernier ressort, que **les trois états de la matière** *: solide, liquide et gazeux. Les trois principes de Paracelse ne sont rien d'autre, mais revus par l'expérience de la distillation : cette opération, au cœur de l'alchimie, fait s'envoler le « mercure », laissant dans le vaisseau un « sel » solide, sur lequel surnage un liquide huileux : le « phlegme » ou « soufre ». Boyle se pose la bonne question : ces trois principes sont-ils préexistants en la matière que l'on distille ? Si la réponse est « non », ils sont transformation de cette matière, ou de ses composants. Les éléments sont à chercher ailleurs.*

Un autre argument met à bas l'édifice des Anciens, comme celui des Chymistes : l'extrême diversité des corps composés[314]. Si les Aristotéliciens avaient été à moitié aussi versés dans les œuvres de la nature qu'ils le sont dans l'écriture de leur doctrine, ils n'auraient pas manqué de s'en apercevoir. Comment produire une telle diversité à partir d'un si petit nombre d'éléments ? Il nous faut, au contraire, combiner un grand nombre de corpuscules, de tailles et de formes différentes.

Si la matière n'est faite ni des quatre éléments, ni des trois principes, quelle est sa constitution ? « Il ne semble pas absurde de concevoir que lors de la création des corps composés, la matière universelle était divisée en petites particules, de différentes tailles et formes, et différemment agitées[315] » : les atomes[316]. Le « grand et sage auteur de toute chose aurait ainsi créé les plantes, les animaux, les oiseaux non pas de toute pièce, mais à partir d'une matière préexistante. » C'est le sceptique qui parle : « il ne lui semble pas absurde… ». Voilà une nouvelle conception de la science, à l'opposé de l'autorité scolastique, comme des vérités divines dont se vantent les paracelsiens.

Selon William Newman[317], l'abandon des quatre éléments aristotéliciens au profit du modèle atomique est caractéristique du passage de l'ère préscientifique à la science moderne : « la révolution scientifique ». Mais cette transition ne fut pas une rupture brutale entre une alchimie archaïque, d'une part, et une chimie moderne, dont Robert Boyle aurait été le fondateur. L'alchimie n'aurait pas fait obstacle au développement de la vraie chimie. Les alchimistes eux-mêmes furent les acteurs de cette révolution, tandis que Boyle recherchait encore secrètement la pierre philosophale. Entre l'alchimie médiévale et la chimie moderne, Newman situe la *chymie* du XVIIe siècle.

Selon William Newman, cette résurgence de l'atomisme pré-aristotélicien (Démocrite) n'est pas une totale nouveauté de la *chymie* du XVIIe siècle, mais

314 Boyle, p. 476.
315 Boyle, p. 474.
316 La théorie atomique avait été reprise par le médecin chimiste allemand Daniel Sennert, qui la conciliait avec la Physique d'Aristote. Boyle le cite à plusieurs reprises.
317 *Atoms and Alchemy – Chymistry and the Experimental Origins of the Scientific Revolution.*

trouve ses racines dans l'alchimie médiévale. Sans parler d'atomes, comme Sennert, Geber énonçait déjà une doctrine corpusculaire (*minimae partes, subtiles partes*). Pour celui qui ne pouvait encore être qu'aristotélicien, les quatre éléments étaient eux-mêmes formés de minuscules corpuscules qui composaient les principes, Mercure et Soufre, eux-mêmes à la base de toute matière.

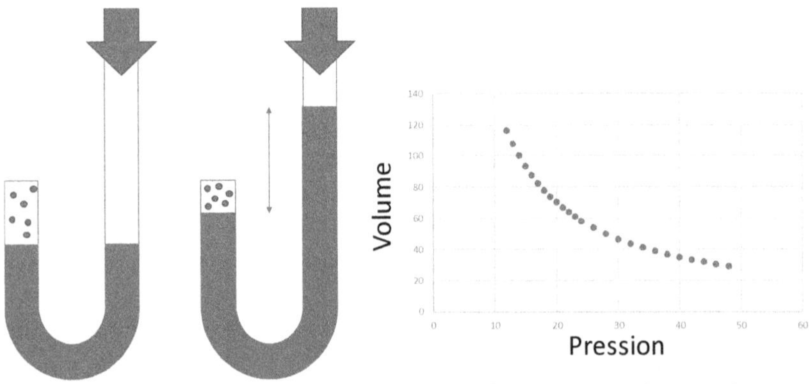

L'expérience de Boyle mesurant la pression d'un gaz (parfait) en fonction de son volume.

Boyle fit la célébrissime expérience suivante, au moyen d'un tube de verre en forme de J (ou siphon), dont la petite jambe est hermétiquement scellée, et graduée en 1/8 de pouces[318]. Le tube est rempli de mercure (*quicksliver*) par l'ouverture supérieure de la grande jambe, jusqu'à ce qu'il atteigne le bas des graduations de la petite jambe, et un niveau identique sur la grande. Cette opération est délicate, car il faut que l'air puisse sortir de la jambe fermée, par inclinaison du tube, de manière à ce qu'il n'y soit pas plus tendu (comprimé) que dans le tube ouvert. On continue alors à remplir le tube de mercure, jusqu'à ce que l'air dans la petite jambe n'occupe plus que la moitié de son volume initial. La hauteur de l'air dans la grande jambe est alors de 29 pouces supérieure à celle de la petite[319]. Ainsi, un air deux fois plus dense résiste deux fois plus à la pression, comme le ferait un ressort. Ce premier instrument s'étant brisé, Boyle en fit construire plusieurs autres avant de trouver la forme la plus adaptée.

Le tableau ci-dessous[320] montre que la pression de l'air dans la petite jambe est en raison inverse de son volume. C'est la loi de Boyle. L'irlandais

---

318 Boyle, p. 156.
319 737 mm., soit la pression atmosphérique.
320 Boyle, p. 158.

reconnaît cependant qu'elle avait été mise en évidence une année auparavant par Richard Towneley du Lancashire.

A table of the condenſation of the air.

A	A	B	C	D	E
48	12	00	Added to $22\frac{1}{8}$ makes	$29\frac{2}{16}$	$29\frac{2}{16}$
46	$11\frac{1}{2}$	$01\frac{7}{16}$		$30\frac{9}{16}$	$33\frac{6}{16}$
44	11	$02\frac{13}{16}$		$31\frac{15}{16}$	$31\frac{12}{16}$
42	$10\frac{1}{2}$	$04\frac{6}{16}$		$33\frac{8}{16}$	$33\frac{1}{7}$
40	10	$06\frac{3}{16}$		$35\frac{5}{16}$	35 - -
38	$9\frac{1}{2}$	$07\frac{14}{16}$		37	$36\frac{15}{19}$
36	9	$10\frac{2}{16}$		$39\frac{5}{16}$	$38\frac{7}{8}$
34	$8\frac{1}{2}$	$12\frac{8}{16}$		$41\frac{10}{16}$	$41\frac{2}{17}$
32	8	$15\frac{1}{16}$		$44\frac{3}{16}$	$43\frac{11}{16}$
30	$7\frac{1}{2}$	$17\frac{15}{16}$		$47\frac{1}{16}$	$46\frac{3}{5}$
28	7	$21\frac{3}{16}$		$50\frac{5}{16}$	50 - -
26	$6\frac{1}{2}$	$25\frac{3}{16}$		$54\frac{5}{16}$	$53\frac{10}{13}$
24	6	$29\frac{11}{16}$		$58\frac{13}{16}$	$58\frac{2}{8}$
23	$5\frac{3}{4}$	$32\frac{3}{16}$		$61\frac{5}{16}$	$60\frac{18}{23}$
22	$5\frac{1}{2}$	$34\frac{15}{16}$		$64\frac{1}{16}$	$63\frac{6}{11}$
21	$5\frac{1}{4}$	$37\frac{15}{16}$		$67\frac{1}{16}$	$66\frac{4}{7}$
20	5	$41\frac{9}{16}$		$70\frac{11}{16}$	70 - -
19	$4\frac{3}{4}$	45 - -		$74\frac{2}{16}$	$73\frac{11}{19}$
18	$4\frac{1}{2}$	$48\frac{12}{16}$		$77\frac{14}{16}$	$77\frac{2}{3}$
17	$4\frac{1}{4}$	$53\frac{11}{16}$		$82\frac{12}{16}$	$82\frac{4}{17}$
16	4	$58\frac{2}{16}$		$87\frac{14}{16}$	$87\frac{3}{8}$
15	$3\frac{3}{4}$	$63\frac{15}{16}$		$93\frac{1}{16}$	$93\frac{1}{5}$
14	$3\frac{1}{2}$	$71\frac{5}{16}$		$100\frac{7}{16}$	$99\frac{6}{7}$
13	$3\frac{1}{4}$	$78\frac{11}{16}$		$107\frac{13}{16}$	$107\frac{7}{13}$
12	3	$88\frac{7}{16}$		$117\frac{9}{16}$	$116\frac{4}{8}$

AA. The number of equal ſpaces in the ſhorter leg, that contained the ſame parcel of air diverſly extended.

B. The height of the mercurial cylinder in the longer leg, that compreſſed the air into thoſe dimenſions.

C. The height of the mercurial cylinder, that counterbalanced the preſſure of the atmoſphere.

D. The aggregate of the two laſt columns *B* and *C*, exhibiting the preſſure ſuſtained by the included air.

E. What that preſſure ſhould be according to the hypotheſis, that ſuppoſes the preſſures and expanſions to be in reciprocal proportion.

Pour Boyle, l'air est fait de petits ressorts (*springs*), qui lui confèrent sa résistance à la pression du mercure, et ces ressorts sont eux-mêmes des assemblages de petits corpuscules. Que se passe-t-il si l'air, au lieu d'être comprimé, est raréfié ?

Selon les Atomistes, qui croient à l'existence du vide, les corpuscules s'éloignent les uns des autres, et rien ne vient combler l'espace ainsi laissé libre[321]. Pour les disciples du cartésianisme, cette nouvelle philosophie qui se propage sur le Continent, particulièrement en France et aux Pays-Bas, ces espaces sont comme les pores d'une éponge, et se remplissent de quelque fine substance éthérée. Selon Aristote et ses adeptes, un seul élément, l'Air, remplirait en toute circonstance l'espace qui lui est disponible.

Boyle estime que les hypothèses atomiques et cartésiennes sont deux variantes d'une même philosophie, surtout en ce qu'elles s'opposent à la doctrine aristotélicienne[322]. Cette dernière interprète les phénomènes naturels à partir de formes substantielles et de qualités réelles, pratiquement incompréhensibles. Tandis que Cartésiens et Atomistes expliquent les mêmes phénomènes à partir de petits corps de formes et de mouvements variés. Ces deux philosophies ne diffèrent que par la notion de corps en général, et donc

[321] Boyle, p. 144, *A Defense of the Doctrine Touching the spring and weight of the air.*
[322] Boyle, p. 355 : *Some specimens of an Attempt to make Chymical Experiments useful to illustrate the notions of the Corpuscular Philosophy.*

l'existence du vide (possible chez Gassendi, l'adepte français de l'atomisme), la divisibilité infinie de la matière (à laquelle croit Descartes), ou l'origine du mouvement. Ces problèmes semblent plus métaphysiques que physiologiques (physiques), ou dépendent de la conception que l'on a de l'origine de l'univers. Ces deux philosophies sont donc d'accord sur l'essentiel, et Boyle, le sceptique, ne s'engage pas à trancher en faveur de l'une ou de l'autre.

Daniel Sennert (1572-1637) ; Pierre Gassendi (1592-1655) ; René Descartes (1596-1650).

La théorie corpusculaire moderne est née du débat entre scolastiques et paracelsiens concernant la possibilité de retrouver les constituants initiaux à partir d'un mélange. C'est Daniel Sennert qui énonça l'expérience mettant en échec la conception aristotélicienne[323]. Docteur en médecine de l'Université de Wittenberg, en 1601, il y devint professeur. Il dut combattre plusieurs épidémies de peste, et périt de cette maladie en 1637. Pour lui, la propagation du mal se fait par des semences (*seminia*) qui pénètrent en l'homme par la respiration ou les pores de la peau. Comme elles emplissent l'air, elles sont certainement d'origine astrale. De telles épidémies ne peuvent être causées par le déséquilibre des humeurs et sont donc la conséquence de **qualités occultes**.

Selon la doctrine scolastique, le mélange de deux constituants commence par leur résolution (décomposition) en les quatre éléments. Il ne sera donc pas possible de les séparer ultérieurement. Ainsi du vin et de l'eau.

L'expérience de Sennert est la suivante. Il fait fondre de l'or et de l'argent en un alliage homogène, qu'il plonge dans un bain d'eau forte (acide nitrique). On sait qu'elle dissout l'argent, et celui-ci n'est pas visible dans la solution. On y verse du sel de tartre (carbonate de potassium, une base) qui précipite l'argent, lequel réapparaît donc ! Il retourne à son état « pristin » (antérieur).

[323] *Atoms and Alchemy.*

L'argent, bien qu'intimement mélangé à l'or, est donc resté de l'argent, sans avoir été réduit en les quatre éléments. Sennert en conclut que ce métal est constitué de petits corpuscules, invisibles une fois dissouts par l'eau forte, mais qui sont toujours des corpuscules d'argent. Des atomes minimaux.

Gassendi, comme Galilée ou van Helmont, fait partie de ces savants qui ont, les premiers dans l'Europe catholique, remis en cause la doctrine scolastique. Mais le Français, docteur en théologie, avait été en outre chanoine de Digne, puis professeur de philosophie à l'Université d'Aix en Provence. En 1624, il se permet de publier une *Dissertation en Forme de Paradoxe contre les Aristotéliciens*. Il précise que cela n'a rien à voir avec une critique des Saintes-Écritures, des Pères de l'Église ou des Conciles. En 1631, il est le premier à observer Mercure passant devant le disque solaire, une confirmation éclatante de l'héliocentrisme, alors que l'inquisition avait interdit à Galilée d'enseigner le mouvement de la Terre[324].

Gassendi avait donc tué le père de la philosophie médiévale. Il lui fallait un nouveau modèle : ce fut Épicure. Sur le plan moral, ce grand homme ne méritait pas l'opprobre dont il avait été couvert par ses ennemis. Sa doctrine de la matière n'était point fondée sur les 4 éléments, mais sur les atomes de Démocrite. La porte ouverte au matérialisme et à l'athéisme, selon les biens pensants. En 1624, la faculté de théologie de Paris avait proclamé l'atomisme « faux, téméraire et erroné en matière de Foi » ! Gassendi répond : ce n'est pas le hasard qui fait se rencontrer les atomes, comme chez Démocrite, mais la Providence de Dieu. Ainsi, atomisme et christianisme sont compatibles.

Descartes avait rédigé un traité de l'Univers, qu'il renonça à publier lorsqu'il apprit que tous les exemplaires du *Dialogue* de Galilée venaient d'être brûlés à Rome (1633). *Le Traité du Monde et de la Lumière* ne fut publié qu'en 1664, après la mort de son auteur.

Il y expose sa conception de la matière[325]. Il n'y a selon lui que trois éléments fondamentaux : le Feu, l'Air et la Terre. Le Feu est la liqueur (le fluide) la plus subtile et la plus pénétrante. Ses « parties » sont les plus petites et les plus rapides. L'Air est lui aussi très subtil, mais ses parties sont plus grosses, et laissent de la place entre elles, dans laquelle le Feu peut se glisser. Enfin, la Terre est faite de parties plus grosses encore et pratiquement immobiles.

L'élément Feu n'est pas la flamme que nous voyons brûler. L'Air n'est pas ce fluide grossier que nous respirons. La Terre n'est pas ce solide que nous foulons des pieds. Tous les corps qui nous entourent sont des mélanges de ces éléments, et de plus affectés de corruptions. Cependant, le Soleil et les Étoiles sont constitués du seul premier élément ; les Cieux du second, et la Terre, ainsi

---

[324] Voir : Walch (2017).

[325] *Traité du Monde et de la Lumière*, p. 48 sqq.

que les planètes du troisième. Des nuées les plus hautes, aux cavernes les plus profondes, le monde qui nous entoure est comme une écorce de la Terre, engendrée par l'agitation du Ciel qui l'environne.

Descartes se garde d'appeler « atomes », les minuscules parties dont est constituée la matière, se contenant de les comparer aux corpuscules que l'on voit s'agiter dans les rayons du soleil.

À cette même époque, Descartes fait « diverses expériences pour connaître les différences essentielles entre les huiles, les esprits ou eaux de vie, les eaux communes, les eaux fortes, les sels (...) pour ajouter l'expérience à la ratiocination[326]. » Il n'ira cependant jamais beaucoup plus loin dans son étude des substances chimiques[327].

Descartes va au-delà dans ses *Principes de la Philosophie* (1644). Il y expose clairement sa conception de la méthode scientifique[328]. « Si les principes dont je me sers sont très évidents, si les conséquences que j'en tire sont fondées sur la certitude des mathématiques, et si ce que j'en déduis de la sorte s'accorde exactement avec toutes les expériences, il me semble que ce serait faire injure à Dieu de croire que les causes des effets qui sont en la nature, et que nous avons ainsi trouvées, sont fausses : car ce serait vouloir le rendre coupable de nous avoir créés si imparfaits que nous fussions sujets à nous méprendre, lors même que nous usons bien de la raison qu'il nous a donnée. »

Les fondements typiquement cartésiens de cette méthode sont :

1.L'évidence des principes

2.L'infaillibilité de la raison basée sur la Création de l'homme à l'image de Dieu

3.La conformité des conséquences à l'expérience

Mais Descartes se fait rapidement plus prudent : « je désire que ce que j'écrirai soit seulement pris pour une hypothèse » (article 44).

Il distingue trois sortes de corps qui ont beaucoup de rapports avec ceux en lesquels les chimistes voient leurs trois principes, mais qui ne constituent en aucun cas de tels principes[329] : les sucs corrosifs ressemblent à leur sel, les petites branches qui composent les matières huileuses à leur soufre, et le vif-argent à leur mercure. Ces trois sortes de corps sont elles-mêmes constituées des trois principaux éléments déjà identifiés dans le *Traité du Monde* (art. 52).

Ainsi, le feu chasse les différentes parties des corps terrestres que l'on distille (art. 120). Les plus petites composent les eaux de vie que l'on tire du

---

326 *Lettre à Mersenne*, 5 avril 1632.

327 Bernard Joly parle « d'un refus cartésien d'une science chimique ».

328 Troisième partie, article 43.

329 Article 63, quatrième partie.

vin ou du blé ; celles qui sont un peu plus grosses composent les eaux douces et insipides que l'on tire des plantes. Encore plus grosses sont les parties dont sont constituées les eaux fortes, extraites des sels par des feux très violents.

Les parties encore plus grosses qui entrent dans la constitution des sels ne demeurent pas liquides, mais s'attachent en haut du vaisseau, pour y composer des sublimés. Quant aux huiles, leurs parties sont fort déliées, et ont des figures fort embarrassantes. On les obtient à partir des corps durs et secs en les trempant dans une grande quantité d'eau commune qui les fait monter dans l'alambic.

Le feu est appliqué différemment lors de la calcination de certains corps (art. 123). Ces corps se convertissent en chaux lorsqu'une flamme très ardente agit à leur surface : ils sont alors réduits en poudre en en séparant que peu de parties.

Toute la chimie de Descartes est ainsi fondée sur la forme et la grosseur des « parties » dont sont constitués les différents corps terrestres. C'est ce qu'on appellera sa « philosophie mécaniste ».

Chapitre 8

Acides et alkalis

Nicolas Lémery avait été apprenti chez son oncle, épicier et apothicaire à Rouen. Il devint l'assistant de Christophe Glaser, apothicaire ordinaire de Louis XIV, et démonstrateur de Chimie au Jardin du Roi. Calviniste, Lémery exerce ensuite à Montpellier, puis revient à Paris.

Nicolas Lémery (1645-1715)

Il y ouvrit un laboratoire rue Galande, où il habitait. « Son Laboratoire était moins une Chambre qu'une Cave, et presque une Antre Magique, éclairée de la seule lueur des Fourneaux ; cependant, l'affluence du monde y était si grande, qu'à peine avait-il de la place pour les opérations. Les noms les plus fameux entrent dans la liste de ses Auditeurs, les Rohaut (le plus remarquable des physiciens cartésiens), Bernier, Auzout (membre fondateur de l'Observatoire Royal), Régis (Sylvain Leroy, dit Régis, philosophe cartésien), Tournefort. Les Dames mêmes entraînées par la mode, avaient l'audace de venir se montrer en Assemblées si savantes[330]. »

Lémery vendait ses préparations en Province comme à Paris, et son seul « Magistère de Bismuth » suffisait à payer tous ses frais : c'est un cosmétique appelé « blanc d'Espagne », qui blanchit le visage. Les perruquiers s'en servaient aussi pour embellir les cheveux.

Son *Cours de Chimie* « se vendit autant qu'un Ouvrage de Galanterie ou de Satire[331]. » Il fut traduit en latin, allemand, anglais et espagnol.

« L'an 1681, sa vie commença à être troublée à cause de la religion. Il reçut ordre de se défaire de sa Charge[332]. » Dans l'espoir d'être protégé, il passa son doctorat de médecine à Caen. Mais, par la Révocation de l'Edit de Nantes (1685) il fut interdit aux Réformés d'exercer la médecine.

« Au milieu des traverses et des malheurs qu'essuyait M. Lémery, il vint enfin à craindre un plus grand mal, celui de souffrir pour une mauvaise cause[333], et en pure perte. Il s'appliqua davantage aux preuves de la Religion catholique, et bientôt après il se réunit à l'Église avec toute sa famille au commencement de 1686. » En d'autres termes, il abjura la foi protestante.

Le cours de Chimie de Lémery (1675) fit autorité durant près d'un siècle. Quelle était donc sa nouveauté ? Pour l'historienne Hélène Metzger[334], Lémery s'est inspiré de la méthode cartésienne, « qui prétendait tirer des évidences et de la déduction la connaissance du monde entier (...). Les expériences y sont non seulement décrites d'une manière empirique, mais rationnellement expliquées, d'après les principes d'une philosophie corpusculaire qui a peut-être quelque parenté avec la philosophie mécanique de Descartes, mais qui se rapproche encore plus de Gassendi. »

Hélène Metzger se laisse emporter dans son élan : « Le succès éclatant de la méthode cartésienne, qui, sur quelques points fondamentaux, s'accordait avec l'atomistique (nous l'avons vu chez Boyle), transforma le courant qui déjà entraînait les chimistes en torrent irrésistible [335](...). Visiblement, avec l'avènement du cartésianisme en chimie, il s'est produit, dans cette science, une révolution profonde[336]. »

Les cartésiens avaient la prétention de constituer une nouvelle « science normale » au sens de Kuhn, en remplacement de la scolastique. Fontenelle, dans ses *Entretiens sur la pluralité des mondes* (1686), fonde l'astronomie

---

[330] Fontenelle, *Eloge de M. Lémery*, in *Histoire de l'Académie Royale des Sciences.*
[331] Fontenelle, ibid.
[332] Fontenelle, ibid.
[333] Fontenelle avait fait ses études chez les jésuites.
[334] Metzger, p. 94.
[335] Metzger, p. 236.
[336] Metzger, p. 289.

nouvelle sur les « tourbillons de Descartes », qu'il défend encore au milieu du siècle suivant (*Théorie des tourbillons cartésiens*, 1752). Jacques Rohault, dans son *Traité de Physique* (1671), se vante de s'inspirer essentiellement des idées de « Monsieur Descartes, dont le mérite fera avouer à tout le monde que **la France** est au moins aussi heureuse à produire et élever de grands hommes que ne l'a été l'ancienne Grèce. »

Louis XIV est alors le monarque du plus puissant pays d'Europe. Il a battu l'Espagne à la bataille des Dunes, et l'a contrainte à signer le Traité des Pyrénées (1659). Il fait agrandir le château de Versailles, et fonde l'Académie Royale des Sciences (1666). Dans ce contexte, la France pouvait se vanter d'avoir engendré Descartes…Aristote des temps modernes.

Le cours de chimie de Lémery révolutionne-t-il vraiment cette science ? Commençons par son plan.

Lémery (1675)	**Libavius (1597)**
Des principes de la chimie	Qu'est-ce que l'alchimie ?
Des appareils (fourneaux, vaisseaux, luts, …)	Des appareils (ampullis, athanore…)
Des opérations de la chimie (préparations)	Des opérations de la chimie en général
Préparation des Minéraux	Les préparations
Préparation des Végétaux	
Préparation des Animaux	
Vertus des remèdes	

Le plan de l'ouvrage n'a donc rien d'original, en comparaison de ce qui se fait depuis Libavius. Qu'en est-il alors du contenu ? Prenons quelques exemples.

Lémery	**Béguin**
Magistère de tartre ou Tartre vitriolé (un magistère est une “préparation très fine et très exquise”)	**Magistère de tartre**
Mettez dans une cucurbite de verre la quantité qu’il vous plaira d’huile de tartre faite par défaillance. Versez dessus un peu d’esprit de vitriol rectifié. Il se fera une grande effervescence : continuez à en mettre jusqu’à ce qu’il ne se fasse plus d’ébullition ; placez alors votre cucurbite sur le sable, et faites évaporer à petit feu toute l’humidité, il vous restera un sel très blanc que vous garderez dans une fiole bien bouchée. C’est un bon apéritif, un peu purgatif : on en donne aux mélancholiques hypocondriaques, pour la fièvre quarte, pour les scrophules, et pour toutes les autres maladies où il faut ouvrir les conduits et pousser les urines.	Prend quatre onces d’huile de tartre faites par résolution du sel et purifiée. Et l’ayant mise dans un vase assez grand, verse dessus goutte à goutte une once d’esprit de vitriol. Alors tu obtiendras un caillé très blanc, duquel tu sépareras à feu lent l’humidité surnageante jusqu’à ce que le sel soit sec, sur lequel tu distilleras 3 ou 4 fois d’esprit de vin. Tu obtiendras ainsi un tartre blanc vitriolé et fixe.

La réaction s’écrit :

$K_2CO_3 + H_2SO_4 \rightarrow K_2SO4$ *(tartre vitriolé)* $+ CO_2$
Carbonate de potassium + acide sulphurique -> sulfate de potassium + dioxyde de carbone

Lémery **Calcination du plomb**	**Béguin** **Calcination de Saturne**
Faites fondre du plomb dans une terrine plate, qui ne soit point vernie, et agitez-la sur le feu avec une spatule, jusqu'à ce qu'il soit réduit en poudre. Si vous augmentez le feu et que vous calcinez encore la matière pendant une heure ou deux, il sera plus ouvert et plus propre à être pénétré par les acides. Si on met cette poudre à calciner au feu de réverbère pendant trois ou quatre heures, elle prendra une couleur rouge et c'est ce qu'on appelle du minium	Fait fondre le plomb en un pot de terre ou de fer et purge le de sa crasse, puis augmente le feu jusqu'à ce que le vase rougisse, en remuant continuellement avec une spatule de fer, et il se réduira en chaux laquelle criblée et réverbérée plus longtemps se convertira en minium.

Le minium est de l'oxyde de plomb Pb_3O_4, utilisé par les Anciens comme pigment rouge.

Jusque-là, rien de bien révolutionnaire !

Jean Rey, chimiste et médecin périgourdin, avait publié, en 1630, des *Essays sur la recherche de la cause pour laquelle l'estain et le plomb augmentent de poids quand on les calcine*, où il attribuait cette augmentation de poids « au mélange de l'air épaissi » : « Je réponds et soutiens glorieusement que ce surcroit de poids vient de l'air qui, dans le vase a été épaissi, appesanti, et rendu adhésif, par la véhémente et longuement continuée chaleur du fourneau ; lequel air se mêle avec la chaux et s'attache à ses plus menues parties[337]. » C'était ainsi un précurseur de Lavoisier, qui resta longtemps méconnu.

Plusieurs des meilleurs philosophes de la Renaissance avaient donné leur avis. Cardan (*De Subtilitate*, 1550) a trouvé que le plomb, en se calcinant, augmentait son poids d'un treizième. La raison en serait que le plomb mourait, car la chaleur céleste, qui était son âme, s'évanouissait. La vie le rendait léger, tandis que la mort l'appesantissait. Pour Scaliger (*Exercitation*, 1557) « le vrai génie de l'Aristote », la cause en est la consumation par le feu des parties aérées du plomb, comme les tuiles cuites pèsent plus que les crues. Caesalplin (*De metallicis*, 1596) avait écrit que l'augmentation de poids, de huit à dix

[337] Rey, p. 66.

livres pour cent, était due à la suie que le feu produit, et qui, se heurtant sur la voute du fourneau, retombait sur la matière.

Mais Jean Rey a montré l'erreur de toutes ces interprétations, au prix d'un travail comparable à celui d'Hercule combattant l'hydre aux cent têtes[338].

Pour Lémery, cet effet est dû à l'agglutination des corpuscules de feu dans les « parties pliantes et embarrassantes » du métal : vingt livres de plomb, une fois calcinées, pèsent alors 25 livres.

Dans le cas de l'oxyde PbO, l'augmentation réelle est de 8% (10% pour le minium) : les valeurs données par Cardan ou Caesalplin sont remarquables, surtout comparées à celles de Lémery, un siècle plus tard. Cette différence de poids jouera un rôle essentiel dans les découvertes de Lavoisier.

Si l'on fait calciner quatre onces de régule d'antimoine (antimoine pur) à petit feu[339], il s'en élève de la fumée pendant une heure et demie, à l'issue de quoi la matière est convertie en une poudre grise qui pèse deux dragmes et demi de plus que ne pesait le régule. La fumée qui est sortie de la matière aurait dû la faire diminuer de poids.

C'est l'Allemand Otto von Guericke qui a inventé la pompe à air, permettant de faire le vide dans une cloche de verre (machine pneumatique, 1650). Elle fut améliorée par Robert Boyle (1659).

Ainsi, la calcination de l'antimoine et du plomb les fait augmenter de poids. Certains pensent que cela provient de l'air qui s'introduit dans leurs pores car le feu les rend spongieux. Cette explication n'est pas satisfaisante, car comment de l'air pourrait-il peser aussi lourd ? M. Homberg de l'Académie Royale des Sciences a rempli d'air un ballon de verre d'une contenance de

338 Rey, p. 94.
339 Lémery, p. 291.

quatre-vingts pintes, puis l'a vidé de cet air par la machine pneumatique. La perte de poids n'était que de quatre onces en hiver et deux onces en été.

Il faut donc plutôt penser qu'à la place de la fumée qui s'est exaltée, est entré une grande quantité de parties de feu, bien que tous les physiciens n'admettent pas l'existence de ces corpuscules de feu[340].

En cette fin de XVIIe siècle, Nicolas Lémery affirme encore que les « mixtes » sont composés de cinq principes[341]. Les trois principes actifs sont l'esprit, l'huile et le sel. Il ajoute deux « principes passifs » : le Phlegme, liquide plus détersif que l'eau, et la Terre, ou Tête morte, qui donne leur solidité aux autres principes. On l'appelle « tête » car, avant l'extraction des autres principes, elle renferme les parties spirituelles des mixtes, comme la tête d'un animal renferme ses esprits les plus fins.

L'esprit s'appelle aussi Mercure : c'est une substance subtile, pénétrante et légère. S'il est enveloppé dans un peu d'huile, c'est un esprit volatil, comme l'esprit de vin, de rose, de romarin ou de genièvre ; s'il est embarrassé dans les sels, qui retiennent sa volatilité, c'est un esprit fixe, comme les esprits acides de vitriol, d'alun ou de sel.

L'huile, ou Soufre, est inflammable, douce, subtile, onctueuse. Elle donne aux corps composés leur couleur et leur odeur, leur beauté.

Le sel est le plus pesant des principes actifs : c'est une substance incisive et pénétrante, qui donne aux mixtes leur consistance et leur pesanteur. Il y a trois espèces de sel : le sel fixe se tire après calcination ; le sel volatil se sublime facilement à la chaleur. Entre les deux, se trouve le sel essentiel, qui se tire du suc des plantes par calcination.

Ces principes peuvent éventuellement être eux-mêmes divisés en principes fondamentaux, mais ceux-ci ne sont démontrés d'aucune manière, et ne proviennent que de l'imagination des philosophes. Certains prétendent que les principes, tel l'esprit, l'huile et le sel, ne préexistent pas dans les mixtes, mais sont formés par le feu, au cours de la distillation, qui arrange différemment la matière. Ce doute peut paraître bien fondé, mais on peut faire des expériences qui montrent que certains principes existent sans l'intervention du feu : les olives, les amandes, les noix contiennent de l'huile, la graisse des animaux est du Soufre coagulé, des cristaux de sel sont formés par le suc des plantes, une fois qu'il a reposé pendant quelques jours.

Lémery n'adopte donc pas la philosophie mécaniste de Descartes, qu'il attribue à la seule « imagination des philosophes », et reste adepte de principes « alchimiques », au nom de « l'expérience ». Effectivement, aucune expérience ne permettait alors de « démontrer » l'existence des atomes. « Je

---

340 Lémery p. 292.

341 Lémery, p. 2 sqq. L'édition que nous citons est la dernière, datant de 1744, et largement mise à jour par Lémery lui-même.

ne me préoccupe d'aucune opinion qu'elle ne soit fondée sur l'expérience » : telle est la devise anticartésienne de Lémery[342].

Pourtant selon Metzger, « sans discussion aucune, Lémery admit la structure discontinue et corpusculaire de la matière ». L'historienne des doctrines chimiques parle des « atomes » de Lémery, de ses « molécules », de ses « corpuscules[343] » !

Les termes « atome » et « molécule » ne sont honorés d'aucune occurrence dans les 937 pages de son Cours de Chimie. Les seuls corpuscules dont il est fait mention sont les « corpuscules de feu ». Lors de la calcination des métaux, « il faut qu'il soit entré dans les pores du métal un plus grand poids de **corpuscules de feu** qu'il n'est sorti de soufre, ou d'une autre matière volatile[344]. »

Les cinq principes sont complétés d'un système de « pointes » et de « pores ». Un liquide acide fait des picotements sur la langue comme si c'était une matière taillée en pointes très fines, et tous les sels acides se cristallisent en pointes[345] : il renferme donc des particules de sel pointues et en agitation. Au contraire, un alkali (une base) fait une effervescence violente quand on verse de l'acide dessus : il est donc composé de parties raides et cassantes, dont les pores sont pénétrés par les pointes de l'acide. L'acide et l'alkali se détruisent alors mutuellement.

On pourrait comprendre que les pores soient le vide laissé entre les corpuscules de matière. Mais le mot « vide » est lui aussi banni du vocabulaire de Lémery. De même que l'éther, ou toute « matière subtile[346] ». Que sait-on des pointes des acides. Un sel dont les pointes sont rompues se fait plus poreux[347]. Ces pointes sont en agitation perpétuelle, ce qui leur permet d'ouvrir les pores du sel. Lors de la dissolution de l'or dans l'eau Regale, les pointes de l'or soutiennent les petites parties d'or « comme des nageoires », ce qui les empêche de tomber au fond (p. 94). Ces pointes des acides sont des corps fort légers. Lors de la préparation du magistère de bismuth, « les pointes du dissolvant se frottent avec beaucoup de force contre le corps solide du bismuth » (p. 138).

Lors de la préparation de l'esprit de Vénus, le cuivre, qui est fort rempli de soufre, ne fait que lier dans la dissolution les acides par leurs parties « rameuses ». Un feu violent peut alors « exciter » ces pointes, ce qui les fait sortir entières (p. 165). Lors de la préparation du mercure précipité blanc, « les

---

342 Lémery, préface.

343 Metzger, pp. 292-293 ; pour Descartes, la matière est indéfiniment divisible.

344 Lémery, p. 123.

345 Lémery, p. 23.

346 Pour Rohault (p. 44) qui est ouvertement cartésien, quand un gaz se dilate (ce que l'on appelle raréfaction), c'est qu'il y est entré « une matière fort subtile » qui en a écarté les parties.

347 Lémery, p. 20.

pointes se confondent les unes aux autres, faisant ensemble un autre corps » (p. 264). Ces pointes peuvent être émoussées (p. 352).

Homberg[348] définit les alcalis de manière très simple : « Si la force des acides consiste à pouvoir dissoudre, celle des alcalis consiste, pour ainsi dire, à être dissoluble, et, plus ils le sont, plus ils sont parfaits dans leur genre. »

Boyle avait découvert un moyen de distinguer les substances acides des alkalis[349]. Il fait tomber une goutte de sirop de violette sur du papier blanc, puis deux ou trois gouttes d'esprit de sel, de vinaigre, d'eau forte ou de jus de citron. Le sirop de violette tourne alors au rouge. Mais au contraire, si l'on verse sur le sirop de violette de l'huile de tartre, des cendres végétales, de potasse (pot-ash), de l'urine, du sel-armoniac, du sang, le sirop tourne au vert.

Aujourd'hui, on appelle « acide au sens de Bronsted », toute espèce chimique susceptible de céder un proton H^+. Par exemple, l'acide chlorhydrique peut donner :

$$HCl \rightarrow H^+ + Cl^-$$

On appelle « base au sens de Bronsted », toute espèce chimique susceptible d'accepter un proton, comme l'ion hydroxyde :

$$HO^- + H^+ \rightarrow H_2O$$

On appelle métal alcalin un élément chimique de la première colonne du tableau périodique des éléments, possédant par conséquent un électron unique sur la couche périphérique. C'est, en particulier, le sodium (Na) et le potassium (K). Les métaux alcalino-terreux possèdent, quant à eux, deux électrons sur cette couche. C'est en particulier le cas du magnésium (Mg) et du calcium (Ca). Ils réagissent avec l'eau pour former des hydroxydes fortement basiques.
Les « alkalis » fixes sont la potasse (KOH, alkali végétal), la soude (NaOH, alkali minéral) et la chaux ($Ca(OH)_2$). L'ammoniaque est l'alkali volatil (NH3).

$ClNH_4 + NaOH \rightarrow NH_3 + H_2O + NaCl$
Sel armoniac + soude -> ammoniac + eau + sel commun
Acide 1 + Base 1 -> acide 2 + base 2 (l'eau est ici base)

---

348 ADS, 1700.

349 *Œuvres*, vol. 2, p. 71.

C'est une réaction acido-basique. Les ions ammonium NH_4^+ *(acide) perdent un proton* H^+ *et se transforment en molécules d'ammoniac* NH_3*, dite base conjuguée :* $NH_4 = NH_3 + H^+$*. Les ions hydroxyde* HO^- *(base) captent un proton et se transforment en molécules d'eau.*
Les chimistes du XVIIe siècle connaissaient les principaux acides et alcalins.

Ancien nom	*Nom moderne*	*Formule*
Acide vitriolique	*Solution aqueuse d'acide sulfureux*	H_2SO_3 / H_2O
Eau forte	*Acide nitrique fumant*	HNO_3
Esprit acide de vitriol	*Solution aqueuse d'acide sulfurique*	H_2SO_4/H_2O
Esprit acide de sel armoniac	*Acide chlorhydrique*	HCl
Esprit de sel	*Acide chlorhydrique*	HCl
Esprit de tartre	*Acide acétique*	CH_3COOH
Esprit de vin	*Ethanol*	C_2H_5OH
Esprit de vinaigre	*Acide acétique*	CH_3COOH
Huile de vitriol	*Acide sulfurique concentré*	H_2SO_4
Esprit volatil du sel armoniac	*Ammoniac*	NH_3
Huile de tartre par défaillance	*Solution aqueuse concentrée de carbonate de potassium*	K_2CO_3 / H_2O
Kali	*Carbonate de sodium*	NA_2CO_3
Liqueur de nitre fixe	*Solution aqueuse concentrée de carbonate de potassium*	K_2CO_3 / H_2O
Nitre	*Nitrate de potassium*	KNO_3
Nitre fixe	*Carbonate de potassium*	K_2CO_3
Pierre caustique ou pierre à cautère	*Potasse caustique*	KOH
Salpêtre ou nitre	*Nitrate de potassium*	KNO_3
Sel armoniac	*Chlorure d'ammonium*	NH_4Cl
Sel fixe de tartre	*Carbonate de potassium*	K_2CO_3
Sel fixe des plantes ou alcali	*Carbonate de potassium ou sodium*	K_2CO_3 *ou* Na_2CO_3
Soude	*Carbonate de sodium*	Na_2CO_3

C'était l'époque où le combat de l'Acide et de l'Alcali semblait capable d'expliquer toutes les réactions chimiques. Certains s'opposaient à cet abus de pouvoir, comme le Dr Bertrand de Marseille (*Réflexions nouvelles sur l'Acide et sur l'Alcali*, 1683).

« Il est difficile de trouver une opinion qui ai fait plus de chemin en si peu de temps, que celle de l'Acide et de l'Alcali, et dont on ait si fort outré les droits dans la Physique. L'Alcali n'a été dans son véritable commencement, qu'un sel tiré par la lessive des cendres d'une herbe qui pousse en Asie, et qu'on appelle *kali* dans les lieux où elle croit, et en français Soude. On nous en apporte les cendres à Marseille, dont on se sert principalement pour la composition du savon. On a ensuite donné le nom d'Alcali à tous les sels lixivieux des végétaux (obtenus par lessivage des cendres).

(...) Passant du nom aux propriétés physiques, on a fait des sels Alcali et de l'Acide les auteurs des fermentations, des précipitations, et de plusieurs autres effets que nous observons dans les opérations chymiques, et les dispositions de quelques maladies.

(...) Ce progrès qui est tolérable, et qui a certainement ses utilités, n'a pas paru assez grand à certaines personnes : ils ont voulu de plus qu'ils fussent l'un et l'autre les principes des minéraux, des végétaux et des animaux ; que tous les corps pussent se résoudre en eux dans leur dissolution parfaite, et qu'ils fussent exempts eux-mêmes de toute composition. »

REVIVIFICATION DU CINABRE EN MERCURE COULANT

Lémery voit des acides et des alkalis partout. Ainsi, pour lui, le cinabre est un mélange des parties acides du soufre et alkali du mercure. On appelle revivification la séparation de ces deux composants[350].

Commençons par distiller du cinabre artificiel, obtenu en faisant fondre sur le feu du mercure et du soufre. C'est donc du cinabre pur.

Prenez une livre de ce cinabre, pulvérisez-le et mêlez avec trois livres de chaux vive. La chaux vive (CaO) est obtenue par calcination du calcaire ($CaCO_3$) dans un four à chaux. Elle est fortement basique.

$$4\ HgS + 4\ CaO \rightarrow 4\ Hg + 3\ CaS + CaSO_4$$ [351]

Mettez le mélange dans une cornue de grès ou de verre ; placez-là dans un four à réverbère auquel est adapté un récipient rempli d'eau. Laissez reposer durant 24 heures, puis monter le feu par degrés. Le mercure coule alors goutte à goutte dans le récipient. L'opération dure de six à sept heures. On tire treize onces de mercure coulant, ou vif-argent, de seize onces de cinabre (la masse atomique du mercure est de 201, celle du soufre 32, donc 16 onces (1 livre) de HgS contiennent 13,8 onces de Hg).

---

350 Lémery p. 210.

351 Bourzat, p. 111.

Les acides quittent le corps auquel ils étaient attachés, le mercure, pour se mettre dans l'alkali fort, car ils trouvent la chaux plus poreuse, c'est-à-dire dont les pores sont plus grands (il se forme du sulfure de calcium CaS). Le vif-argent sort donc de la cornue sous forme d'esprit, et se condense à la fraîcheur de l'eau.

Les chimistes du XVIIe siècle attribuaient les propriétés alcalines aux substances basiques : sel de tartre, soude, huile de tartre (sel alcali dissout), esprit volatil armoniac, nitre fixé par les charbons, chaux vive...

Mais pour Lémery, certaines substances « contiennent » des alcalis. C'est notamment le cas du sel commun (NaCl), qui est « un mélange d'acide et d'alcali, ou plutôt un alcali soulé (saturé) et rempli d'acide[352] *». Le sel est acide, puisque l'on en retire l'esprit par distillation (HCl).*

On peut donc penser que l'alcali est le sodium, et l'acide le chlore du sel NaCl. Mais Lémery est dans l'erreur. Pour produire cet acide chlorhydrique, Lémery ajoute de l'argile (Béguin ajoutait de la poudre de brique ou d'argile), en pensant qu'elle sert à réduire le sel en poudre[353] *afin que le feu puisse mieux y pénétrer. En fait, cette argile doit contenir du sulfate ferreux ($FeSO_4$) qui, dans la cornue chauffée, se transforme en acide sulfurique (H_2SO_4). Cet acide cède son hydrogène (H) pour former HCl*[354] *:*

$$H_2SO_4 \ + 2NaCl \text{ -> } 2\ HCL + Na_2SO_4$$

Si l'on part du cinabre naturel, on le mélange avec du sel de tartre avant distillation. Ce dernier est aussi un alkali obtenu par distillation du tartre, après séparation du Phlegme et de l'Esprit[355]. On n'obtient alors que 8 onces de vif-argent pour une livre de cinabre, et jusqu'à 11 onces pour du cinabre très pur de Carinthie.

Le mercure est fluide car ses parties sont rondes ce qui n'est nullement propre à leurs liaisons : elles roulent les unes sur les autres[356]. La volatilité du mercure, lors de la distillation, vient de ce que ses parties non liées entre elles sont élevées par le feu. Ces petites boules sont massives et compactes, c'est ce qui fait la pesanteur du mercure.

Comment expliquer que le mercure soit le meilleur remède pour la guérison des maladies vénériennes, et principalement la vérole ?[357]

---

352 Lémery, p. 24.
353 Lémery, p. 426.
354 Bourzat, p. 137.
355 Lémery, p. 698.
356 Lémery, p. 207.
357 Lémery, p. 215.

On mélange le mercure avec de la térébenthine puis avec de la graisse, pour en faire un onguent dont on frotte les parties du corps, et plus particulièrement les articulations de la plante des pieds jusqu'au cou. On continue durant quelques jours jusqu'à ce que le malade, qui est affecté de nombreux chancres dans la bouche, se mette à saliver, évacuant ainsi une abondante pituite. Le traitement au mercure peut aussi se faire par emplâtres, fumigations (respiration de vapeurs de mercure) ou absorption de précipité blanc de mercure.

Les nodosités ou tumeurs qui sont dues au venin de la vérole sont causées par des humeurs salées ou acides qui forment un ferment coagulant, qu'il faut détruire pour guérir cette maladie.

Lorsqu'on produit du sublimé corrosif (chlorure mercurique, $HgCl_2$), on mélange le mercure avec du sel et du vitriol, qui sont des sels acides. Par la chaleur, les esprits de ceux-ci s'attachent au mercure, puisque celui-ci est un alkali. Ils se subliment ensemble en haut du vaisseau.

Lorsque l'on frotte le corps du malade avec l'onguent de mercure, celui-ci entre par les pores de la peau, puis se mêle avec le ferment salin ou acide de la matière vérolique, comme il le fait avec le sel et le vitriol. Les sels acides du venin vérolique, emmêlés dans les pores du mercure, qui est un alkali volatil, se subliment avec lui, et montent, par la chaleur et le mouvement des humeurs, jusqu'à la tête, qui est le haut du vaisseau humain, et le lieu le plus froid, où ils peuvent se condenser.

À ce stade du traitement, la tête enfle, des chancres parsèment l'intérieur de la bouche, et la douleur est aussi forte que si l'on appliquait directement le sublimé corrosif sur les parties ulcérées. Les canaux salivaux, picotés par cette âcreté, se relâchent, et laissent couler une abondante pituite. Celle-ci, au passage, nettoie les chancres de leurs sels piquants, et les adoucit, entraînant la guérison.

Quelques fois, le mercure rencontre, dans le corps de l'homme, des matières alkalines qui lui font quitter les acides véroliques : il est alors précipité, et purgé par les selles. Le flux de bouche est alors remplacé par un cours de ventre.

Décrivons le détail du traitement d'un vérolé[358]. On commence par lui faire user du bain pendant longtemps, on le purge et le saigne pour préparer les humeurs, afin que le mercure les trouvant plus fluides s'y lie avec plus de facilité. Pour ce qui est du mercure, on commence à petite dose, puis on augmente, et lorsque les mâchoires deviennent douloureuses, enflées et remplies de chancres, on espace fortement les soins. On laisse baver durant vingt jours, puis on essaie d'arrêter la salivation par des gargarismes détersifs.

---

358 Lémery, p. 219.

Dans certains cas, les vaisseaux salivaux sont tellement dilatés et relâchés qu'ils ne peuvent plus être resserrés par ces gargarismes, le cerveau se dessèche, et la mort s'en suit ! C'est pourquoi il faut être attentif à ne pas laisser couler trop longtemps le flux de bouche.

On a objecté à Lémery que d'autres sels alkalis devaient aussi guérir de la vérole, comme les yeux d'écrevisses, les perles ou encore les coraux. L'apothicaire normand répond que c'est la raison pour laquelle certains utilisent le sel volatil de vipère, mais qui n'est pas assez puissant pour une véritable guérison. Quant aux alkalis proposés, ce sont des matières alcalines qui n'ont en elles aucun volatil, et dont la pente est donc vers le bas, et ne peuvent donc monter jusqu'aux tumeurs véroliques.

DE L'ESPRIT DE NITRE DULCIFIÉ

L'esprit de nitre dulcifié est un esprit de nitre dont les pointes les plus fines ont été brisées[359].

Mettez dans un grand matras huit onces de bon esprit de nitre et autant d'esprit de vin bien déphlegmé ; posez votre matras sur un rondeau de paille sous la cheminée : la liqueur s'échauffera sans qu'on mette le vaisseau sur le feu, et bouillira fortement une heure après. Quand l'ébullition sera passée, vous aurez obtenu un liquide clair : c'est « l'esprit de nitre dulcifié ». Il est bon pour les coliques venteuses et néphrétiques, les maladies hystériques et toutes les obstructions.

Le mélange d'acide nitrique (esprit de nitre) et d'éthanol (esprit de vin) conduit à la formation de nitrate d'éthyle (esprit de nitre dulcifié)[360] *:*

$$HNO_3 + C_2H_5OH \rightarrow C_2H_5ONO_2 + H_2O$$

Acide nitrique + éthanol -> nitrate d'éthyle + eau

On ne peut pas tout expliquer par les seuls principes de l'acide et de l'alkali, contrairement à ce que certains prétendent[361]. Cette ébullition est surprenante, car l'esprit de nitre est un acide fort, et l'esprit de vin un « soufre », et non un alkali. Cela s'explique premièrement parce que l'esprit de nitre contient beaucoup de parties de feu. Ces corpuscules de feu enfermés dans l'esprit de nitre enflamment l'esprit de nitre et l'esprit de vin, qui sont comme du salpêtre et du soufre très exaltés.

---

359 Lémery, p. 446.
360 Bourzat, p. 144.
361 Lémery, p. 447.

Ces corpuscules de feu sont des petits corps ignés de matière très subtile qui frottent violemment les corps qu'ils rencontrent, produisant ainsi de la chaleur[362].

Il en est de même lorsque l'on mélange de l'huile de vitriol (*acide sulfurique fumant ou oléum : $H_2SO_4 + SO_3$ = acide sulfurique + trioxyde de soufre*) avec de l'esprit de vitriol, de l'eau, de l'huile de térébenthine ou de l'esprit de vin : le mélange s'échauffe tellement qu'il fait un bouillonnement considérable, et peut même provoquer l'éclatement de la fiole qui le contient[363]. L'huile de vitriol, qui est acide, ne peut contenir d'alkali. Elle contient donc aussi une grande quantité de particules de feu.

DE L'ESPRIT DE VITRIOL

Le vitriol est un minéral composé d'un sel acide et d'une terre sulphureuse. Il y en a quatre espèces : le bleu (de Hongrie et Chypre) qui participe fort du cuivre, le vert (Angleterre, Romain), qui participe du fer, le blanc qui est tiré par évaporation de l'eau des fontaines vitrioliques, et le rouge (colcothar d'Allemagne) qui serait du vitriol vert calciné par les feux souterrains.

Sennert était persuadé que la transmutation des métaux est possible. Les fontaines de vitriol bleu de Goslar, en Allemagne, ou de Smolnitz, en Hongrie, transforment le fer en cuivre : le métal grisâtre qu'on y plonge se couvre de rouge. L'Artiste doit donc pouvoir obtenir le même résultat.

Ces « sources sémentatoires » sont décrites dans l'*Encyclopédie*. Leurs eaux remontent des entrailles de la Terre, où elles ont entraîné des parties vitrioliques dues à la décomposition des pyrites cuivreuses. Les clous de fer qu'on y met à tremper sont entièrement dissouts au bout de trois semaines, « et le cuivre a pris sa place ». En effet, l'acide vitriolique a plus d'affinité avec le fer qu'avec le cuivre. Le cuivre s'y précipite, alors que le fer est dissout. Pour Paul-Henri Thiry, baron d'Holbach, auteur de cet article dans les années 1750, il n'y a donc point transmutation.

$$Fe + CuSO_4 \rightarrow Cu + FeSO_4$$

Distillons du vitriol d'Angleterre[364]. Remplissez de vitriol calciné les deux tiers d'une grande cornue de grès ou de verre bien luttée. Distillez au fourneau de réverbère clos, d'abord à petit feu. L'humidité aqueuse qui était restée dans le vitriol après calcination sort goutte à goutte. Ce que le récipient contient est le « phlegme de vitriol », qui est utilisé pour laver les yeux dans les cas

[362] Lémery, p. 449.
[363] Lémery, p. 499.
[364] Lémery, p. 495.

d'ophtalmies. Réadaptez le ballon au cou de la cornue, luttez exactement les jointures, et augmentez le feu jusqu'à ce que la flamme sorte par le soupirail du dôme, épaisse comme le bras.

Le ballon se remplit de nuages blancs. Continuez le feu pendant trois jours et trois nuits. Faites cesser le feu, déluttez les jointures une fois les vaisseaux refroidis. Versez l'esprit obtenu dans une cucurbite de verre, et faites distiller à nouveau sur le sable, à feu très lent. Ce sera l'esprit sulphureux du vitriol. C'est un bon remède pour l'asthme, la paralysie et les maladies de poumon.

Changez de récipient, et distillez à nouveau ce qui était resté dans l'alambic : on obtient l'esprit acide de vitriol. Ce qui reste dans la cucurbite est la partie la plus acide du vitriol : « l'huile de vitriol ».

DES SELS ALKALIS

On appelle sel alkali tout ce qui fermente avec les acides, comme le sel de soude ou le sel de tarte.

DE LA CHAUX VIVE (CaO)

La chaux est une pierre de laquelle le feu a desséché toute l'humidité, et a introduit à la place une grande quantité de corps ignés[365]. Ce sont ces petits corps ignés qui rendent la chaux corrosive, car la pierre à partir de laquelle on la fait par calcination dans les fourneaux (calcaire = $CaCO_3$) ne l'est point elle-même.

Quand on jette de l'eau sur la chaux, il se produit une forte effervescence, et encore plus quand on la mêle avec des acides, car la chaux est un alkali. La pierre dont on fait la chaux est composée d'acide, mais celui-ci a changé de nature par la calcination violente qu'on a donnée pour réduire cette pierre en chaux.

$$CaCO_3 \rightarrow CaO + CO_2$$

DES SELS FIXES TIRÉS DES PLANTES

Tous les sels fixes tirés des plantes sont alkalis. Pour les tirer[366], il suffit de mettre la plante à sécher, la brûler pour la réduire en cendre, verser sur cette cendre beaucoup d'eau bouillante, la laisser tremper, filtrer l'infusion et en faire évaporer l'humidité dans une terrine. Il reste un sel de couleur brune : il

[365] Lémery, p. 381.
[366] Lémery, p. 620.

faut le calciner dans un creuset jusqu'à ce qu'il soit blanc, le faire fondre dans de l'eau claire, filtrer la dissolution et en faire évaporer l'humidité dans une terrine. On aura un sel pur et bien blanc qu'on gardera dans une bouteille parfaitement bouchée.

Les paysans d'Auvergne vendent aux Épiciers les cendres des plantes inutiles qui croissent et qui sèchent sur leurs montagnes : elles sont ensuite revendues aux blanchisseuses qui les emploient à leurs lessives.

Les plantes qui rendent beaucoup de sel fixe sont l'absinthe, la fougère, le chardon bénit, l'armoise, l'herneria, le chamedris, le chamepitis, le tamarisc. Mais celles qui poussent au bord de la mer en donnent encore plus, comme le kali et la perce pierre (criste marine ou fenouil marin).

Le mot al kali désigne en arabe « la soude » (*salsola*), qui pousse dans les prés salés. Ses cendres, obtenues par combustion, contiennent de la soude des chimistes (carbonate de sodium Na_2CO_3).

L'analyse des cendres d'une plante terrestre, comme la fougère calcinée à 250° donne une composition de 25% en K_2O. La même analyse réalisée sur une plante maritime comme la salicorne donne 38% de Na_2O[367].

DU SEL FIXE DE TARTRE

Concasser le tartre crud (brut ; $C_4O_6H_5K$)[368], l'envelopper dans du papier et le calciner entre les charbons ardents jusqu'à ce qu'il soit réduit en une masse blanche. Jetez-la dans beaucoup d'eau chaude, et faites-en une lessive que vous filtrez et versez dans un vaisseau de verre ou de grès. Faites évaporer toute l'humidité au feu de sable. Il reste un sel blanc : le sel alkali de tartre (K_2CO_3).

Ce sel est apéritif (facilite les secrétions de l'appareil digestif), sert pour extraire la couleur des végétaux et se donne pour les obstructions en doses de dix à trente grains dans du bouillon ou des infusions laxatives.

Si on l'expose quelques jours dans un vaisseau de verre plat à la cave, il se résout en une liqueur : l'huile de tartre par défaillance (un solide se résout en liquide par seul contact avec l'air). On s'en sert pour les dartres (maladies de peau) et pour guérir les tumeurs. Les dames en mélangent dans l'eau de lys pour se décrasser le visage et les mains.

Les sels alkali sont apéritifs car ils dissolvent les glaires qui font obstruction. Ils peuvent aussi servir à dissoudre une pituite visqueuse attachée contre les

---

367 Bourzat, p. 212.
368 Lémery, p. 702.

intestins. L'huile faite par défaillance guérit les dartres, résout les tumeurs, parce qu'étant alkaline, elle adoucit les sels piquants qui fomentent ces maladies.

DU SAVON

Le savon est un mélange d'huile et de sel alkali : il dissout les graisses. Il est composé d'huile d'olive, de lessive de soude calcinée et d'amidon. On fait bouillir ces ingrédients, jusqu'à ce que la consistance devienne épaisse. On peut alors former cette matière, une fois refroidie, en pains.

Le savon rend les matières grasses solubles dans l'eau, ce qui le rend propre à nettoyer et dégraisser[369].

DE L'URINE

Préparer un précipité blanc[370], en dissolvant du mercure par l'esprit de nitre, puis en précipitant par l'esprit volatil de sel armoniac.

Verser de l'urine chaude sur cette dissolution du vif-argent[371] : il se fait une ébullition qui sera suivie d'une précipitation de mercure en poudre de couleur rose pâle. Cette ébullition montre que l'urine « contient l'alkali ». Ce n'est pas étonnant, car ce liquide ayant circulé longtemps dans les vaisseaux s'est chargé de parties terrestres. C'est la plus grossière de ces parties qui fait le sédiment qui s'attache aux pots de chambres, comme le tartre aux tonneaux.

ANNEXE : LA COUPELLATION

L'essayeur devant ses fourneaux (Agricola, 1530).

[369] Macquer, p. 181.
[370] Lémery, p. 257.
[371] Lémery, p. 261.

Comment obtenir ce Mercure ? Il faut partir d'une once de « chaux de Lune (argent) coupellée ». Il ne s'agit point d'une matière énigmatique, comme le pensent les ignorants, mais d'argent ayant subi la coupellation, une opération métallurgique destinée à le purifier.

La coupelle est fabriquée à partir de cendres d'os d'animaux, ou mieux de bois de cerf (phosphate de calcium) cuits au four : elle est donc poreuse. On la met au fourneau jusqu'à ce qu'elle soit rouge[372]. On la remplit de quatre onces de plomb pour une once d'argent à purifier. Le plomb fond et remplit les pores de la coupelle. On ajoute l'argent qui fond aussitôt. Les impuretés (qui sont oxydées) se mêlent au plomb qui forme de l'écume, et l'argent purifié reste au milieu de la coupelle. On peut retirer le plomb à la cuiller, ou le laisser passer par les pores de la coupelle.

Sans connaître le détail des réactions chimiques mises en jeu, les « essayeurs » du Moyen Âge utilisaient cette technique pour détecter l'argent frelaté. Elle est aussi utilisée par les métallurgistes pour extraire l'or et l'argent des minerais dans lesquels ils sont mélangés avec de « vils » métaux.

L'or et l'argent ne s'oxydent pas à hautes températures (près de 1000°C), contrairement au cuivre, ou à d'autres métaux moins nobles.

L'essayeur place une petite quantité d'alliage dans une coupelle de phosphate de calcium (qui compose les os) avec une certaine dose de plomb. Le plomb, en fondant, va agglomérer les métaux oxydables et pénétrer dans la coupelle poreuse, ne laissant que les métaux purs à la surface de celle-ci. Une pesée précise permet de déterminer le titre du métal ou de l'alliage constituant la pièce.

[372] Lémery, p. 103.

Chapitre 9

Du phlogistique à l'oxygène

« Au lieu d'observer les choses que nous voulions connaître, nous avons voulu les imaginer. De supposition fausse en supposition fausse, nous nous sommes égarés parmi une multitude d'erreurs ; et ces erreurs étant devenues des préjugés, nous les avons prises par cette raison pour des principes ; nous nous sommes donc égarés de plus en plus (...). Quand les choses sont parvenues à ce point, quand les erreurs se sont ainsi accumulées, il n'y a qu'un moyen de remettre l'ordre dans la faculté de penser : c'est d'oublier tout ce que nous avons appris, de reprendre nos idées à leur origine, d'en suivre la génération, et de refaire, comme dit Bacon, l'entendement humain. » Condillac, La Logique (1780 ; p. 106), cité par Lavoisier, *Œuvres*, p. 14.

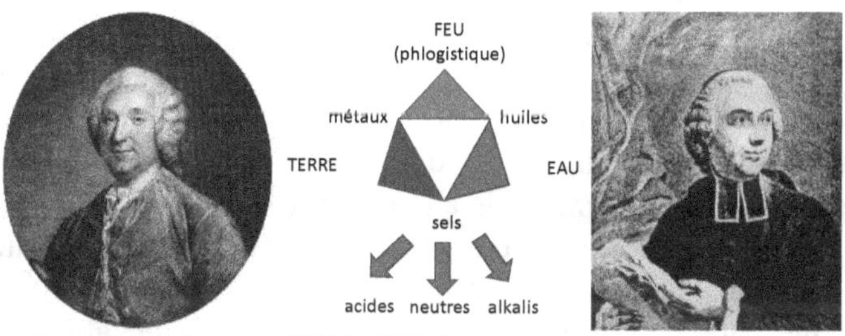

Pierre Joseph Macquer (1718-1784) et sa conception des substances chimiques ; Étienne Bonnot de Condillac (1714-1780).

La théorie du phlogistique ou « matière du Feu » est due à Johann Joachim Becher (1667), qui avait été professeur de médecine à l'Université de Mayence et médecin de l'archevêque-électeur de Mayence, Jean-Philippe de Schönborn. Elle est reprise et systématisée par Georg Ernst Stahl, docteur en médecine de l'Université de Jena (1683), puis professeur à l'Université de Halle.

Au milieu du XVIIIe siècle, Pierre-Joseph Macquer, professeur de chimie et de pharmacie au Jardin des Plantes, la présente encore dans ses *Éléments de chimie théorique* (1749).

Les principes de la matière sont la Terre et l'Eau, mais aussi l'Air et le Feu[373]. L'Air est le fluide que nous respirons continuellement et l'Eau est un corps si connu qu'il est inutile de le présenter. Ces deux premiers principes sont volatils, c'est-à-dire que le feu les sépare des corps dans lesquels ils sont contenus, en les enlevant et dissipant. Au contraire, la Terre est fixe : elle résiste à la plus grande violence du feu.

L'élément Feu est dénommé phlogistique, ou soufre principe, ou encore matière inflammable. C'est une substance que l'on peut considérer comme composée de particules infiniment petites et qui sont agitées d'un mouvement très rapide et continuel. Le soleil en est le réservoir général, et la répand universellement dans tous les corps que nous connaissons. Lorsque la matière s'enflamme ou est calcinée, son phlogistique s'en sépare et se dissipe[374].

Les substances salines sont composées d'Eau et de Terre, les substances métalliques de Terre et de phlogistique, les huiles de phlogistique et d'Eau par le moyen d'un acide.

Il y a trois espèces de Sels, les acides, les alkalis et les sels neutres. On reconnait les acides à leur saveur, qui est celle du verjus (extrait des raisins verts), de l'oseille ou du vinaigre. Les alkalis contiennent plus de terre que les acides ; leur saveur est âcre et brûlante. Les sels neutres n'ont de saveur ni aigre, ni âcre, mais salée. Lorsqu'ils sont dissouts dans l'eau, et qu'on laisse la solution s'évaporer, le sel neutre se coagule en petites masses de formes régulières : c'est la cristallisation.

Le soufre minéral que l'on trouve dans les entrailles de la terre, est une union d'acide vitriolique et de phlogistique (*en réalité, c'est l'acide sulfurique* H_2SO_4 *qui est composé à partir du soufre pur*). Si l'on expose le soufre à un certain degré de chaleur, à l'air libre, il s'enflamme et se consume entièrement : le phlogistique est détruit par cette combustion, et l'acide s'exhale en une vapeur semblable à l'acide vitriolique.

Les métaux parfaits (or et argent) ne subissent aucune altération par l'action du feu[375]. Les métaux imparfaits (cuivre, étain et fer) perdent leur phlogistique par l'action du feu, et donc leur forme métallique. Lorsqu'on soumet un métal à un degré de feu modéré, on le prive de son phlogistique : c'est la calcination du métal. Le métal se dégrade alors sous la forme d'une terre pulvérulente qu'on appelle chaux métallique.

Chaux et calcination (transformation en chaux) viennent du latin calcis, caillou, chaux. Comme le montrera Lavoisier, la calcination est en fait la combinaison du métal avec l'oxygène de l'air (oxydation).

---

[373] Macquer, p. 2.
[374] Macquer, p. 17.
[375] Macquer, p. 77.

« C'est surtout dans les matières métalliques, que les propriétés du phlogistique font sensibles et marquées. La décomposition et recomposition de tous les métaux imparfaits et de tous les demi-métaux, par la soustraction et la restitution du principe inflammable, ne laisse d'abord aucun lieu de douter que ce principe ne soit une de leurs parties constituantes essentielles : c'est là une de ces vérités chimiques qu'on peut regarder comme parfaitement démontrées[376]. »

On retire le phlogistique d'un métal par combustion dans l'air, ou par action des acides minéraux, ou encore par action combinée de l'air et de l'eau. Les métaux ainsi calcinés, ou chaux métalliques, peuvent être recombinés avec leur phlogistique, et reprendre ainsi toutes leurs propriétés métalliques par fusion avec des matières charbonneuses.

Comme la calcination et la réduction des métaux se font par soustraction ou restitution du principe inflammable, on peut, en comparant les propriétés des métaux avec celles de leurs chaux, découvrir les propriétés essentielles du phlogistique.

La densité, l'opacité et la ductilité des métaux sont donc dues à la manière dont les parties de phlogistique s'arrangent avec les terres métalliques. Quoique ces corpuscules de feu soient les atomes les plus petits possibles, ils sont très denses et très opaques, et remplissent exactement les intervalles laissés libres par les parties de terres métalliques.

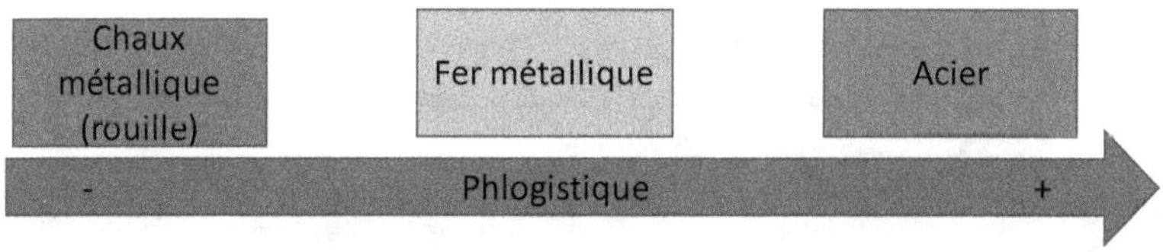

Le fer possède la propriété de se charger d'une plus grande quantité de phlogistique qu'il ne lui en faut pour avoir simplement la forme métallique[377]. On peut lui donner cette quantité par la cémentation. Pour cela, on le tient environné de matières qui contiennent du phlogistique (charbon de bois), et on le chauffe à rouge. Ainsi, le feu incorpore une substance dans une autre sans mettre en fusion ni l'une ni l'autre.

Par ce procédé, le fer s'enrichit en carbone, et non point, bien sûr, en phlogistique.

---

[376] Macquer, *Dictionnaire*, T2, p. 192.
[377] Macquer, p. 108.

Le fer, ainsi imprégné d'une plus grande quantité de phlogistique, devient beaucoup plus dur : on le nomme alors « acier ». La dureté de cet acier est encore augmentée par la trempe, qui consiste à le faire rougir et le plonger subitement dans un liquide froid. C'est comme cela que l'on fabrique des limes ou des ciseaux qui sont capables de couper le verre, les cailloux, ou le fer lui-même !

Macquer classait les substances selon leur composition, ce qui était sans issue, vu qu'il s'appuyait sur les éléments aristotéliciens. Toute autre fut la contribution de Geoffroy (1672-1731), qui organisa ces substances selon les réactions auxquelles elles participaient, c'est-à-dire selon ce qu'il appela leurs affinités. Sa « table des rapports » fut cependant condamnée par les cartésiens, qui y voyaient l'incursion des attractions newtonienne dans le domaine de la chimie.

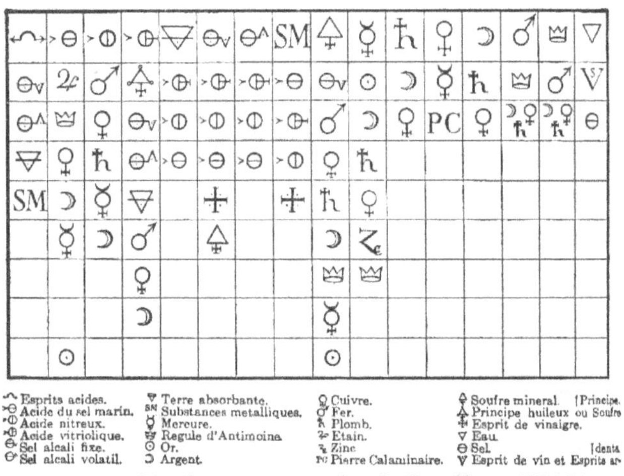

La table des rapports due à Geoffroy (1718)

La première ligne de la table comprend différentes substances[378]. Au-dessous de chacune sont rangées par colonne différentes matières dans l'ordre de leur affinité avec la substance qui se trouve en haut de la colonne.

Ainsi, la première colonne désigne les Acides en général. Par ordre d'affinités décroissantes avec les acides, on a les alkalis fixes, alkalis volatils, les terres absorbantes (magnésie, craie, yeux d'écrevisse, corne de cerf calcinée), puis les métaux (SM). Ainsi, un alkali volatil uni à l'acide ne peut être séparé que par l'alkali fixe.

La sixième colonne est celle des alkalis fixes. Leurs affinités avec les acides sont, par ordre décroissant : acide vitriolique, nitreux et marin. Puis l'acide du vinaigre ou les acides végétaux. Enfin, le soufre, parce que le foie

[378] Macquer p. 256.

de soufre, qui est une combinaison de soufre et d'alkali fixe, se décompose en un acide qui précipite le soufre et se joint à l'alkali. On pourrait ajouter les huiles qui forment des savons avec les alkalis fixes.

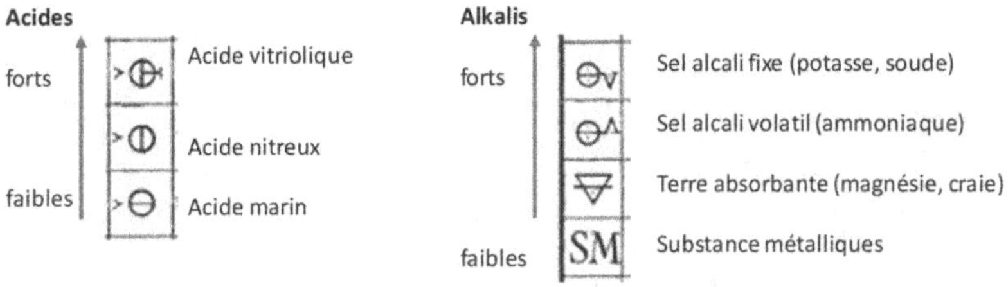

« Toutes les fois que deux substances qui ont quelques dispositions à se joindre l'une avec l'autre se joignent ensemble, s'il en survient une troisième qui ait plus de rapport avec l'une des deux, elle s'y unit en faisant lâcher prise à l'autre[379]. »

DU SUBLIMÉ CORROSIF

L'exemple pris par Geoffroy est celui du sublimé corrosif, dont la préparation, très complexe, était déjà connue de Paracelse, et décrite par Béguin.

Le Chlorure mercurique ($HgCl_2$) est un solide blanc obtenu par action du chlore sur le mercure. C'est le sublimé corrosif des alchimistes.

« Cette préparation se fait ordinairement en prenant le Vitriol calciné ($FeSO_4$), presque rouge, c'est-à-dire extrêmement déphlegmé, le Sel marin ($NaCl$) décrépité et un sel nitreux-mercuriel ($Hg_2(NO_3)_2$) formé de la dissolution du Mercure dans l'Esprit de Nitre évaporé par siccité[380]. » Le Sel marin est composé de l'acide salin (HCl) et d'une terre absorbante (Na) étroitement unis ensemble. On mélange ces trois substances dans une cornue, et on distille.

L'acide vitriolique abandonne son métal pour se joindre à la Terre du Sel Marin.

Geoffroy décrit la réaction suivante :

$$FeSO_4 + 2NaCl \rightarrow Na_2SO_4 + 2Cl + Fe$$

---

379 Geoffroy, *ADS* 1718, p. 202 : *Table de différents Rapports observés en Chimie entre différentes Substances.*
380 Geoffroy, p. 206.

Dans la première colonne de la Table[381], on trouve que les acides en général ont plus de rapport avec la Terre absorbante du Sel marin qu'avec le Fer et le Mercure : voilà pourquoi l'acide vitriolique (SO_4) se joint à celle-ci (Na).

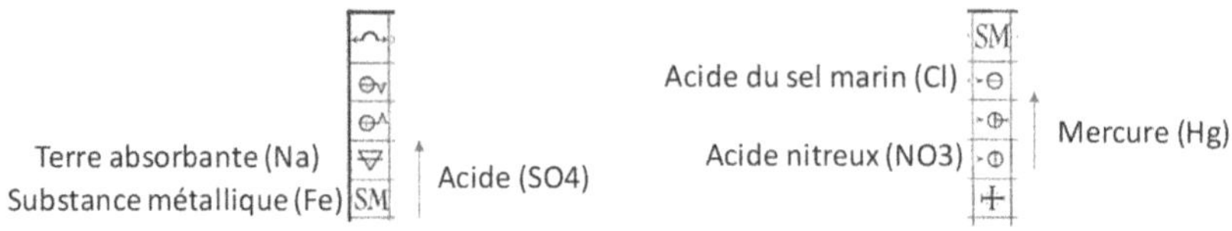

La table des rapports décrit les réactions de substitution.

L'acide du Sel marin lâche prise et se dissipe dans l'air. La huitième colonne montre que l'acide du Sel marin (Cl) a plus de rapport avec les substances métalliques que les autres acides. Il force donc l'acide nitreux à abonner le mercure :

$Hg_2(NO_3)_2 + 4Cl \text{ -> } 2HgCl_2 + 2NO_3$

Ainsi se forme le sublimé corrosif ($HgCl_2$). Cet acide nitreux devenu libre se dissipe et l'air s'exhale hors du vaisseau en vapeurs rougeâtres ou jaunâtres. Il reste au fond du vaisseau une masse rougeâtre composée de Safran de Mars ($Fe(NO_3)_2$).

On ne peut qu'être admiratif devant l'explication par la table des rapports d'une réaction aussi complexe.

[381] Geoffroy, p. 217-218.

Antoine Lavoisier
(1743 – guillotiné en 1794).

Antoine Lavoisier a fait des études de droit, obtenant sa licence en 1764. En 1770, il devient ainsi fermier général, chargé de la collecte des impôts. À ce titre, il dispose de balances d'une précision inégalée, destinées à détecter les fraudes. La marge d'erreur de l'une d'entre elles est de 5 milligrammes pour la mesure d'un poids de 600 grammes. L'autre, de 25 milligrammes pour 10 kilogrammes.

Lavoisier publie *De l'existence d'un fluide élastique fixé dans la chaux métallique* en 1774, basé sur les expériences qu'il avait effectuées au cours des trois années précédentes.

Il y montre qu'un gaz contenu dans l'air pouvait se fixer, se combiner avec les métaux, lors des phénomènes de calcination, et que l'addition de cette substance était la cause d'une augmentation de poids des métaux ainsi convertis en chaux (oxyde métallique)[382]. L'opération contraire, de réduction de la chaux métallique, produit une effervescence qui est un dégagement de gaz, et ramène le métal à sa forme pure.

382 Lavoisier, 1801, p. 261.

CALCINATION DU PLOMB PAR UN VERRE ARDENT[383]

Un morceau de plomb pesant trois gros est placé sous une cucurbite de verre renversée sur du mercure. Le métal est chauffé par un grand « verre ardent » de 33 pouces de diamètre (c'est-à-dire une loupe faisant converger les rayons du soleil). Quand le plomb se mit à fondre (327°), il se couvrit d'une pellicule de couleur jaune, caractéristique du « massicot » (protoxyde de plomb, PbO). Lavoisier laissa refroidir les vaisseaux.

Le mercure était alors remonté de 21/2 lignes dans la cucurbite, car la pression de l'air y avait diminué ; cette quantité correspond à 33/4 pouces cubiques d'air absorbé lors de l'opération. En même temps, l'augmentation du poids du solide due à la calcination est de 21/2 grains environ, c'est-à-dire 2/3 de grain pour chaque pouce cubique d'air.

CALCINATION DU FER PAR LA VOIE HUMIDE

Pour cette expérience, Lavoisier place dans une capsule de verre quatre onces de limaille de fer humectée d'un peu d'eau distillée. Il recouvre le tout d'une cloche de verre de volume 200 pouces cubiques. Au bout de huit jours, il s'est formé un peu de rouille, et l'air a diminué de 6 à 8 pouces cubiques. Au bout de 15 jours, 15 pouces ; au bout d'un mois, 36 pouces ; au bout de deux mois, 50 pouces. Puis, l'absorption de l'air cesse.

Il résulte de ces expériences que :

•la calcination s'arrête lorsqu'une certaine portion de métal a été réduite en chaux dans une quantité donnée d'air,

•à mesure que la calcination s'opère, il y a une diminution du volume d'air proportionnelle à l'augmentation du poids de métal,

•« Il paraît prouvé qu'il se combine avec les métaux pendant leur calcination un fluide élastique (gaz) qui se fixe, et que c'est à cette fixation qu'est due leur augmentation de poids[384]. »

•tout l'air que nous respirons n'est pas propre à se fixer pour entrer dans la combinaison de la chaux métallique, mais il existe dans l'atmosphère un fluide élastique (gaz) particulier qui se trouve mêlé à l'air, et c'est au moment où la quantité de ce fluide contenue sous la cloche est épuisée que la calcination ne peut plus avoir lieu.

[383] Lavoisier, 1801, p. 296.
[384] Lavoisier, 1801, p. 302.

Lavoisier affirme, en nota de son étude[385], qu'il n'avait pas connaissance, alors qu'il réalisait les expériences décrites ci-dessus, des travaux de l'Anglais Priestley qui, avant lui, avait observé la diminution du volume d'air lors de la calcination des métaux.

Aussi, aujourd'hui, accorde-t-on la priorité de la découverte du « dephlogisticated air » à Priestley (1774), ainsi que du « Feuerluft » (air de feu) au suédois Carl Wilhelm Scheele (1772).

En 1777, Lavoisier démontre que la théorie du phlogistique est incapable d'expliquer l'augmentation de poids des métaux lors de leur calcination (*Sur le phlogistique pour servir de suite à la théorie de la combustion et de la calcination.*

En effet, dans le système de Stahl, les métaux devraient perdre du poids pendant qu'on les calcine, puisqu'il s'en échappe du phlogistique qui est un principe pesant.

Lavoisier substitue donc à la théorie du phlogistique « un principe particulier », composant « l'air pur, l'air vital », qu'il nomme « principe oxygine » (oxygène). Alors, tous les phénomènes s'expliquent très facilement.

CALCINATION DU MERCURE

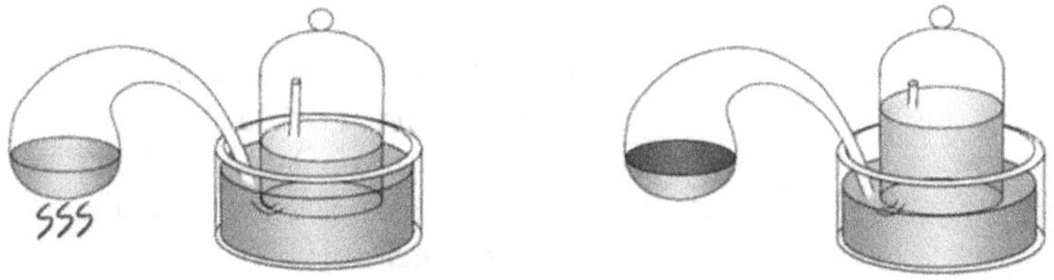

La calcination du mercure.

Mais Lavoisier ne peut se contenter de cette expérience. La diminution du volume de l'air observée par Priestley était d'un cinquième, voire du quart du volume initial de l'air, alors que le Français n'a réussi qu'à porter cette diminution à la seizième partie. Il doit donc refaire une expérience plus précise, qu'il relate dans son *Traité élémentaire de chimie*, daté de 1789, une année fatidique[386].

Lavoisier pose un matras à long col recourbé sur un fourneau. Il place l'extrémité du col sous une cloche plongée dans un bain de mercure. Le matras

[385] Lavoisier, 1801, p. 304.
[386] Lavoisier, 1789a, p. 35 sqq.

contient 4 onces de mercure très pur. Le chimiste entretient alors le feu durant douze jours.

Le premier jour, des gouttelettes de mercure tapissèrent l'intérieur du vaisseau, avant de retomber. Puis, la calcination du mercure commença, le métal se recouvrant d'une couche rouge (oxyde de mercure) de plus en plus importante. Lorsque celle-ci cessa de croître, Lavoisier éteignit le feu et laissa refroidir les vaisseaux. Le volume d'air contenu dans le haut de la cloche avait baissé de 8 pouces cubiques.

L'oxygène représenterait ainsi 1/6 du volume de l'air atmosphérique (la vraie proportion est de 21%).

> « L'air qui restait après cette opération, et qui avait été réduit aux cinq-sixièmes de son volume par la calcination du mercure, n'était plus propre à la respiration ni à la combustion ; car les animaux qu'on y introduisait y périssaient en peu d'instants, et les lumières s'y éteignaient sur-le-champ, comme si on les eût plongées dans de l'eau[387].
>
> D'un autre côté, j'ai pris les 45 grains de matière rouge qui s'était formée pendant l'opération, je les ai introduits dans une très petite cornue de verre, à laquelle était adapté un appareil propre à recevoir les produits liquides et aériformes qui pourraient se séparer ; ayant allumé du feu dans le fourneau, j'ai observé qu'à mesure que la matière rouge était échauffée, sa couleur augmentait d'intensité. Lorsqu'ensuite la cornue a approché de l'incandescence, la matière rouge a commencé à perdre peu à peu de son volume, et en quelques minutes elle a entièrement disparu ; en même temps il s'est condensé dans le petit récipient 41 grains 1/2 de mercure coulant (l'oxyde a donc été réduit : il a perdu son oxygène), et il a passé sous la cloche 7 à 8 pouces cubiques d'un fluide élastique beaucoup plus propre que l'air de l'atmosphère à entretenir la combustion et la respiration des animaux. Ayant fait passer une portion de cet air dans un tube de verre d'un pouce de diamètre, et y ayant plongé une bougie, elle y répandait un éclat éblouissant ; le charbon, au lieu de s'y consumer paisiblement comme dans l'air ordinaire, y brûlait avec flamme et une sorte de décrépitation, à la manière du phosphore, et avec une vivacité de lumière que les yeux avaient peine à supporter. »

L'oxygène est ainsi la partie respirable de l'air, l'autre partie étant une « mofette », c'est-à-dire un gaz non respirable (azote).

La Chimie de Lavoisier met un terme à la théorie des éléments[388] : « On ne manquera pas d'être surpris de ne point trouver dans un traité élémentaire de chimie un chapitre sur les parties constituantes et élémentaires des corps ; mais je ferai remarquer ici que cette tendance que nous avons à vouloir que tous les corps de la nature ne soient composés que de trois ou quatre éléments tient à un préjugé

---

[387] Lavoisier, 1789a, p. 36.

[388] Lavoisier, 1789a, p. 5.

qui nous vient originairement des philosophes grecs. L'admission de quatre éléments, qui, par la variété de leurs proportions, composent tous les corps que nous connaissons, est une pure hypothèse, imaginée longtemps avant qu'on eût les premières notions de la physique expérimentale et de la chimie. On n'avait point encore de faits, et l'on formait des systèmes ; et aujourd'hui que nous avons rassemblé des faits, il semble que nous nous efforcions de les repousser, quand ils ne cadrent pas avec nos préjugés ; tant il est vrai que le poids de l'autorité de ces pères de la philosophie humaine se fait encore sentir, et qu'elle pèsera sans doute encore sur les générations à venir. »

Il s'agit d'une rupture épistémologique majeure entre la science des Anciens, et celle des Modernes. La première était en effet héritée des philosophes grecs, propagée au Moyen Âge par la scolastique, et encore dominante aux XVIIe et XVIIIe siècles. La théorie des quatre éléments était due à Empédocle, puis complétée par Aristote, qui y avait ajouté les quatre qualités élémentaires. Les alchimistes, et avec eux Paracelse, ne l'on point remise en cause, avec leurs Sel, Soufre et Mercure ; ni même Descartes, qui croyait à la Terre, à l'Air et au Feu. Nous l'avons vu, Macquer, au milieu du XVIIIe siècle, y voyait encore les principes de la matière.

Dans l'article *Principe*s (chimie) l'*Encyclopédie* (de Diderot et d'Alembert), Gabriel François Venel écrivait encore (1765) :

« Les chimistes modernes ont admis assez généralement pour leurs principes premiers & inaltérables, les quatre éléments des Péripatéticiens (= aristotéliciens) : le feu qu'ils appellent phlogistique avec les Stahliens, l'air, l'eau, & la terre. Mais cette énumération est incomplète & inexacte, en ce qu'il y a plusieurs espèces de terre véritablement inaltérables & incommutables, & qui seront par conséquent pour eux autant de premiers principes, tant qu'ils n'auront pas su simplifier ces espèces de terre jusqu'au point de parvenir à un principe terreux, unique & commun. »

Lavoisier n'avait pas encore fait son travail de sape. Venel croyait encore au phlogistique. Il était donc trop tôt pour que les encyclopédistes puissent se débarrasser des « quatre Éléments » aristotéliciens, bien qu'ils haïssent la scolastique, comme le manifeste Diderot (article « Scolastique ») :

« Il suit de ce qui précède, que cette méthode détestable d'enseigner & d'étudier infecta toutes les sciences & toutes les contrées (…). Qu'elle dégrada la Philosophie (…). Qu'elle éloigna les meilleurs esprits des bonnes études (…). Qu'elle donna lieu à l'aristotélisme qui dura si longtemps, & qu'on eut tant de peine à détruire (…). Que la protection des grands, les dignités ecclésiastiques & séculières, les titres honorifiques, les places les plus importantes, la considération, les dignités, la fortune, accordées à de misérables disputeurs, achevèrent de dégoûter les bons esprits des connaissances plus solides (…). Que leur physique est un tissu d'impertinences (…). En un mot, que cette philosophie a été une des plus grandes plaies de l'esprit humain (…). Qui croirait qu'aujourd'hui même on n'en est pas encore bien guéri ? Qu'est - ce que la théologie qu'on dicte sur les bancs ? Qu'est - ce que la philosophie qu'on apprend dans les collèges ? La morale, cette partie à laquelle tous les philosophes anciens se sont principalement adonnés, y est absolument oubliée. Demandez à un jeune homme qui a fait son cours, qu'est - ce que la matière subtile ? Il vous répondra, mais ne lui demandez pas qu'est-ce que la vertu ? Il n'en sait rien. »

Diderot se fit encore plus violent après que les premiers volumes de l'*Encyclopédie* furent mis à l'Index par le pape Clément XIII (1759), et que la parution des volumes suivants fut interdite par Louis XV. Le parti dévot, et les jésuites en premier lieu, avaient sans aucun doute inspiré la décision du roi. Ils en furent pour leurs frais, dans l'article « Jésuite » (Jaucourt et Diderot) :

« En 1757, un attentat parricide est commis contre Louis XV notre monarque, & c'est par un homme (Robert François Damiens : son couteau n'a percé que légèrement les épais vêtements du roi) qui a vécu dans les foyers de la société de Jésus, que ces pères ont protégé, qu'ils ont placé en plusieurs maisons ; & dans la même année ils publient une édition d'un de leurs auteurs classiques, où la doctrine du meurtre des rois est enseignée. C'est comme ils firent en 1610, immédiatement après l'assassinat de Henry IV, mêmes circonstances, même conduite (…).

En 1761, un de cette compagnie (la Valette), après s'être emparé du commerce de la Martinique, menace d'une ruine totale ses correspondants. On réclame en France la justice des tribunaux contre le jésuite banqueroutier, & la société est déclarée solidaire du père la Valette. Elle traîne maladroitement cette affaire d'une juridiction à une autre. On y prend connaissance de ses constitutions ; on en reconnaît l'abus, & les suites de cet événement amènent son extinction parmi nous (abolition de la Congrégation de Jésus par Louis XV en 1764).

Lisez dans l'arrêt du parlement de Paris, publié le 6 août 1762, la liste infamante des condamnations qu'ils ont subies à tous les tribunaux du monde chrétien, & la liste plus infamante encore des qualifications qu'on leur a données.

On s'arrêtera sans doute ici pour se demander comment cette société s'est affermie, malgré tout ce qu'elle a fait pour se perdre ; illustrée, malgré tout ce qu'elle a fait pour s'avilir ; comment elle a obtenu la confiance des souverains en les assassinant, la protection du clergé en le dégradant, une si grande autorité dans l'Église en la remplissant de troubles, & en pervertissant sa morale & ses dogmes.

C'est ce qu'on a vu en même temps dans le même corps, la raison assise à côté du fanatisme, la vertu à côté du vice, la religion à côté de l'impiété, le rigorisme à côté du relâchement, la science à côté de l'ignorance, l'esprit de retraite à côté de l'esprit de cabale & d'intrigue, tous les contrastes réunis. Il n'y a que l'humilité qui n'a jamais pu trouver un asile parmi ces hommes.

Ils ont eu des poètes, des historiens, des orateurs, des philosophes, des géomètres, & des érudits (…).

Mais en quel temps le colosse s'est-il évanoui ? Au moment même où il paraissait le plus grand & le mieux affermi. Il n'y a qu'un moment que les Jésuites remplissaient les palais de nos rois ; il n'y a qu'un moment que la jeunesse, qui fait l'espérance des premières familles de l'état, remplissait leurs écoles ; il n'y a qu'un moment que la religion les avait portés à la confiance la plus intime du monarque, de sa femme & de ses enfants ; moins protégés que protecteurs de notre clergé, ils étaient l'âme de ce grand corps. Que ne se croyaient-ils pas ? J'ai vu ces chênes orgueilleux toucher le ciel de leur cime ; j'ai tourné la tête, & ils n'étaient plus. »

Au moment où Lavoisier fait ses études, les jésuites doivent fermer leurs collèges. Au moment où Lavoisier porte le coup de grâce à la théorie des éléments aristotéliciens, les plus farouches apôtres de la scolastique ont quitté la France, sous les coups conjugués de l'Église gallicane, des jansénistes, ainsi que des Lumières.

Non seulement Lavoisier renvoie la théorie des éléments aux oubliettes, mais, très tôt, il propose un autre modèle, d'une grande modernité. Dès 1777, il écrit, dans ses *Réflexions sur le phlogistique, pour servir de suite à la théorie de la combustion et la calcination*[389] : « Tous les corps de la nature obéissent à deux forces, le fluide igné, la matière du feu, qui tend continuellement à en écarter les molécules, et l'attraction qui contrebalance cette force. » Si l'attraction est victorieuse, le corps demeure à l'état solide. Si les deux forces s'équilibrent, il devient liquide. Si la force expansive de la chaleur l'emporte, le corps est aériforme (gazeux). Lavoisier donne le nom de « calorique » à ce « fluide igné ».

	NOMS NOUVEAUX.	NOMS ANCIENS CORRESPONDANTS.
Substances simples qui appartiennent aux trois règnes, et qu'on peut regarder comme les éléments des corps.	Lumière	Lumière.
	Calorique	Chaleur. Principe de la chaleur. Fluide igné. Feu. Matière du feu et de la chaleur.
	Oxygène	Air déphlogistiqué. Air empiréal. Air vital. Base de l'air vital.
	Azote	Gaz phlogistiqué. Mofette. Base de la mofette.
	Hydrogène	Gaz inflammable. Base du gaz inflammable.

Pour Lavoisier, le calorique est une substance simple, comme la lumière, l'atome (« molécule ») d'oxygène, d'azote ou d'hydrogène...Ces particules sont les éléments indivisibles constitutifs de tous les corps.

[389] Publié dans les *Mémoires de l'Académie des Sciences*, année 1783, p. 505.

Certes, on sait aujourd'hui que la température d'un corps n'est pas due à un fluide qu'il contiendrait, mais au mouvement de ses molécules. Ceci dit, Lavoisier explique les différents états des corps par différents niveaux des forces de liaison entre ses molécules. Un point de vue très juste, et en totale rupture avec celui des scolastiques, comme des alchimistes, pour lesquels chaque état de la matière constituait un Élément ou un Principe en soi. Là où les Anciens voyaient le multiple, Lavoisier substituait un seul principe qui se transformait. Toute la conception de la chimie en était renversée.

Plutôt que le terme « d'atome », chargé de ses interprétations passées, Lavoisier choisit celui de « molécules », rarement utilisé, et signifiant « petite masse ».

L'air est donc constitué d'une partie respirable, l'oxygène, l'autre partie « privant de la vie les animaux qui la respire ». Lavoisier la nomme donc « **azote** », de l'α grec, préfixe privatif, et de ζωη, la vie[390]. En effet, une fois la calcination réalisée, le gaz qui reste dans le vaisseau éteint les bougies qu'on y place aussi vite que si on les avait plongées dans l'eau et tue les animaux qu'on y introduit. Son poids est de 0,4444 grain par pouce cubique.

Ayant renouvelé totalement les bases de la chimie, Lavoisier peut, en quelques années, reconstruire tout l'édifice. Sa nouvelle nomenclature redéfinit la dénomination de tous les corps chimiques connus à l'époque. Une telle œuvre a nécessité de nombreux collaborateurs : Louis-Bernard Guyton-Morveau, Claude-Louis Berthollet, Antoine-François Fourcroy, Jean-Henri Hassenfratz et Pierre-Auguste Adet. Elle est décrite dans la *Méthode de Nomenclature chimique* publiée en 1787.

Dans cette nouvelle nomenclature, « les substances simples sont nommées par des mots simples[391]». Puis, les corps formés par la réunion de plusieurs substances simples sont désignés par des noms composés. Les acides, par exemple, sont composés de deux substances, l'une qui donne l'acidité (principe acidifiant : l'oxygène), et qui est commune à tous, et l'autre qui est propre à chaque acide (base ou principe acidifiable : n*e doit pas être confondue avec la notion actuelle de base, qui s'appelait alors alcali*).

Lorsque l'acide avait été découvert avant que l'on sache qu'il était composé de sa base, on lui avait donné un nom qui n'avait bien entendu aucun rapport avec cette base. Ainsi, l'acide du soufre étant extrait du vitriol de fer, fut nommé acide vitriolique. Lavoisier le désigne maintenant comme acide sulfurique. Les proportions de ces deux constituants peuvent varier : nous aurons donc l'acide sulfurique et l'acide sulfureux. De même, l'acide nitrique,

---

[390] Les Anglais l'appellent Nitrogen (N) qui signifie « celui qui forme le nitre, ou salpêtre ». Il avait été mis en évidence pour la première fois par Daniel Rutherford en 1772, ainsi que par Carl Wilhelm Scheele et Henry Cavendish.

[391] Lavoisier, *Œuvres*, p. 9.

dont l'azote est la base, devrait s'appeler acide azotique. Lavoisier continuera cependant à l'appeler « acide nitrique ».

Les substances métalliques qui ont été calcinées par le feu en présence d'air perdent leur éclat métallique, et prennent une apparence terreuse. On les appellera donc du nom générique d'oxyde, suivi du nom spécifique à chaque métal. Ainsi, l'oxyde jaune de plomb (ou massicot, PbO).

Les sels neutres, quant à eux, sont composés de trois substances simples : un acide, lui-même composé de deux substances, comme nous l'avons vu précédemment, plus une base saline, terreuse ou métallique. Contrairement à Macquer, Lavoisier ne classe donc pas les acides dans la catégorie des sels.

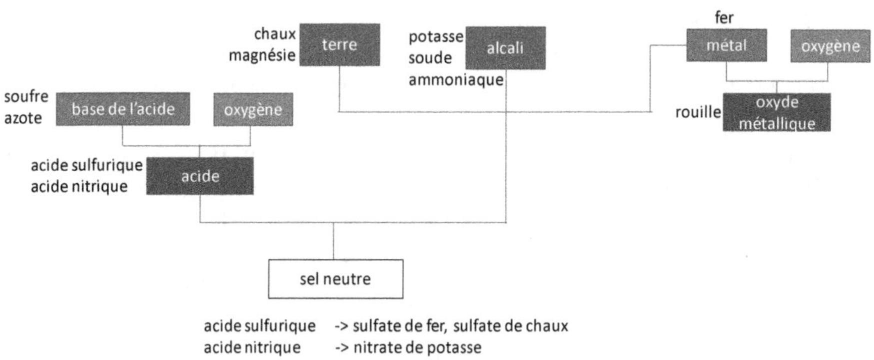

Les sels sont connus aujourd'hui pour être composés d'ions électriquement positifs (cations) et d'ions électriquement négatifs (anions). Les anions sont un des composants des acides correspondants :

- *ion sulfate SO_4^{2-} -> acide sulfurique*
- *ion nitrate NO_3^- -> acide nitrique*

Quelques exemples de cations : ammonium NH_4^+, calcium Ca_2^+, fer Fe_2^+, magnésium Mg_2^+, potassium K^+,...
Les sels sont obtenus par les réactions : acide + base -> sel + eau.
Par exemple :

Acide nitrique + potasse -> nitrate de potasse ou salpêtre (KNO_3)
HNO_3 + KOH (potasse caustique) --> NO_3^- + K^+ + H_20

Les anciens noms des substances chimiques ont été abandonnés, car ils étaient le plus souvent trompeurs. Ainsi « l'huile de tartre par défaillance, l'huile de vitriol, le beurre d'arsenic, la fleur de zinc ». Car il n'existe, dans le règne minéral, aucun beurre, aucune huile et aucune fleur, et que toutes ces substances sont de violents poisons.

LES ACIDES MINERAUX

Pour étudier le soufre, le phosphore et le charbon, Lavoisier les calcine par l'oxygène, qui est une substance pure, plutôt que par l'air de l'atmosphère qui est un mélange.

Le phosphore (« qui porte la lumière ») avait été découvert par l'alchimiste allemand Hennig Brandt en 1669 (quoiqu'on le connaisse sous le nom de phosphore de Kunckel), qui espérait tirer la pierre philosophale de l'urine. On l'a ensuite découvert dans de nombreux aliments dont se nourrissent les animaux (graines de moutarde, de raves, de rue, de seigle, et de froment), et dans certaines parties animales, mais en moindre quantité que dans l'urine : « Un sel singulier, différent par ses qualités de tous les autres sels connus fut découvert dans l'urine. Ce sel, mêlé au charbon que donne l'urine, à tout autre charbon léger, ou à de la suie, calciné par la distillation à un feu violent, fournit un très beau phosphore[392]. »

Lavoisier place du phosphore dans un ballon rempli d'oxygène pur, et l'enflamme par un « verre ardent ». La combustion est extrêmement rapide et produit une grande quantité de flocons blancs qui se fixent sur les parois intérieures du ballon. Le phosphore s'éteint bientôt. L'addition d'oxygène a transformé le phosphore d'une substance combustible en acide.

Le soufre est également « un corps combustible, c'est-à-dire qui a la propriété de décomposer l'air et d'enlever l'oxygène au calorique », mais l'acide qui se forme alors est difficile à condenser.

$$S + O_2 \rightarrow SO_2$$

Le charbon est une substance combustible simple, mais l'acide qui résulte de cette combustion ne se condense pas au degré de pression et de température dans lequel nous vivons : il demeure dans l'état de gaz, et il faut une grande quantité d'eau pour l'absorber.

$$C + O_2 \rightarrow CO_2$$

Il faut 72 parties d'oxygène en poids pour en saturer 28 de charbon. Cet « acide aériforme » (gazeux) a été nommé « air fixe » par les premiers chimistes qui l'on découvert. Maintenant on sait qu'il s'agit d'un acide, et ce nom ne lui convient plus.

On voit ainsi que l'oxygène est le principe commun à tous les acides, et qui leur donne leur acidité. La substance acidifiée les distingue : on l'appelle

392 *Encyclopédie*, article « Phosphore ».

radical. On a donc identifié maintenant les acides phosphoriques, acides sulfuriques et acides carboniques.

Lavoisier confond l'oxyde (ou anhydride) et son acide produit par hydratation (addition d'eau). Ainsi, le dioxyde de carbone, ou gaz carbonique, CO_2, devient acide carbonique H_2CO_3 (contenu dans l'eau gazeuse ou le Champagne et qui produit les bulles). Le trioxyde de soufre, SO_3, devient acide sulfurique H_2SO_4. Lavoisier passe ainsi à côté de l'importance des ions H+ dans la fonction acide.

Mais si le soufre est combiné avec peu d'oxygène, il forme un acide volatil d'une odeur pénétrante. On l'appellera acide sulfureux (H_2SO_3). Une plus grande proportion d'oxygène le convertit en acide fixe, pesant, sans odeur. Ce sera lui l'acide sulfurique (H_2SO_4).

Mais comment nommer les acides dont on ne connaît pas le radical [393]? Si l'on verse de l'acide sulfurique (H_2SO_4) sur du sel marin (NaCl), il se fait une vive effervescence et s'élèvent des vapeurs blanches à l'odeur très pénétrante. L'acide gazeux ainsi obtenu peut être dilué dans une grande quantité d'eau. On l'appellera acide muriatique, du mot latin *muria*, désignant le sel marin.

Pour Lavoisier, il ne fait pas de doute qu'il soit constitué d'oxygène, et d'un radical inconnu. En fait, il s'agit de l'acide chlorhydrique (HCl) : il n'y a pas d'oxygène dans la constitution de l'acide chlorhydrique. Le chlore, découvert en 1774 par le suédois Scheele, n'acquit son identité actuelle qu'en 1810.

LES ACIDES ORGANIQUES

Les acides du règne végétal sont plus complexes que ceux du monde minéral, car ils sont composés de plusieurs bases acidifiables, dont l'hydrogène, le carbone, voire le phosphore, combinés à l'oxygène. Lavoisier connaît 13 acides végétaux, dont nous listons ci-dessous les plus importants.

- Acide acétique obtenu par distillation du vinaigre ($C_2H_4O_2$)
- Acide oxalique, ou « sel d'oseille », isolé par Scheele, à partir de l'oseille et de la rhubarbe (1776 : $C_2H_2O_4$)
- Acide tartareux ou tartrique ($C_4H_6O_6$). C'est le principal acide du vin, isolé par Scheele en 1769
- Acide citrique ($C_6H_8O_7$), isolé par Scheele en 1784 à partir du jus de citron
- Acide malique, extrait du jus de pomme par Scheele en 1785 ($C_4H_6O_5$)
- Acide gallique ($C_7H_6O_5$), isolé par Scheele à partir de la galle du chêne

[393] Lavoisier, *Œuvres*, p. 60.

•Acide benzoïque ($C_7H_6O_2$), extrait du benjoin par Blaise de Vigenère (1608) en distillant l'eau-de-vie

•Acide camphorique ($C_{10}H_{16}O_4$), préparé par Libavius en traitant le camphre par l'eau forte (*oleum camphorae*)

•Acide succinique ($C_4H_6O_4$), obtenu par distillation du succin ou ambre jaune (Boyle)

Les acides du règne animal sont encore moins connus que ceux du monde végétal :

•Acide lactique ($C_3H_6O_3$), isolé par Scheele

•Acide bombique extrait du ver à soie (*bombix*)

•Acide formique (CH_2O_2), obtenu par distillation de cadavres de fourmis par John Ray (1671)

•Acide sébacique ($C_{10}H_{18}O_4$), issu de l'huile de ricin

•Acide prussique (HCN), ou acide cyanhydrique. Scheele l'a extrait du bleu de Prusse ($Fe_7(CN)_{18}$; 1706). Ce pigment utilisé en peinture avait été découvert par l'Allemand Diesbach.

LES OXYDES MÉTALLIQUES

> « Lorsque les substances métalliques sont échauffées à un certain degré de température, l'oxygène a plus d'affinité avec elles qu'avec le calorique : en conséquence toutes les substances métalliques, si l'on en excepte l'or, l'argent et le platine, ont la propriété de décomposer le gaz oxygène, de s'emparer de sa base et d'en dégager le calorique[394] (...). Les substances métalliques, pendant leur calcination, augmentent de poids à proportion de l'oxygène qu'elles absorbent ; en même temps elles perdent leur éclat métallique et se réduisent en une poudre terreuse. »

Les Anciens ont appelé « chaux » les métaux ainsi oxydés, mais aussi la pierre calcaire qui se convertit en alcali terreux lorsqu'on la calcine. Lavoisier met fin à cette confusion en appelant les premiers « oxydes métalliques ». Leurs couleurs varient suivant leur degré d'oxygénation : on aura donc l'oxyde noir de fer (anciennement éthiops martial ; éthiopien signifiant « de couleur noire », FeO), l'oxyde rouge de fer (anciennement colcothar), et l'oxyde jaune de fer (anciennement rouille de fer ; oxyde ferrique, Fe_2O_3 ; c'est lui qui donne sa couleur à la planète mars).

---

[394] Lavoisier, *Œuvres*, p. 65.

L'oxyde gris de plomb est l'ancienne « cendre de plomb », l'oxyde jaune de plomb, le « massicot » (PbO), et l'oxyde rouge de plomb, le minium (Pb_3O_4).

LES TERRES ET LES ALCALIS

Les acides peuvent s'unir avec des substances terreuses et alcalines pour constituer des sels neutres ou bases salifiables. Ces subtances sont :

•La potasse ou « alcali fixe végétal » (K_2CO_3), obtenue par lessivage des cendres végétales. Ces cendres sont les principes fixes restant après combustion complète des végétaux.

•La soude (Na_2CO_3) se tire aussi de la lixivation des cendres de plantes, mais seulement de celles qui poussent au bord de la mer. On ne connaît pas mieux les principes constituants de la soude que ceux de la potasse (le potassium et le sodium seront isolés par Davy en 1807, grâce au procédé de l'electrolyse).

•L'ammoniac (NH_3) : c'est l'alcali volatil des Anciens. Berthollet, en 1784, a pu montrer qu'il était composé de 807 parties d'azote, pour 193 d'hydrogène. On l'obtient par distillation des matières animales, puis addition d'acide muriatique, de chaux ou de potasse, pour purifier le produit obtenu.

•La chaux (CaO) : on ignore sa composition. On la trouve saturée d'acide carbonique dans la craie ($CaCO_3$) ou le marbre, d'acide sulfurique, comme dans le gypse ($CaSO_4$) ou la pierre à plâtre, ou encore d'acide fluorique, comme dans le spath fluor (fluorine, CaF_2).

•La magnésie se rencontre dans un grand nombre d'eaux minérales, combinée à l'acide sulfurique, ou dans l'eau de mer combinée à l'acide muriatique.

•La baryte est plus rare : elle forme le spath pesant, combinée à l'acide sulfurique (barytine, $BaSO_4$).

•L'alumine (Al_2O_3, isolée par l'Allemand Marggraf en 1754), ou base de l'alun ($KAl(SO_4)_2$), se rencontre dans les argiles.

L'EAU

« Jusqu'à ces derniers temps on avait regardé l'eau comme une substance simple, et les Anciens n'avaient fait aucune difficulté de la qualifier du nom d'élément : c'était sans doute une substance élémentaire pour eux, puisqu'ils n'étaient point parvenus à la décomposer[395]. » C'est Lavoisier, le premier, qui réussit la décomposition de l'eau, puis sa recomposition. Rencontrant l'incrédulité de ses contemporains, il en réalisa une expérience publique (1785).

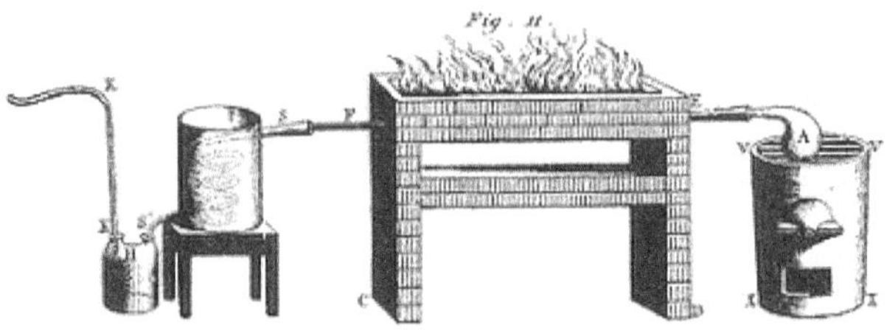

Décomposition de l'eau en oxygène et hydrogène.

L'eau est portée à ébullition dans une cornue, et sa vapeur traverse un tuyau contenant de petits copeaux de fer (pesant 274 grains) qui sont chauffés au rouge par un fourneau. Le gaz aqueux (vapeur d'eau) sort du tuyau et passe dans un serpentin où il se condense. Mais il se dégage aussi une grande quantité de gaz extrêmement léger et fortement inflammable.

Le fer s'est transformé en oxyde noir (FeO), et pèse 85 grains de plus : ce qui prouve qu'il y avait de l'oxygène dans l'eau. Quant au gaz inflammable (16 grains), il est 13 fois plus léger que l'air. Ainsi, l'eau est composée de 85 parties d'oxygène (O = 16) pour 15 de ce gaz (H_2 = 2 ; 2/18 = 11%), que Lavoisier appelle hydrogène (= qui engendre l'eau).

Paracelse ou Robert Boyle avaient déjà produit de l'hydrogène en plongeant de petits morceaux de fer ou de zinc dans l'acide sulfurique dilué.

$$Fe + H_2SO_4 \rightarrow H_2 + FeSO_4$$

Lémery utilise cette réaction pour produire son « Vitriol de Mars » ($FeSO_4$). Mais Cavendish avait été le premier à identifier le gaz qui s'échappait ainsi : il le nomma « flammable air », gaz inflammable (1766).

Lavoisier fut en mesure de recomposer l'eau. Il fait le vide dans un grand ballon, et y introduit séparément de l'oxygène et de l'hydrogène, produits comme précédemment. Il allume ce mélange « grâce à une étincelle électrique ». Â mesure que la combustion s'opère, il se dépose de grosses gouttes d'eau sur les parois du ballon, qui coulent au fond du vase. « Cette expérience a été faite en présence d'une commission nombreuse de l'Académie des sciences ».

---

[395] Lavoisier, Œuvres, p. 68.

Pour Lavoisier, « l'art de faire des expériences en chimie[396]» est basé sur le principe suivant : « il y a une véritable égalité ou équation entre les principes du corps qu'on examine et ceux qu'on en retire par l'analyse (...). Car rien ne se crée, ni dans les opérations de l'art, ni dans celles de la nature, et l'on peut poser en principe que, dans toute opération, il y a une égale quantité de matière avant et après l'opération ; que la qualité et la quantité des principes est la même, et qu'il n'y a que des changements, des modifications. » C'est le principe de conservation de la matière.

Certes, l'application de ce principe n'est pas nouvelle. Pour van Helmont, au début du XVIIe siècle, si 62 livres de charbon de bois ne laissent qu'une livre de cendres, c'est qu'il s'est dégagé 61 livres de gaz. Mais le Bruxellois ignorait que le dioxyde de carbone qui se dégageait empruntait son oxygène à l'air, de même qu'il ignorait que le saule qu'il avait fait pousser ne s'était pas alourdi de la seule eau de pluie, mais aussi du gaz carbonique qu'il tirait de l'air.

Lavoisier, grâce à ses cloches à mercure, savait peser les constituants de l'air entrant dans les réactions chimiques. Il a donc systématisé l'analyse chimique. Mais la composition de toutes les substances n'est pas aussi simple que celle de l'eau, en particulier les composés organiques. Prenons l'exemple du sucre.

LA FERMENTATION VINEUSE

Pour faire du vin, on exprime le jus de raisin, on y ajoute de l'eau, et on verse le liquide ainsi obtenu dans de grandes cuves que l'on stocke en des lieux où la température est supérieure à 10° Réaumur. Il s'y fait un mouvement (processus) rapide de fermentation qui dégage une grande quantité d'acide carbonique pur : on croirait alors le liquide en ébullition.

Le liquide qui était doux et sucré avant la fermentation, se change en une liqueur vineuse qui ne contient plus de sucre. Par distillation, on en tire « l'esprit de vin ». Comme cette liqueur est la même que celle qu'on extrait d'autres fruits, ou du sucre lui-même, il n'y a pas de raison de lui conserver ce nom. Lavoisier l'appellera donc « alcool ».

Ainsi, le sucre, qui est le corps le plus simple qui fermente, est un oxyde qui a pour radical l'hydrogène et le carbone combinés ensemble (saccharose de la canne ou de la betterave : $C_{12}H_{22}O_{11}$). Les proportions sont les suivantes :

Hydrogène : 8 parties pour cent
Oxygène : 64
Carbone : 28

[396] Lavoisier, *Œuvres*, p. 101.

La fermentation ne peut pas démarrer si on n'y ajoute pas un peu de levure de bière. On a donc les compositions suivantes, pour la fermentation de cent livres de sucre (quatre parties d'eau et 10 livres de levure sont ajoutées).

Livres.	Onces.	Gros.	Grains.			Livres.	Onces.	Gros.	Grains.
407	3	6	44	d'eau composées de..	Hydrogène..........	61	1	2	71,40
					Oxygène............	346	2	3	44,60
100	"	"	"	de sucre composées de......	Hydrogène...........	8	"	"	"
					Oxygène............	64	"	"	"
					Carbone............	28	"	"	"
2	12	1	28	de levure sèche composées de..	Carbone............	"	12	4	59,00
					Azote..............	"	"	5	2,94
					Hydrogène..........	"	4	5	9,30
					Oxygène............	1	10	2	28,76
					Total.............	510	"	"	"

Lavoisier laisse fermenter ce mélange durant plusieurs jours, puis analyse les constituants, « un travail très pénible ».

Les 100 livres de sucre sont devenues alcool, acide carbonique et acide acétique. La fermentation vineuse a donc séparé le sucre en deux portions. L'une a été oxygénée, pour devenir acide carbonique ; l'autre a été désoxygénée, pour devenir alcool.

$$C_6H_{12}O_6 \rightarrow 2\ C_2H_5OH + 2\ CO_2$$

Sucre *alcool* *dioxyde de carbone*

Ainsi, la fermentation vineuse est-elle un moyen d'analyser le sucre.

La fermentation putride, ou putréfaction des végétaux, n'est rien d'autre qu'une analyse complète des substances végétales, telle que la totalité de leurs principes constitutifs se dégage sous forme de gaz, à l'exception de la terre, ou terreau. En plus de l'hydrogène, de l'oxygène et du carbone, les substances putrescibles contiennent de l'azote : c'est la raison pour laquelle on les utilise pour les amendements et les fumiers.

> « Nous avons vu comment un petit nombre de substances simples, ou au moins qui n'ont point été décomposées jusqu'ici, telles que l'azote, le soufre, le phosphore, le carbone, le radical muriatique et l'hydrogène, formaient, en se combinant avec l'oxygène, tous les oxydes et les acides du règne végétal et du règne animal ; nous avons admiré avec quelle simplicité de moyens la nature multipliait les propriétés et les formes, soit en combinant ensemble jusqu'à trois et quatre bases acidifiables dans différentes proportions, soit en changeant la dose d'oxygène destiné à les acidifier[397]. »

[397] Lavoisier, *Œuvres*, p. 115.

Chapitre 10

Dalton

Un morceau de zinc et un morceau de cuivre mis en contact forment une faible « combinaison » électrique[398]. L'expérience de Galvani (1791) montre très distinctement ce phénomène. On utilise une grenouille fraîchement tuée. Lorsque l'un des métaux touche un muscle, l'autre un nerf, le muscle se contracte violemment.

Une pile voltaïque est constituée d'une alternance de plaques de zinc et de cuivre, séparées par un morceau de tissu imbibé d'une solution (conductrice) de sel, sel ammoniac ou nitre, multipliant ainsi la puissance de chaque élément. C'est l'Italien Volta qui a inventé cet appareil en 1800. Si l'une de ses mains est posée au bas de la pile, et l'autre au sommet, le chimiste reçoit un choc électrique.

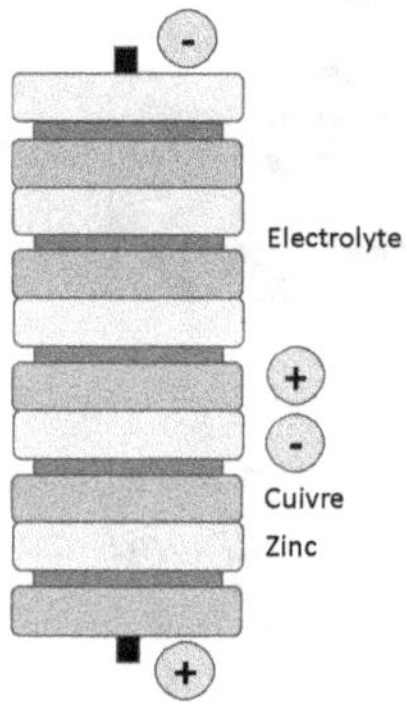

Principe de la pile voltaïque

Dès 1800, les Anglais Carlisle et Nicholson découvrirent que si l'on plonge dans l'eau des fils métalliques fixés aux deux pôles de la pile, l'oxygène se porte au pôle positif, l'hydrogène au négatif. C'est l'électrolyse de l'eau.

---

[398] Davy, p. 79.

Si une solution de sel neutre contient un acide et un alkali (ou une terre, ou encore un métal), l'acide rejoindra la surface positive, l'alkali la surface négative[399]. Ainsi fonctionne, par exemple, l'électrolyse du sel marin.

L'atomisme était longtemps resté une hypothèse purement philosophique. C'était même, chez Lucrèce, un thème de poésie philosophique.

> « Dans l'atome suprême, insoluble, intangible,
> La petitesse atteint les bornes du possible[400] »

William Newman a montré de manière magistrale comment les alchimistes ont cherché à lui donner des fondements physiques : « La tradition de l'alchimie scolastique, longtemps marginalisée (par les historiens) comme un diverticule obscurantiste dans le développement des sciences, émerge maintenant comme un facteur essentiel du développement et de la transmission de la théorie corpusculaire expérimentale depuis le Haut Moyen Âge, jusqu'à l'époque de Boyle. L'alchimie contenue dans les travaux médiévaux tels que la *Summa perfectionis* de Geber fournit l'approche 'empirique négative' justifiant la prétention par Sennert et Boyle selon laquelle les limites de l'analyse en laboratoire révèlent la structure corpusculaire de la matière[401]. »

John Dalton (1766-1844), né à Eaglesfield en Angleterre. Professeur de mathématiques et de philosophie naturelle au New College de Manchester (1793-1799), puis professeur de mathématiques et de chimie à la Warrington Academy où il installa son laboratoire de recherche. Secrétaire de la Société littéraire et philosophique de Manchester à partir de 1800.

En 1808, John Dalton publie, à Manchester, le premier tome d'*Un nouveau système de philosophie chimique*, dans lequel il énonce :

---

399 Davy, p. 81.
400 Lucrèce (1er siècle avant J.-C.), *De Rerum Natura*, traduction A. Lefèvre.
401 Newman, 2006.

Les corps physiques peuvent se trouver sous trois états : fluides élastiques (gaz), liquides et solides[402]. Tous les corps, qu'ils soient liquides ou solides, sont constitués d'un grand nombre de particules extrêmement petites, ou atomes de matière.

Les particules « ultimes » de tous les corps homogènes sont toutes parfaitement identiques entre elles, en poids comme en forme : toutes les particules d'eau ressemblent les unes aux autres, de même que toutes les particules d'hydrogène sont identiques entre elles.

La structure d'un fluide élastique est la suivante. On trouve un minuscule atome central de matière solide entouré d'une atmosphère de chaleur, très dense au voisinage de l'atome, puis plus rare en fonction de la distance à l'atome.

Lorsque l'on mélange deux mesures d'hydrogène avec une d'oxygène, et qu'on y met le feu par une étincelle électrique, l'ensemble se transforme en vapeur, et cette vapeur devient de l'eau si la pression est élevée. Il est donc très probable qu'il y ait le même nombre de particules dans deux mesures d'hydrogène que dans une d'oxygène[403].

Cent pouces cubiques d'oxygène (à la température de 55°F, et la pression de 30 pouces de mercure) pèsent environ 35 grains. Cent pouces cubiques d'hydrogène pèsent environ $2_{1/2}$ grains, soit 1/14 du poids du même volume d'oxygène (*en réalité, c'est 1/16*). C'est le gaz le plus léger. On prend donc son poids comme unité[404].

> « Le poids de l'atome d'oxygène est de 7, celui de l'atome d'hydrogène étant 1, en conséquence des poids relatifs de ces éléments entrant en combinaison pour former de l'eau[405]. »

La masse volumique de l'oxygène est donc de 14 fois celle de l'hydrogène, selon Dalton lui-même. Mais Dalton ne prend pas cette proportion pour les rapports des masses atomiques. Il part des proportions nécessaires à la synthèse de l'eau (1/7), ignorant qu'il faut deux atomes d'hydrogène (2x1) pour un atome d'oxygène (14). Toutes les masses atomiques calculées par Dalton seront donc erronées d'un facteur 2, puisqu'il prend ensuite la masse de l'oxygène comme élément de comparaison avec les autres atomes.

On a donc le tableau suivant (p. 218).

[402] Dalton, p. 141.
[403] Dalton, p. 171.
[404] Dalton, p. 229.
[405] Dalton, p. 226.

PLATE IV. This plate contains the arbitrary marks or signs chosen to represent the several chemical elements or ultimate particles.

Fig.			Fig.		
1	Hydrog. its rel. weight	1	11	Strontites	46
2	Azote,	5	12	Barytes	68
3	Carbone or charcoal,	5	13	Iron	38
4	Oxygen,	7	14	Zinc	56
5	Phosphorus,	9	15	Copper	56
6	Sulphur,	13	16	Lead	95
7	Magnesia,	20	17	Silver	100
8	Lime,	23	18	Platina	100
9	Soda,	28	19	Gold	140
10	Potash,	42	20	Mercury	167

21\. An atom of water or steam, composed of 1 of oxygen and 1 of hydrogen, retained in physical contact by a strong affinity, and supposed to be surrounded by a common atmosphere of heat; its relative weight = - - - - - - 8

22\. An atom of ammonia, composed of 1 of azote and 1 of hydrogen - - - - - - - - - - - 6

23\. An atom of nitrous gas, composed of 1 of azote and 1 of oxygen - - - - - - - - - - - 12

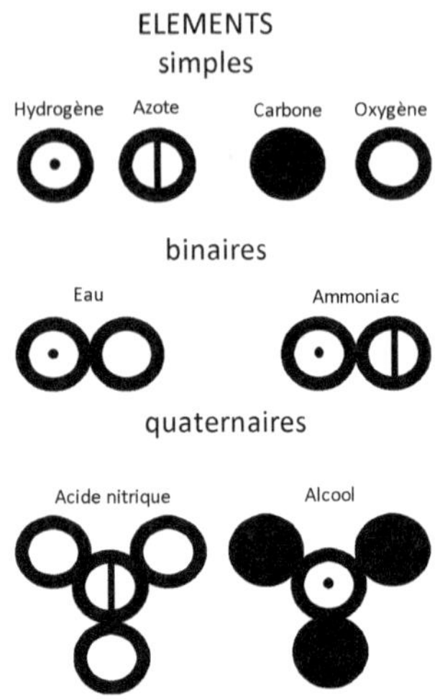

Humphry Davy (1778-1829) travaille à l'Institut Pneumatique de Bristol à partir de 1798. Dès 1812, il corrige les principales erreurs de Dalton : « comme deux volumes d'hydrogène entrent dans la composition de l'eau avec un volume d'oxygène, le rapport de l'hydrogène à l'oxygène dans l'eau est de 2 à 15. Si le nombre représentant l'hydrogène est 1, celui de l'oxygène est de 15[406]. »

LES ALKALIS

Les propriétés communes aux alkalis sont les suivantes[407] :

1. Incombustibles
2. Goût très caustique
3. Volatilisés par la chaleur
4. Solubles dans l'eau, même combinés à l'acide carbonique
5. Convertissent les végétaux bleus en vert

Ils sont au nombre de trois : l'ammoniac, la potasse et la soude. La potasse et la soude sont appelés alkalis fixes, car il faut les chauffer à rouge pour les volatiliser. L'ammoniac est appelée alkali volatil car il devient facilement gazeux

406 Davy, p. 63.

407 Thomson vol.1, p. 390.

L'AMMONIAC

Nous ne connaissons qu'un seul composé de l'hydrogène et de l'azote, auquel les chimistes ont attribué de nombreux noms selon son état ou la manière dont il était produit[408] : alkali volatil, hartshorn (car obtenu par distillation des cornes de cerf), esprit d'urine (par distillation de l'urine), esprit de sel armoniac...[409].

Pour l'obtenir, mélanger une once de sel armoniac en poudre avec deux onces de chaux dans une retorte. Chauffer au moyen d'une lampe ou d'une bougie : le gaz ammoniac pur se dégage.

$$2\ NH_4Cl + Ca(OH)_2 \rightarrow 2NH_3 + CaCl_2 + 2\ H_20$$

chlorure d'ammonium + chaux éteinte -> ammoniac + chlorure de calcium + eau.

Son odeur est très âcre. Dilué dans l'air, il forme un stimulant très utilisé pour ranimer les personnes évanouies (en leur « faisant respirer des sels »). Mais sa forme la plus utilisée est diluée dans l'eau (ammoniaque).

La composition de l'ammoniac est encore sujet de débat entre les chimistes. Dalton a décomposé de l'ammoniac liquide par l'électricité, et trouvé qu'il obtenait 28 mesures d'azote pour 72 d'hydrogène[410].

Pour Dalton, un atome d'ammoniac est constitué d'un atome d'hydrogène et d'un atome d'azote, et pèse donc 1 + 5 = 6 unités [411]!

Dalton était persuadé que les quantités d'atomes dans les molécules étaient les plus simples possible. D'où son erreur étonnante vu les résultats dont il disposait : une molécule d'ammoniac est composée d'un atome d'azote, et de 3 atomes d'hydrogène (NH_3).

LA POTASSE

La potasse (pot ash = cendre de pot) est une substance blanche et brillante, au goût très âcre[412]. Elle est d'une grande utilité pour les arts et les manufactures, en particulier pour le blanchiment, la teinture, l'imprimerie, la confection du savon et du verre. Elle s'unit à la plupart des acides pour former des sels.

---

408 Dalton, p. 416.
409 Thomson vol.1, p. 404.
410 Dalton, p. 432.
411 Dalton, p. 436.
412 Dalton, p. 468.

Les deux alkalis fixes, potasse et soude, ont longtemps été considérés comme des éléments composés, sans qu'aucune preuve n'en ait été donnée. Le potassium et le sodium sont-ils des métaux purs entrant dans la composition de la potasse et de la soude, ou sont-ils composés de potasse et de soude, les deux alkalis fixes étant les corps simples ?[413]

Si l'on brûle une quantité suffisante de bois, puis rince les cendres jusqu'à ce qu'elles n'aient plus de goût, si l'on filtre ce liquide et le laisse évaporer, la substance restante est de la potasse (carbonate de potassium K_2CO_3). Elle n'est pas entièrement pure, mais suffisamment pour en présenter la plupart des propriétés. Elle est ainsi vendue dans le commerce sous le nom de *potash.*

Si on la chauffe à rouge, elle est partiellement purifiée et devient blanche : c'est le *pearl-ash* du commerce. Elle est encore mélangée à du gaz acide carbonique, qui en modifie les propriétés. Il existe ensuite plusieurs méthodes de purification de la potasse.

Elles consistent à en séparer l'acide carbonique par de la chaux (*lime = CaO)*, qui présente une affinité plus grande avec cette substance. On élimine ensuite toutes les autres impuretés par l'alcool et l'évaporation. Ce n'est qu'en 1756 que le Dr. Blake a montré que ce que l'on considérait comme de la potasse pure était en fait un mixte avec l'acide carbonique. Débarrassée de cet acide, la potasse se fait encore plus efficace. Elle est extrêmement corrosive si on l'applique sur la peau qu'elle détruit presque instantanément : on la qualifie alors de caustique. Elle est ainsi utilisée en chirurgie pour ouvrir les abcès, et détruite les excroissances inutiles ou douloureuses.

Il s'agit en fait de l'hydroxyde de potassium, KOH. Cette potasse caustique était obtenue par une réaction de caustication, c'est-à-dire une décomposition de la potasse par la chaux ou un lait de chaux :

$K_2CO_3 + CaO + H_2O \rightarrow 2\ KOH + CaCO_3$
Carbonate de potassium (potasse) + chaux + eau -> potasse caustique + carbonate de calcium

Cette potasse à la chaux servait à la fabrication de pierres à cautères. On dissolvait encore cette potasse à la chaux dans l'alcool puis on laissait évaporer : on obtenait ainsi une potasse caustique purifiée.

La nature et l'origine de la potasse sont encore largement inconnues. Est-elle un des principaux constituants des végétaux, ou formée durant leur combustion ? Le poids de ses atomes est facile à déterminer, puisqu'elle forme

[413] Dalton, p. 467.

des composés très bien définis avec la plupart des acides. Dans tous les cas, on lui trouve un poids de 42 unités.

Sel	Proportion d'acide	Proportion de base	Poids acide	Poids base
Carbonate de potasse	31	69	19	42
Sulphate de potasse	45	55	34	42
Nitrate de potasse	47	52	38 (double)	42
Muriate de potasse	34	66	22	42

Il est donc probable que la potasse soit une substance simple de masse 42.

Prenons l'exemple de la neutralisation de la potasse (K_2CO_3 = 138) par l'acide sulfurique (H_2SO_4= 98) qui produit du sulfate de potassium (K_2 SO_4). L'erreur de Dalton porte sur la masse atomique de H_2SO_4, qui est de 98, et non de 34. Si une molécule d'acide sulfurique neutralise une molécule de potasse, pour un rapport de 42/34, cela donnerait une masse atomique de 121 pour la potasse.
Dalton, on le sait, a fait une erreur d'un facteur 2 sur la masse atomique de l'oxygène, qui vaut 16 au lieu de 7. Il se trompe à nouveau sur la composition de l'acide sulfurique, qu'il pense être SO_3 (13 + 21 = 34 selon Dalton) au lieu de H_2SO_4.

Dalton mentionne enfin les travaux récents de Davy, qui montrent que la potasse est en fait un oxyde de potassium[414]. En effet, Davy avait découvert le potassium en octobre 1807[415]. Il avait placé une fine pièce de potasse purifiée entre deux disques de platine connectés aux extrémités d'un appareil voltaïque de 200 plaques. Cette substance entra bientôt en fusion, l'oxygène gagnant la surface positive, et de petits globules métalliques apparaissant à la surface négative : c'est le potassium.

Mais Davy calcule un « nombre représentant le potassium de 75 », alors que sa masse atomique réelle n'est que de 39. Il attribue le nombre 90 à la potasse au lieu de 138 et croit cet alkali composé de KO.

[414] Dalton, p. 485.
[415] Davy, p. 182.

LA SOUDE[416]

La soude est obtenue des plantes poussant en bord de mer, en particulier le genre *salsola*. En Bretagne, de nombreuses espèces de fucus ou algues marines sont brûlées, et leurs cendres forment un mélange contenant du carbonate de soude, appelé « kelp » (et varec en France). L'origine de la soude dans les végétaux est inconnue, quoiqu'elle puisse dériver du muriate de soude (NaCl) contenu dans l'eau de mer.

Sur terre, la soude forme des minéraux par combinaison avec de l'acide carbonique ou avec de l'acide muriatic. On l'appelle alors alkali fossile ou minéral, pour la distinguer des alkali végétaux ou potasse.

La soude du commerce est loin d'être pure : elle contient de l'acide carbonique, du sel commun et plusieurs autres impuretés. Les procédés de purification de la soude sont les mêmes que ceux de la potasse. On obtient alors un solide brillant et blanc, constitué de 78% de pure soude et 22% d'eau. La soude, comme la potasse, est extrêmement caustique. Elle est déliquescente, et produit de la chaleur lorsqu'on la dissout dans l'eau.

Le poids de l'atome de soude est calculé comme celui de l'atome de potasse, soit 28 unités.

Dalton fait la même erreur que dans le cas de la potasse : la masse atomique du carbonate de sodium est de 106.
De même que Davy avait découvert le potassium, il découvrit le sodium, par électrolyse de la soude. Il avait ainsi démontré que les alkalis fixes que l'on croyaient des corps simples étaient en fait des corps composés. Il lui attribue le nombre de 88, alors que la masse atomique du sodium n'est que de 23. Pour lui, le nombre représentant la soude est de 118, pas très loin de la réalité (106), mais il croit la soude composée de NaO_2, ignorant la présence du carbone et de l'hydrogène.

[416] Dalton, p. 492.

LES TERRES

La terre que l'on trouve dans le sol, ainsi que les roches qui constituent une si grande partie de notre globe, ne sont constituées que d'un petit nombre de corps, qui ont en commun les propriétés suivantes[417] :

1. Insolubles dans l'eau, en particulier combinées à l'acide carbonique
2. Pas ou peu de goût
3. Solides, incombustibles
4. Un poids spécifique inférieur à 4,9 (eau=1)
5. Pouvant être réduites en poudre lorsque pures

Parmi les terres, on trouve la chaux (*lime*), la magnésie, l'alumine, la silice,…

LA CHAUX

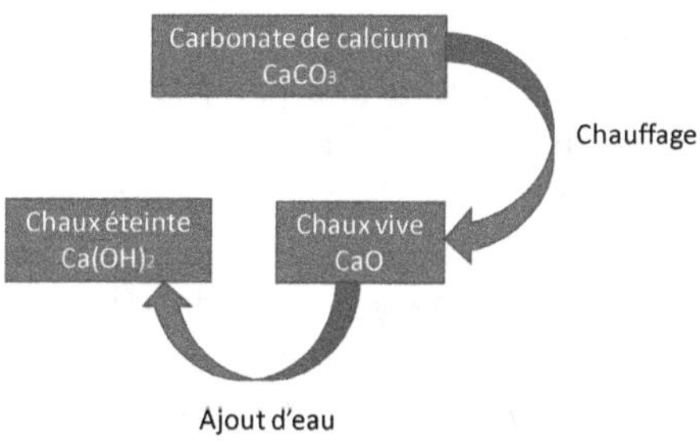

C'est l'une des terres les plus abondantes partout à la surface de la Terre, mais en général combinée avec quelques acides[418]. Unie à l'acide carbonique, elle forme d'épaisses couches de craie, de calcaire, ou de marbre.

La méthode la plus courante pour obtenir de la chaux est de chauffer à rouge ou a blanc un morceau de craie ou de calcaire dans un four durant quelques jours. Ainsi, l'acide carbonique en est extrait, et la chaux « reste » en masse compacte. Cette chaux est appelée généralement chaux vive (*quicklime)*, de couleur blanche et d'une dureté modérée, mais brillante. Elle est corrosive pour les substances animales et végétales et attire fortement l'eau.

$$CaCO_3 \text{ minéral ou roche} \rightarrow CaO \text{ solide} + CO2 \text{ gaz}$$

[417] Thomson, vol.1, p. 514.
[418] Dalton, p. 505.

On ne peut pas la faire fondre, même avec les feux les plus violent que peuvent produire les fourneaux, ou les verres les plus ardents.

Si deux parties de chaux vive sont imbibées d'eau et chauffées à 800°, il se forme une poudre appelée hydrate de chaux. Une chaleur rouge en extrait l'eau, ne laissant plus que la chaux pure. Cette opération s'appelle extinction (*slaking the lime*).

La chaux vive est transformée en chaux éteinte par ajout d'eau :

$$CaO + H_2O \rightarrow Ca(OH)_2$$

La chaux se combine avec les principaux acides formant ainsi des sels parfaitement neutres. Comme pour la potasse, on obtient le poids de la chaux, égal à 24 unités.

En agitant une grande quantité d'hydrate de chaux dans l'eau, on obtient de l'eau de chaux (*lime-water),* qui est un agent chimique très utile.

La chaux est de goût âcre, et fait tourner le sirop de violette en vert, comme les alkalis.

L'une des principales utilisations de la chaux est la formation du mortier. On l'éteint et la mélange avec beaucoup de sable, en y ajoutant un peu d'eau pour lui donner la consistance d'une pâte. Dans le bâtiment, ce ciment est habilement interposé entre les briques ou les pierres qu'il lie ensemble par adhérence. On ne comprend pas encore les meilleures proportions devant être utilisées dans les différents cas d'usage, mais la préparation du mortier doit être parfaite pour qu'il joue correctement son rôle.

La chaux doit être pure, sans le moindre acide carbonique, et la poudre doit être très fine. Le sable ne doit contenir aucune argile, et doit être en partie fin, et en partie sous forme de gravier. L'eau doit être pure[419]. Selon le Dr. Higgins, les meilleures proportions sont trois parts de sable fin, quatre parts de sable grossier, une part de chaux vive, et le moins d'eau possible.

La chaux est aussi utilisée comme fertilisant dans les champs.

C'est encore Davy le premier à isoler le calcium (1808). Il lui attribue le nombre de 40 et de 55 pour la chaux vive (CaO). Cette fois-ci, les calculs de Davy sont exacts, car la chaux vive ne contient pas de carbone.

---

[419] Thomson, vol.1, p. 435.

LES SAVONS DE SOUDE[420]

Pline, au 1er siècle après J.-C. parle du savon comme d'une invention gauloise, faite de suif (graisse animale) et de cendres *(cinere)*. Galien précise : « avec une lessive (*lixivius*) de chaux (*calx*) ».

On le prépare de la manière suivante : piller une grande quantité de soude et la mélanger dans un vaisseau de bois avec un cinquième de parties de chaux éteinte. Noyer ce mélange dans une grande quantité d'eau, et laisser reposer durant plusieurs heures. La chaux attire l'acide carbonique de la soude, et l'eau s'imprègne d'alkali pur. Retirer cette eau, remplir à nouveau d'eau qui est à nouveau retirée. Recommencer jusqu'à ce que toute la soude soit dissoute. Faire bouillir une quantité d'huile égale à six fois le poids de soude, et y verser les différentes eaux qui avaient dissout la soude, tout en remuant. L'huile devient laiteuse, puis prend consistance. Ajouter du sel, puis baisser le feu et, enfin, laisser reposer. Le savon refroidit, et au bout de plusieurs jours devient suffisamment consistant pour prendre forme dans des moules.

Les Français utilisent de l'huile d'olive, et les Hollandais de l'huile de baleine.

Le savon est soluble dans l'eau et l'alcool, et ses propriétés détergentes sont trop connues pour être détaillées.

[420] Thomson, vol.2, p. 689.

Conclusion

Ami lecteur, tu vas être surpris ! La recette de la pierre philosophale, qui est capable de transformer toute vile substance en argent monétaire, était cachée dans les écrits chimiques de Lavoisier !

Actuellement, on extrait des entrailles de la Terre 3000 tonnes d'or par année, chaque once valant environ 1000 €. Les principaux pays producteurs sont la Chine, l'Australie, la Russie ou les États-Unis d'Amérique. Les réserves baissent d'autant, car Gaia n'a pas percé le secret du Grand Œuvre. Comme le pensaient les paracelsiens, tout l'or du Monde nous provient des étoiles, fourneaux de la nucléosynthèse ! Celui qui sort annuellement des mines ou du lit des rivières vaut ainsi quelque 100 milliards d'euros.

Le chiffre d'affaires de la première entreprise mondiale de produits chimiques, la « Fabrique d'aniline et de soude du pays de Bade » (BASF), fondée en 1865, est supérieur à 70 milliards d'euros. L'ensemble de l'industrie chimique et pharmaceutique mondiale vend annuellement pour plus de 4000 milliards d'euros de produits, plusieurs dizaines de fois la valeur de l'Or extrait durant la même période ! L'alchimie a dépassé ses objectifs les plus ambitieux mais, le vrai Or n'est ni le métal jaune, ni le surhomme transformé intérieurement par les vapeurs mercurielles. Il est issu de « quelques découvertes utiles résultant occasionnellement en conséquences accessoires du travail dans le laboratoire » (Jung) !

En commerçant avec les auteurs anciens, ami lecteur, tu as maintenant la connaissance de ce qui a fait progresser la chimie ou, au contraire, des obstacles qui l'ont freinée. Écoutons ce qu'en pensaient les témoins de cette histoire. Commençons par Voltaire, bien connu pour son modernisme et son anglomanie.

> « Le chancelier Bacon est le père de la philosophie expérimentale. Il est bien vrai qu'avant lui on avait découvert des secrets étonnants. On avait inventé la boussole, l'imprimerie, la gravure des estampes, la peinture à l'huile, les glaces, l'art de rendre en quelque façon la vue aux vieillards par les lunettes qu'on appelle bésicles, la poudre à canon, etc. Qui ne croirait que ces sublimes découvertes eussent été faites par les plus grands philosophes, et dans des temps bien plus éclairés que le nôtre ? Point du tout : c'est dans le temps de la plus stupide barbarie que ces grands changements ont été faits sur la terre : le hasard seul a produit presque toutes ces inventions (...). Personne avant le chancelier Bacon n'avait connu la philosophie expérimentale. » (Voltaire, *Lettres philosophiques*, 1734).

Mais, par contre, un chaud cartésien nous dira : « Le mérite de Monsieur Descartes fera avouer à tout le monde que la France est au moins aussi heureuse à produire et élever de grands hommes que ne l'a été l'ancienne Grèce. » (Rohault, *Traité de Physique*, 1671). On était alors au Grand Siècle, qui était celui de la splendeur de la France, avec le château de Versailles comme symbole.

L'humanité aurait ainsi connu un premier âge préscientifique, où les découvertes auraient été faites « par hasard », ou au mieux par quelques artisans opiniâtres. Puis seraient arrivés Bacon, qui théorisa la pratique expérimentale, et Descartes, qui formula l'art de bien raisonner. Alors se serait développée la science moderne, fondée sur ces deux solides piliers.

Cette conception des origines de la science moderne est encore largement répandue de nos jours. Mais contestée aussi. Ainsi, Alexandre Koyré : « Bacon 'initiateur de la science moderne' est une plaisanterie, et fort mauvaise, que répètent encore les manuels. » (*Études galiléennes*, p. 12)

Un peu de chronologie. Bacon a publié *Du progrès et de la promotion des savoirs* en anglais, en 1605, donc encore peu accessible aux Continentaux, puis en latin en 1623. Enfin, le *Novum Organum*, en 1620. Le fameux *Discours de la Méthode de Descartes* est paru à La Haye, en 1637.

Tycho-Brahé, depuis son observatoire situé sur quelque île danoise, mesurait les distances entre les astres à 2' d'arc près, soit l'épaisseur d'une étoile de première grandeur. Il put ainsi déterminer la nature supra-lunaire de la comète de 1577, infirmant la théorie d'Aristote, qui prenait les astres chevelus pour des espèces d'étoiles filantes traversant lentement notre atmosphère. Il calcule aussi que l'étoile nouvelle (explosion d'une supernova) de 1572 était située da978-2-343-14333-0ns la huitième sphère, qui n'était donc pas le monde parfait et immuable qu'en avait fait le Grec ! Le chancelier Bacon, alors âgé de 11 ans, allait entrer à l'Université.

Sur la base des milliers de mesures réalisées par Brahé, Kepler put démontrer par le calcul l'ellipsité des trajectoires planétaires, la loi des aires, ainsi que la relation entre la période de rotation des planètes et leur distance au soleil. Ces travaux furent publiés en 1609 et 1618 : Descartes était encore sur les bancs de l'école !

Galilée fit osciller des pendules dès 1583 et glisser des billes sur des plans inclinés au début des années 1600. Il découvrit la loi de la chute des corps en 1604, comme en témoigne une lettre au vénitien Paolo Scarpi. Parti d'expériences aussi rigoureuses que le permettaient des seaux d'eau pour mesurer le temps, Galilée avait induit « par un raisonnement probable » l'une des toutes premières lois mathématiques de la physique.

Le Pisan tourna sa lunette vers le ciel dès 1610, et fit les observations que l'on sait : les cratères de la lune, les étoiles de faibles grandeurs, les satellites de Jupiter, les phases de Vénus ou encore les tâches du soleil.

Galilée était aussi un très grand philosophe. Dans son *Dialogue* (1632), il décrit précisément la méthode scientifique moderne. Ceux qui prennent les mathématiques comme modèle se trompent sur la manière dont elles progressent, car ils n'en voient que les démonstrations une fois clairement exposées. Pythagore lui-même avait commencé par vérifier sur un grand nombre d'exemples sa loi du carré de l'hypoténuse avant d'en faire un théorème[421]. En physique, comme en astronomie, le recours aux expériences sensibles *a posteriori* précède le raisonnement *a priori*. Leur méthode est donc inductive. D'autant plus que « dans les sciences de la nature, on n'a pas besoin de chercher l'évidence mathématique précise[422] ». Un raisonnement probable est donc suffisant !

Venons-en à la médecine et la chimie. Pour du Chesne la méthode des docteurs « dogmatiques » est la même que celle des géomètres : ils partent de principes généraux (les quatre humeurs) et en déduisent le diagnostic ainsi que la cure par la seule « raison ». Au contraire, les « empiriques » ne font que tirer les leçons de leurs expériences, sans essayer de généraliser pour comprendre les causes profondes. Leur secte a été fondée par Philinos de Cos, au IIIe siècle avant J.-C. La vraie philosophie se trouve chez les spagyriques qui, eux, allient l'expérience **et** la raison. Les questions méthodologiques étaient ainsi clairement posées dès avant Bacon, et les adeptes de Paracelse étaient loin d'être aussi barbares que la réputation qui leur est généralement faite.

Nicolas Lémery était intégré au cercle des savants cartésiens, et pourtant son *Traité*, publié en 1675, n'apporte pas de révolution par rapport à ceux de Libavius (1597) et de Béguin (1615). Le plan général est le même, les thèmes abordés n'ont pas changé : ce sont les appareils et les recettes qu'ils permettent de réaliser. Les usages médicaux ne sont pas plus convaincants qu'au temps des médecins de Henri IV : l'esprit de nitre dulcifié, par exemple, soignerait les coliques venteuses, donc intestinales, mais aussi néphrétiques, donc rénales, ou encore les maladies hystériques, c'est-à-dire de l'utérus.

Faut-il rappeler que le *Traité de Chimie* de Béguin décrivait déjà la préparation de 60 substances, et que les améliorations de Lémery ne concernent que la clarté de la langue et la précision des recettes. Des préparations, comme celle du sublimé corrosif, décrites de manière détaillée par Béguin, sont complexes car composées de plusieurs réactions élémentaires. Les proportions utilisées ensuite pour préparer le sublimé doux,

---

[421] Galilée, p. 148.
[422] Galilée, p. 371.

quatre onces de sublimé corrosif et trois onces de mercure, sont exactement celles données par la chimie moderne[423], et que Lémery ne fait que reprendre.

Chez Lémery, les principes paracelsiens, esprit, huile et sel sont toujours à l'œuvre. Les seules nouveautés de la « philosophie mécaniste », sont les pointes acides en perpétuelle agitation, une invention que la chimie moderne fera vite oublier.

Pire, Lémery explique les effets de la poudre de sympathie par la philosophie mécanique ! Le vitriol exhale continuellement de petits corpuscules lesquels se répandent dans l'air, se déposent sur la plaie du malade qu'ils dessèchent, arrêtant ainsi l'écoulement du sang. Ce traitement semble néanmoins très rarement efficace.

Je poserai donc ici la question suivante : comment se fait-il que les préceptes de si grands philosophes n'aient eu que si peu d'incidence sur le développement de la science chimique ? Quels obstacles épistémologiques ont-ils bloqué les progrès, au point qu'il fallut attendre la deuxième moitié du XVIIIe siècle pour voir un « fermier général » enfin révolutionner la compréhension des mixtes ?

Pour que la chimie connaisse sa révolution, il fallait qu'elle passe du qualitatif au quantitatif. Cette rupture était beaucoup plus simple en astronomie. Certes, les étoiles sont belles, mais elles sont toutes pareilles. On ne peut que les recenser, et mesurer leurs distances angulaires avec un « compas ». Les substances chimiques, quant à elles, ont une couleur, une odeur, une dureté, et même une utilité. Elles peuvent aussi, dans certaines circonstances, être bruyantes. Autant de propriétés réfractaires à la quantification.

Prenons la plus simple d'entre elles. Pour Aristote, les couleurs primaires sont le blanc et le noir[424] ! Cela se déduit, une fois encore, d'un raisonnement *a priori*. La couleur se propage dans le « diaphane » qui rend les corps transparents, comme l'air ou l'eau : « Lorsqu'il y a un corps igné dans le diaphane, sa présence fait la lumière, et son absence, les ténèbres ». Les autres couleurs sont créées par un mélange de blanc et de noir. La couleur des « pixels » d'Aristote (des petits points blancs et noirs juxtaposés) dépend de leurs proportions en blanc et noir. Si ces proportions sont des rapports numériques simples, comme 3 blancs pour 2 noirs, la couleur résultante est agréable, comme le pourpre ou l'écarlate.

C'est Newton qui viendra montrer, par ses expériences au moyen de prismes (1666), que la réalité est encore une fois exactement opposée à la

---

423 Ce sont les proportions stœchiométriques de la réaction du mercure sur le chlorure mercurique pour obtenir du chlorure mercureux (Bourzat, p. 119).

424 *De la Sensation et des Choses sensibles*, chapitre III : compléments de la théorie de la couleur exposée dans le *Traité de l'Âme*.

théorie aristotélicienne. C'est la lumière blanche qui est une composition de toutes les couleurs.

La couleur des substances n'en est pas une propriété superficielle, mais dépend de leur structure atomique et moléculaire. Ainsi, le cuivre pur est de couleur rose/saumon, son oxyde CuO est noir et Cu_2O rouge.

Les colorants organiques doivent leurs couleurs aux « chromophores » (théorie de Witt, 1876). L'existence d'une séquence suffisamment longue de doubles liaisons conjuguées dans une molécule organique crée un nuage électronique délocalisé pouvant entrer en résonance avec un rayonnement incident et ainsi l'absorber. La longueur d'onde du pic d'absorption croît avec la longueur de la chaîne de doubles liaisons conjuguées. Les molécules organiques dont les chaînes sont plutôt courtes absorbent dans l'ultraviolet. Par contre, la molécule de β-carotène possède une chaîne conjuguée de 22 atomes de carbone (11 doubles liaisons conjuguées), ce qui lui fait absorber les longueurs d'onde correspondant au bleu du spectre visible. La carotte est donc de la couleur complémentaire orange.

On comprend, à ce long développement, que la philosophie mécaniste du XVIIe siècle était loin de pouvoir expliquer les qualités mêmes les plus évidentes des corps chimiques. Il fallait donc analyser ceux-ci sous un angle totalement différent. Quel instrument était susceptible de faire entrer les mathématiques dans la science chimique ? La réponse surprenante est : « la balance », utilisée de longue date par les métallurgistes comme par les monnayeurs. Mais aussi par les fermiers généraux !

Agricola consacre un chapitre entier (VII) de son fameux *De re metallica* (1530) à l'essai des métaux au moyen de pesées. Ce type de test permet de savoir ce qu'un minerai contient de métal, ou, une fois que ces métaux ont été fondus, combien d'argent est mélangé au cuivre ou au plomb, ou encore combien d'or dans une livre d'argent. En effet, chaque métal est caractérisé par sa propre densité.

On savait que la calcination de certains métaux leur faisait prendre du poids. Andreas Caesalpinus, qui fut médecin personnel du pape Clément VII, avait attribué cet effet à la suie qui se serait agglutinée au métal. Un siècle plus tard, Lémery pense que ce sont des corpuscules de feu qui remplissent les pores du métal. Notons que les expériences de ce pharmacien étaient entachées d'une grande imprécision : alors que 20 livres de plomb en pèsent 22 après calcination, il leur en attribuait 25 !

Le « cartésien » avait donc trouvé une explication « mécaniste » à un tel mystère. Les phlogisticiens prendront le point de vue opposé : les métaux contiennent des particules de l'élément Feu, qui se dissipent lors des calcinations. Il faudra un tour de passe-passe pour que certains oxydes, débarrassés de leur phlogistique, soient plus lourds que lorsqu'ils étaient phlogistisés ! Cette petite histoire durera plus d'un siècle : les obstacles épistémologiques se dressaient sur le chemin de la science, comme autant de dragons qui barraient l'accès à l'Or des vrais chimistes. Et pourtant, Bacon et Descartes semblaient avoir forgé les armes d'une victoire rapide !

Un petit médecin de province – il réalisa toute sa carrière au Bugue, une commune de 2000 habitants – avait entrevu la vraie raison : Jean Rey. Le surcroît de poids provient de l'air qui s'attache au métal. Son essai tombe entre les mains de Marin Mersenne, qui fait alors autorité en matière scientifique. Son « Académie Parisienne » (1635) est considérée comme préfigurant l'Académie des Sciences que créera Colbert en 1666. Mersenne adresse donc un courrier à Jean Rey (1631)[425] : « Je vous avertis de ce que je trouve à remarquer dans votre *Essai*, afin que vous affermissiez de plus en plus vos raisons, et que, si vous faites réimprimer votre Livre, il ne reste plus de difficultés à vos lecteurs. » En 10 pages serrées, Mersenne démontre alors que l'*Essai* de Rey n'est qu'un tissu d'erreurs.

Van Helmont, lui, est passé à la postérité pour son expérience de pesée. Le petit saule qu'il avait planté avait grossi de 164 livres au bout de cinq années, pendant lesquelles il n'avait été nourri que d'eau, du moins apparemment ! L'illustre Robert Boyle refit l'expérience, confirma le gain de poids, mais sans y voir la participation d'un gaz présent dans l'air (CO_2) et apportant le carbone indispensable à la vie.

Un siècle plus tard, Lavoisier montre enfin que l'augmentation de poids des métaux est due à la fixation d'un gaz. Il découvre ainsi non pas l'oxygène, mais l'oxydation. On est en 1774.

L'obstacle animiste, favori de Bachelard, a bien entendu freiné le développement de la chimie. Quand on attribue plus de poids au plomb mort, car oxydé, qu'au plomb vivant, car pur, on ne peut certainement pas comprendre le processus de calcination.

Ainsi, le minéral reproduit l'organique, qui lui sert d'explication : « La digestion est une opération par laquelle les choses sont cuites par un feu digestif, tout comme en la digestion naturelle les viandes sont cuites dans l'estomac (...). De même, la digestion chimique au moyen d'une chaleur convenant à chaque chose sépare les parties subtiles d'avec les grossières, cuit les crues, adoucit les âpres et acerbes[426]. »

Chez Lémery, la digestion chimique existe toujours, mais a perdu son analogie biologique : « La digestion se fait quand on laisse tremper quelque corps dans un dissolvant convenable à une très lente chaleur, pour le ramollir. » Lavoisier « digère » encore : lors de la préparation de l'acide tartareux pur, « l'acide sulfurique s'empare de la chaux, forme du sulfate de chaux, et l'acide tartreux se trouve libre. Il se dégage, pendant cette digestion,

[425] Rey, p. 107.
[426] Béguin, p. 57.

une petite quantité de gaz qui n'a pas été examinée. » L'opération change de définition mais a la vie dure[427].

Si Bachelard voyait surtout l'obstacle animiste comme l'attribution de propriétés organiques aux corps minéraux, il fonctionne aussi dans l'autre sens. Pour du Chesne, l'estomac est un tonneau, qui extrait de nos aliments « l'eau de vie » qui y est contenue, et la communique au sang pour qu'il engendre en nous un feu vivifiant. Il reste, au fond de ce vaisseau, un phlegme inutile et fétide, ainsi que quantité de fèces tartarées et excrémenteuses. L'estomac sépare ainsi le pur de l'impur, ce dernier étant évacué dans les conduits destinés à cet effet. La digestion en notre corps n'est donc qu'une opération de distillation qui sépare l'esprit, le phlegme et le sel. L'organique reproduit le minéral, qui lui sert d'explication.

Paracelse a poussé l'animisme à son comble, en attribuant tous les mystères du monde vivant au monde astral. On peut le qualifier d'astromaniaque. Tout ce qui n'est pas réductible à un réalisme grossier provient de l'influence des Astres : la formation de la matière minérale, l'hérédité biologique et celle des maladies, la propagation des virus, la perception sensitive, l'acquisition des connaissances, l'imagination qui est le propre de l'homme...On serait tenté d'identifier l'ensemble des Astres paracelsiens avec tout ce qui est, à son époque, scientifiquement inexpliqué. Mais Paracelse est le contraire d'un sceptique. Il ne faut point attendre que la science progresse ; on n'est pas obligé de « s'abstenir dans le doute ». Il existe des raccourcis. La connaissance de ce qui est caché dans les profondeurs de la matière peut être révélée par la forme de celle-ci : ce sont les fameuses correspondances ou signatures, qui sont des dons de Dieu. L'art peut être pratiqué en dehors du Monde expliqué : c'est la magie. Il est possible d'agir à distance, comme le miroir ardent, l'aimant, ou l'onguent armillaire.

Paracelse se heurte donc aussi à l'obstacle anthropocentrique, qui est corollaire d'une certaine philosophie religieuse : l'Univers a été créé par Dieu pour l'Homme. C'est donc aussi l'opinion des catholiques : « Vous savez que Dieu par sa bonté & miséricorde a créé toutes les choses de l'Univers pour l'usage de l'homme afin qu'il s'en servit pour aliments & médicaments et autres commodités[428]. » Aussi, les plantes ressemblent aux organes qu'elles soignent pour que l'homme puisse reconnaître ce qu'elles soignent.

Ces fondements philosophiques de la connaissance remettent en cause les méthodes des scolastiques comme des empiristes. « Cette essentielle et intrinsèque connaissance ne provient pas de la lecture d'une quantité presque innombrable de livres, moins encore de la routine aux expériences, ou des persuasions humaines et disputes, d'autant qu'elle est située en la passion des

---

[427] On utilise encore aujourd'hui la notion d'extraction des métaux par digestion acide.

[428] Riolan, p. 249.

choses divines (…). Parce que nous sommes comme composés de tout et portons toutes choses en nous-même, ni plus ni moins que Dieu même, duquel nous sommes enfants[429]. » Cette philosophie paracelsienne est fondée sur un double miroir, celui dans lequel l'homme est l'image de Dieu ; celui dans lequel il est le reflet du macrocosme. En effet, Dieu a créé l'homme en dernier pour en faire un petit abrégé de tout ce qu'il avait auparavant dispersé dans la grande étendue du Monde. Voilà pourquoi les connaissances de soi-même, de la nature et de Dieu sont indissociables.

La connaissance de toutes choses est présente en l'homme depuis sa création. Mais son esprit fut obscurci par le péché, et s'éclaircit par son expiation. « Car le premier homme fut fait avec le choix de son libre arbitre : mais délaissant ce chemin royal, il s'enfonça dans le labyrinthe du malheur, poussé par le désir de la connaissance du bien et du mal[430]. »

Selon Platon, l'intellect de l'homme est plein de science avant même qu'il soit joint au corps matériel. Mais cette science est cachée par l'oppression du corps comme le feu sous la cendre.

« Il est impossible de bien connaître la machine du monde, si au préalable elle ne nous a pas été enseignée de Dieu lui-même, d'où l'on peut déduire la fausseté des livres païens, touchant la nature, qui ont contaminé et dépravé la philosophie et les autres disciplines[431]. » Aussi, il est inutile de chercher la science chez ceux qui ont perdu leur temps à la simple recherche de la vérité, sans avoir été touché par la lumière du Saint-Esprit. La vraie science ne peut être que chrétienne.

Puisque l'homme est la quintessence du Macrocosme, il peut imiter le ciel, et même le régir et le gouverner. En conséquence, si l'âme est exaltée de quelque désir violent, elle est capable de forcer les propriétés ou actions de toute chose. L'homme aidé de son imagination est alors en mesure de réaliser des opérations magiques. Par exemple, il peut concentrer les rayons du soleil au moyen de miroirs ardents[432], par lesquels Archimède enflamma les voiles des navires ennemis. Au moyen de son bâton de Jacob, Moïse fut capable d'ouvrir les flots, de faire tomber la grêle, ou de transformer l'eau du Nil en sang. Imagination encore lorsqu'un grincement de dents ou le crissement d'un morceau de fer contre un autre provoque l'agacement des auditeurs ; ou le bâillement de l'un excite celui des autres. Ainsi, l'imagination d'un seul peut propager la peste dans toute une région, empoisonnant le firmament du microcosme.

---

[429] Crollius, p. 54.
[430] Crollius, p. 61.
[431] Crollius, p. 58.
[432] Crollius, p. 80.

Pour le paracelsien, il y a continuité, et non rupture, entre le miracle biblique, la magie, et les possibilités de la technique : il mélange tout dans le même sac !

On s'est demandé quelle était la relation entre le développement de la chimie et le protestantisme. Max Weber (1904)[433] soutient que l'éthique du calvinisme fut un élément majeur de l'émergence du capitalisme moderne. L'ascétisme, caractéristique de cette religion, et particulièrement développé dans sa branche puritaine, conduit à des comportements d'épargne, c'est-à-dire d'accumulation du capital[434]. Mais aussi, « la conception puritaine de la vie a favorisé en toutes circonstances la tendance à adopter une conduite de vie bourgeoise rationnelle au plan économique ; elle en fut le support essentiel, et surtout, le seul qui fût conséquent. Elle a veillé sur le berceau de 'l'homme économique' (*homo economicus*) moderne[435]. » Une des caractéristiques de celui-ci est son renoncement à l'universalité de l'homme faustien, pour un travail spécialisé[436]. Weber conclut qu'il faudrait analyser le rapport du rationalisme ascétique à l'empirisme philosophique et scientifique [437].

Force est de constater le rôle majeur joué par les protestants dans le développement de la chimie aux XVIe et XVIIe siècles. Bien sûr, Paracelse était luthérien, mais on ne peut en faire un précurseur de l'empirisme. Il a surtout donné un nouvel élan à l'alchimie, mettant en avant son utilité pour la médecine. Il a aussi développé une philosophie complète, mais erronée, véritable alternative à la scolastique. Les Rose-Croix y voyaient un pilier de la Réformation universelle, comme la philosophie des Lumières le sera pour la Révolution française.

En France, l'opposition entre la faculté de Montpellier et l'université de Paris est certainement exacerbée par les conflits religieux. Celui par lequel naîtra la « querelle de l'antimoine », Loys de Launay, était médecin à La Rochelle, capitale du calvinisme français. Les divergences confessionnelles étaient-elles les principales causes de cette guerre des médecines ?

La dispute sur l'Eucharistie, au château de Fontainebleau, entre des protagonistes qui n'ont rien à voir avec les sciences de la nature, nous renseigne sur les différences théologiques profondes entre les deux partis (1600). Les calvinistes ne croient pas en la Transsubstantiation, l'Invocation des Saints, le Culte des reliques et des images, et les Indulgences, bien sûr. Frederick V du Palatinat fera retirer les images, les autels, les crucifix et les

---

433 *L'Éthique protestante et l'Esprit du capitalisme.*

434 Weber, p. 237.

435 Weber, p. 240.

436 Weber, p. 250.

437 Weber, p. 253.

reliques de la cathédrale Saint-Guy de Prague. L'austérité du mode de vie puritain est une conséquence logique de principes théologiques.

Pour les calvinistes qui « suivent la raison », la transsubstantiation est passible de la moquerie. Ce n'est que par analogie que le pain représente le corps du Christ. Pour les catholiques, le Saint-Sacrement est un « mystère », qui ne peut être jugé à l'aune de la raison : la Trinité, l'incarnation de Jésus-Christ, sa résurrection, sont autant de mystères inaccessibles à la raison humaine. Chez les calvinistes, la raison empiète sur le domaine religieux. Au contraire, chez les catholiques, la Licence en médecine, qui autorise à pratiquer, est attribuée par l'évêque de la part du Pape, car il s'agit d'un diplôme « spirituel » : c'est donc le domaine religieux qui empiète sur celui de la raison !

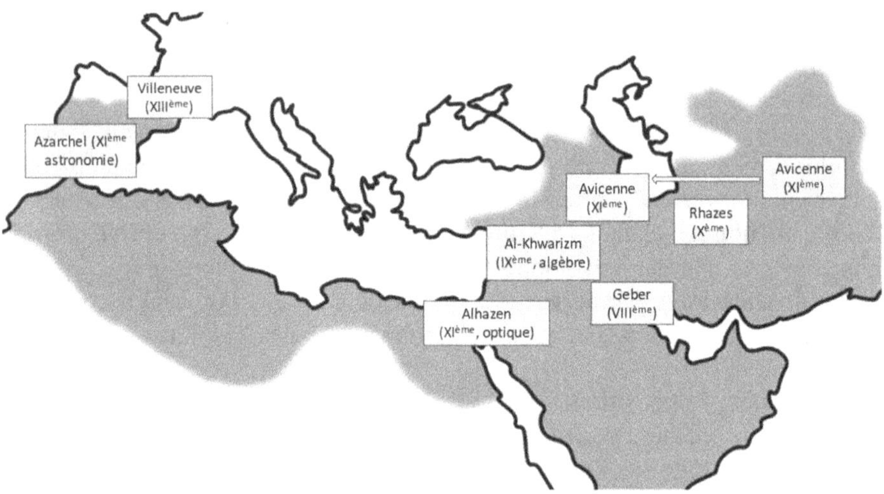

La diffusion de la science de langue arabe, depuis ses origines persanes jusqu'à l'arrivée d'Arnaud de Villeneuve à Montpellier en 1289. Dans les textes antérieurs au XXe siècle, ce sont les noms latinisés qui sont utilisés : Geber (Jâbir ibn Hayyân al-Báriqi *al-Azdi), Rhazès (Abu Bakr Mohammad Ibn Zakariya al-Razi), Avicenne (Ibn Sīnā), Alhazen (Abu Ali al-Hasan ibn al-Hasan ibn al-Haytham), Azarchel (Abu Ishaq Ibrahim ibn Yahya Al-Zarqali).*

Ces causes théologiques sont-elles suffisantes pour expliquer le schisme entre les deux écoles de médecine ? Nous y voyons aussi des causes historiques fortement déterminantes. Montpellier était située à proximité de la Catalogne, et Arnaud de Villeneuve y enseigna au XIIIe siècle. La Faculté de médecine y fut donc influencée par la science des Arabes, celle des Persans Rhazès ou Avicenne (X^e^ au XIe siècle), qui avait diffusé dans le monde musulman, jusqu'en Espagne.

Dans le débat concernant la crédibilité des mystères, les « mahométans voyaient beaucoup de crédulité en la religion chrétienne ». Comment la Mère aurait pu donner naissance au Fils tout en étant restée vierge ?

Le parisien Jean Riolan est très clair : ce sont les Arabes qui ont corrompu la médecine, en abandonnant la raison pour l'expérience : ce sont des empiriques. Les médecins de Paris, eux, sont revenus aux sources grecques d'Hippocrate et Galien.

En astronomie aussi, les musulmans furent de grands observateurs. Ils construisirent des quadrants gigantesques, comme ceux de Ray et Maragha (à proximité de Téhéran, X^{e} et XIIIe siècles, 20 mètres de rayon). Là aussi leur approche empirique diffusa jusqu'en Espagne. Al-Zarqali y perfectionna l'astrolabe (au XIe siècle) et calcula des tables astronomiques d'une très grande précision, les fameuses tables de Tolède.

N'étaient-ils que de simples observateurs ? Méritaient-ils la mésestime que Pierre Duhem[438] leur manifeste : « Les Arabes n'ont pas reçu en partage la prodigieuse ingéniosité géométrique des Grecs ; ils n'ont pas connu davantage la précision et la sûreté de leur sens logique (…). La Science traversait alors une de ces périodes où l'esprit de ses adeptes, pleinement adonné au soin de perfectionner les applications des théories et les méthodes d'observation, n'a ni le loisir, ni le désir de discuter la solidité des fondements même de l'édifice scientifique. Au cours de son développement, elle a rencontré à plusieurs reprises de telles périodes, durant lesquelles sommeille le sens critique. »

Rien n'est plus faux. Les astronomes arabes reprochaient au modèle de Ptolémée son manque de réalisme physique : son système très complexe « d'excentriques, d'épicycles et d'équants » n'avait pour objectif que de « sauver les apparences », c'est-à-dire de permettre un calcul très précis de la position des planètes, sans qu'aucune réalité physique ne soit attribuable à cette obscure construction. Certains astronomes andalous, tel Nur ad-Din al-Betrugi (Alpetragius, XIIe siècle) cherchent à bâtir un système simplement composé de sphères concentriques. Voilà pour l'esprit critique, certes au nom du réalisme. Bien entendu, un tel projet était voué à l'échec, le mouvement de chaque planète ne pouvant être décrit par une seule courbe qu'à condition que celle-ci soit une ellipse. Il faudra attendre Kepler.

C'est encore le Persan Al-Khwarizm (IXe siècle), qui rédigea un traité mathématique « des réductions et des comparaisons », ou al-ğabr, dans lequel il présente les méthodes de résolution des équations du premier et du second degré. Plus tard, les andalous Abū ʿAbd Allāh Muḥammad ibn Muʿādh al-Jayyānī (XIe siècle) ou Jabir Ibn Aflah (XIIe siècle) rédigèrent des traités de

---

[438] Duhem, p. 27-28.

trigonométrie sphérique, cette branche des mathématiques indispensable aux calculs astronomiques. Voilà pour l'ingéniosité.

Le principal obstacle, qui mit en sommeil la chimie durant des siècles, est l'obstacle philosophique. Rappelons l'opinion de Berthelot : « j'ai montré que la source de l'erreur fondamentale de l'alchimie se trouvait dans les théories philosophiques de Platon et d'Aristote sur la constitution de la matière. »

Vous avez dit philosophique ? L'évolution de ce mot lui-même en dit long sur la confusion des genres. Du temps des Anciens, la « Philosophie » regroupait l'ensemble des disciplines spéculatives de la logique à la physique et la métaphysique, en passant par la morale. Aristote ne régnait-il pas sur l'ensemble de ces disciplines ? Les Alchimistes s'appelaient eux-mêmes « Philosophes » et, au XVIIe siècle, des Philosophes, comme Descartes, étaient aussi mathématiciens et physiciens.

Au Moyen Âge, « physicien » signifiait « médecin », comme le « physician » des Anglais. Mais dès 1671, le *Traité de physique* de Rohault est un ouvrage purement scientifique. Boyle n'était « que » physicien et chimiste (mais aussi théologien) ; Lavoisier se gardait bien de philosopher en ne publiant « que » dans les domaines de la géologie, la physique, la chimie et l'économie.

Ainsi, la physique et la chimie prirent leur autonomie par rapport à la philosophie. Auparavant, comme le constatait en substance le chancelier Bacon : « l'entendement sautait, volait, pour ainsi dire, des faits particuliers aux axiomes qu'on nomme ordinairement les principes des arts et de toutes choses ». L'obstacle philosophique que dut surmonter Lavoisier était celui des « principes ».

Tout d'abord ce furent les quatre éléments aristotéliciens. Comment pouvait-on comprendre les réactions chimiques si l'on confondait les « états de la matière » avec ses « constituants ultimes » ? Comment pouvait-on identifier les différents gaz entrant dans la composition de l'air, si celui-ci était considéré comme un Élément principiel, indivisibles ? L'obstacle aristotélicien fut certainement le plus difficile à vaincre. L'accouplement d'Aristote et du Pape avait donné naissance à un dragon qui crachait le feu afin d'empêcher l'Homme de sortir de sa caverne pour accéder à la connaissance vraie : il s'appelait Scolastique. Le philosophe grec régnait sur les Esprits, et le Saint-Père prenait soin des Âmes.

Déjà du Chesne notait qu'Aristote ne connaissait rien des opérations chimiques, et que la vérité scientifique progressait en conséquence des expériences réalisées par les artisans (1607).

Puis vint Descartes, que d'aucuns saluent comme celui qui trancha la tête du monstre scolastique. Mais Bernard Joly conclut son essai très complet sur *Descartes et la chimie* (2011) par : « l'influence cartésienne sur l'histoire de la chimie a souvent été surévaluée [439]». Nous devons étudier celle-ci suivant deux axes. Direct : quelle est l'influence de sa philosophie mécanique sur les savants se réclamant d'elle. Indirect : quel est l'apport de la méthode cartésienne à la manière de conduire la pensée scientifique de la fin du XVIIe siècle à celle du XVIIIe.

Descartes lui-même n'était donc pas un grand chimiste. Si, dès les *Météores* (1637), illustration de sa méthode, il consacre un chapitre au sel de mer (*Discours troisième*[440]), c'est pour quelques explications barbares des causes de son goût. Contrairement à l'eau douce, l'eau salée a un goût piquant et pénétrant, parce que ses « parties entrent de pointe dans les pores de la langue ». Quant à l'esprit ou huile de sel des alchimistes (acide chlorhydrique), cette eau extrêmement aigre et forte qui peut dissoudre l'or, son goût est fort différent de celui du sel car, en montant dans l'alambic, ses parties ont dû se choquer les unes contre les autres, à force d'être agitées par le feu. Elles sont donc devenues plates et tranchantes comme des feuilles d'iris ou de glaïeul. Aussi ces parties se couchent-elles sur la langue, coupant les extrémités de ses nerfs, causant ainsi le goût aigre de cet esprit[441].

Descartes expose, dans les mêmes *Météores*, les fondements de sa Philosophie mécanique : l'eau, la terre et l'air sont eux-mêmes composés de petites « parties », de diverses figures et grosseurs, qui laissent entre elle des intervalles remplis de « matière subtile[442]». Les principes des alchimistes ne sont pas non plus les éléments indivisibles dont est faite toute matière : « Enfin selon mon opinion , leur sel, leur soufre, & leur mercure ne diffèrent pas plus entre eux, que les quatre Éléments des Philosophes, ni guère plus, que l'eau diffère de la glace, de l'écume, & de la neige ; car je pense que tous les corps sont faits d'une même matière, & qu'il n'y a rien qui fasse de la diversité entre eux, sinon que les petites parties de cette matière qui composent les uns, ont d'autres figures, ou sont autrement arrangées que celles qui composent les autres[443]. » Il s'agit donc, très justement, de différents états de la même matière.

Les bases sur lesquelles Descartes fonde la chimie sont donc en totale rupture par rapport à la science normale de son temps qui, au milieu du XVIIe siècle, est celle des alchimistes. Robert Boyle ne s'y est pas trompé (1661). Plus un seul chimiste ne croit en les Éléments aristotéliciens, et les principes alchimiques eux-mêmes doivent être remplacés par les hypothèses atomiques ou cartésiennes. Descartes eut donc le mérite d'être un acteur majeur de cette révolution.

---

439 Joly, p. 15.
440 Descartes, 1637, p. 250.
441 Descartes, 1637, p. 264.
442 Descartes, 1637, p. 233.
443 *Lettre à Cavendish*, 1646.

Mais, sur ces fondements, et grâce à une méthodologie solide, la chimie aurait dû connaître, à l'apogée du Grand Siècle, une révolution scientifique à l'égale de celle portée par Galilée. Il faudra cependant encore attendre cent ans ! Pourquoi ?

Les bases cartésiennes d'une nouvelle chimie étaient erronées pour les unes, utopiques pour les autres. Ceci est dû à la méthode rationaliste elle-même. La chimie sortira de l'ornière par l'empirisme et la mathématisation, celles-là même qui furent à l'œuvre pour nous donner les lois de Kepler en astronomie, ou celles de Galilée en mécanique.

Les chimistes français font de la lutte des acides et des alcalis, armées de pointes et de pores, leur nouveau paradigme. C'est le principal apport du traité de Lémery, par rapport à celui de Béguin. Malheureusement, les molécules acides ne sont pas plus pointues, et les alcalines pas plus poreuses que celles d'autres composés chimiques. Descartes n'avait pas fait mieux qu'Aristote ! Il avait analysé superficiellement une qualité première, le goût, et avait énoncé une hypothèse simpliste pour l'expliquer. Le serpent cartésien faisait tout autant obstacle à l'avancée des sciences que le dragon aristotélicien.

Dans le domaine de l'astronomie, le combat des cartésiens français contre les newtoniens britanniques, qui durera plusieurs décennies, se terminera par la victoire totale de l'attraction universelle mathématisée, sur les tourbillons cosmiques : encore une analogie simpliste née de l'imagination sans borne du Français.

Quant à la philosophie mécanique, elle ne valait pas plus que l'atomisme de Démocrite, et même moins, puisqu'elle y ajoutait quelque « matière subtile », qui venait boucher le vide dont Descartes avait horreur. Ce n'était donc qu'un roman philosophique, qui ne pouvait avoir aucune valeur scientifique. D'ailleurs, les chimistes français n'en firent aucun usage.

Notre grand philosophe était-il lui-même *cartésien* ? La première règle de sa célébrissime méthode est « de ne recevoir jamais aucune chose pour vraie que je la connusse évidemment être telle : c'est-à-dire d'éviter soigneusement la précipitation et la prévention ; et de ne comprendre rien de plus en mes jugements, que ce qui se présenterait si clairement et si distinctement à mon esprit, que je n'eusse aucune occasion de la mettre en doute ». Voilà qui rappelle Bacon, lorsqu'il voulait lester l'entendement de chaussures de plomb. Mais aussi, paradoxalement, Aristote, dont Descartes voulait tuer la philosophie. Galilée n'avait-il pas écrit, dans son *Dialogue* : « Le fondement principal de l'argumentation d'Aristote est *a priori* : c'est en vertu de ses principes, évidents et clairs, qu'il montre la nécessité de l'inaltérabilité du ciel[444](que les astronomes savent maintenant fausse, depuis qu'ils y ont vu des étoiles apparaître, et des comètes disparaître hors de l'atmosphère terrestre). »

---

[444] Galilée, p. 147.

Mais, si l'on évitait la précipitation, il faudrait des décennies pour que la science progresse, tandis que Descartes est un homme orgueilleux et pressé. Comment se forment les mines métallifères ? Les vapeurs de vif-argent montent par les fissures des entrailles de la Terre, et déposent l'or ou le plomb, tandis que les esprits et exhalaisons font de même pour le cuivre, le fer ou l'antimoine[445]. Au passage, ces mêmes exhalaisons se lient aux parties les plus subtiles des esprits, qui acquièrent ainsi de petites branches leurs permettant de s'attacher à d'autres corps, comme des sucs corrosifs. Ainsi se forment le soufre, le bitume et la naphte[446]. »

Si les exhalaisons jointes aux parties subtiles des esprits sont trop agitées, et rencontrent de l'air dans d'immenses concavités souterraines, elles produisent des fumées grasses et épaisses, qui s'embrasent, raréfient brutalement cet air, et poussent alors violemment les parois qui les enfermaient : ainsi se produisent les tremblements de terre.

Voilà ce qu'est la géochimie cartésienne. Descartes y déroge à toutes les règles de sa fameuse méthode. Voilà qui n'est pas un bon exemple pour les générations à venir.

Au début du XVIIIe siècle, la chimie était donc dans une impasse. Éléments, principes ou pointes ne pouvaient être les bases d'une révolution devenue nécessaire. Geoffroy (1718), avec sa table des rapports, introduisait une méthode radicalement nouvelle basée sur la synthèse d'un grand nombre d'expériences : classer les acides, les alcalis ou les métaux selon leurs propensions à réagir entre eux. Fontenelle, qui exprimait la pensée « normale », et donc peu enclin à prendre des risques, y voyait quand même « la possibilité d'une loi fondamentale des opérations de *Chymie* ». On pouvait juste craindre que les affinités entre substances soient des « attractions déguisées », une intrusion dangereuse des idées de Newton dans la chimie.

La table des rapports ne fut pas à l'origine des découvertes de Lavoisier, pas plus que la philosophie cartésienne : « C'est en m'occupant de ce travail que j'ai mieux senti que je ne l'avais encore fait jusqu'alors, l'évidence des principes qui ont été posés par l'abbé de Condillac dans sa *Logique* et dans quelques autres de ses ouvrages. »

Dans son *Traité des Systèmes* (1749), Condillac se fait critique de Descartes, comme de Malebranche ou Leibnitz, « qui n'ont travaillé qu'à augmenter le nombre de principes abstraits ». Ainsi, la première règle de la méthode cartésienne ne veut rien dire d'autre que tout ce qui est clair et distinct peut être affirmé d'une chose. Elle n'est donc d'aucune utilité.

Ce principe est même dangereux. Ainsi peut-on démontrer l'existence du vide : nous avons l'idée d'une étendue divisible, mobile et impénétrable ; mais

---

[445] Descartes, 1644, quatrième partie, règle LXXII.
[446] Descartes, 1644, principes LXXVI.

aussi d'une étendue indivisible, immobile et pénétrable. Ces deux idées ne sont pas identiques. Donc l'une de ces étendues est le vide, l'autre une propriété des corps. En appliquant la méthode cartésienne, on prouve l'existence du vide, que Descartes niait, alors que par le même raisonnement, il avait démontré celle de Dieu.

Condillac poursuit : du fond de son cabinet, Descartes a laissé libre cours à son imagination, et produit nombre d'hypothèses totalement arbitraires qui n'ont fait que retarder le progrès de la science, comme auparavant les chimères des alchimistes[447]. Les physiciens (mécanistes) essaient de découvrir les premiers principes des choses, mais ils ne peuvent qu'échouer. Les phénomènes qui en découleraient seraient tout autres que ceux observés par les chimistes.

Les sectateurs de Descartes attribuent à leur système les découvertes de Huygens, Boyle, Mariotte ou Newton sur l'air, les chocs, la lumière et les couleurs. Condillac leur répond qu'elles ne sont dues qu'à l'expérience et non point aux hypothèses arbitraires de quelques philosophes. « Le système de Descartes n'a par lui-même enfanté que des erreurs[448]. »

Tout autre est l'apport de Bacon, le premier qui a reconnu le principe selon lequel l'ensemble de nos connaissances viennent des sens, et à Locke, qui a démontré ce principe. En suivant leurs préceptes, certains physiciens se contentent de recueillir les phénomènes, avant de poser les principes qui les expliqueraient[449].

Voilà pour la méthode. Il faut donc mesurer les phénomènes. Mais lesquels d'entre eux se prêtent à la mesure ?

Un cartésien ne pouvait choisir le poids comme représentatif de l'essence des corps : « la nature de la matière ou des corps en général ne consiste point en ce qu'il est une chose dure ou **pesante**, ou colorée, ou qui touche nos sens de quelque façon ; mais seulement en ce qu'il est une substance étendue en longueur, largeur et profondeur [450]». Descartes n'affiche ici que mépris pour les qualités qui sont perçues par nos sens, et qui permettent la distinction des substances chimiques. Comme Aristote, il place le poids dans les « qualités secondes ».

Pire : « Il peut se faire que bien que par exemple une masse d'or soit vingt fois plus pesante qu'une quantité d'eau de même grosseur, elle ne contienne pas néanmoins vingt fois plus de matière, mais quatre ou cinq fois seulement : pour ce qu'il ne faut autant soustraire de l'eau que de l'or à cause de l'air dans lequel on les pèse[451]. » La pesée est trompeuse.

---

447 Condillac, 1749, p. 368.
448 Condillac, 1749, p. 374.
449 Condillac, 1749, p. 24.
450 Descartes, 1644, partie II, paragraphe IV.
451 Descartes, 1644, quatrième partie, XXV.

Lavoisier sait qu'il n'en est rien, lui qui déjouait toutes les tromperies de ceux qui voulaient escroquer le Trésor royal. On passe ainsi d'une science de philosophes à un art de contrôleur des impôts. Des grands principes *a priori*, à la balance de précision. La chimie devient modeste et laborieuse : en un mot, une science expérimentale.

Bibliographie

BACHELARD Gaston, *La formation de l'esprit scientifique* [1938], Vrin, 2011

BACON Francis, *Du progrès et de la promotion des savoirs* [1605a], Gallimard, 1991

-*The Advancement of Learning* [1605b]

-*La nouvelle Atlantide* [1627], Flammarion, 2000

-*Novum organum* [1620], Hachette, 1857

BÉGUIN Jean, *Les éléments de Chymie*, Mathieu le Maistre, 1620

BENGER Elisabeth, *Memoirs of Elizabeth Stuart*, Longman, 1825

BERTHELOT Marcellin, *La chimie dans l'antiquité et au moyen-âge*, 1893

BONGARS Jacques, *Henri IV et l'Allemagne*, Hachette, 1887

BOURZAT Jean-Dominique, *Lecture contemporaine du Cours de Chymie de Nicolas Lemery*, Cosmogone, 2005

BOYLE Robert, *The Works*, volume the first, London, 1772

CONDILLAC, *Traité des systèmes*, Neaulme, 1749

-*Essai sur l'origine des connaissances humaines*, Libraires associés, 1787

-*La logique*, 1798

CROLLIUS Oswald, *La Royalle Chymie*, trad. Marcel de Boulene, Pierre Drobet, 1624

DALTON John, *A new system of chemical philosophy*, Bickerstaff, 1808

DAVY Humphry, *Elements of chemical philosophy*, Bradford and Inskeep, 1812

DE LAUNAY Louis, *De la faculté & vertu admirable de l'antimoine, avec responce à certaines calomnies : le tout composé par maistre Loys de Launay, médecin ordinaire de La Rochelle* [1564], Barthelemi Berton, 1614

DEBUS Allen, *The French Paracelsians*, Cambridge University Press, 1991

DESCARTES René, *Discours de la Méthode*, Adam et Tannery, 1637

-*Principes de philosophie* [1644], Adam et Tannery, 1647

-*Traité du monde et de la lumière*, Adam et Tannery, 1664 (posthume)
DU CHESNE Joseph, *Le portrait de la santé*, Claude Morel, 1606
-*Le Traité familier de l'exacte préparation spagyrique des médicamens*, Hieroisme de la Garde, 1618
-*Traité de la matière*, C. Morel, 1626a
-*Conseils de médecine dédiez aux plus célèbres médecins de l'Europe*, C. Morel, 1626b
-*La pharmacopée des dogmatiques*, Charles Morel, 1629
-*Recueil des plus curieux et rares secrets Touchant la Medecine Metallique et Minérale tirez des Manuscripts de feu Mre Joseph du Chesne*, Jean Brunet, 1641 (posthume)
DUHEM Pierre, *Sur la Notion de Théorie physique* [1908], Vrin, 1982
GALILÉE *Dialogue sur les deux grands systèmes du monde* [1632], Seuil, 1992
GLASER Christophe, *Traité de la Chymie*, Jean d'Hovry, 1668
GORCEIX Bernard, *La bible des Rose-Croix*, P.U.F., 2010, incluant les traductions de la *Fama Fraternitatis* [1614] et de la *Confessio Fraternitatis* [1615]
GREVIN Jacques, *Discours sur les vertus et facultez de l'Antimoine*, André Wechel, 1566
-*Second discours sur les vertus et facultez de l'Antimoine*, Jacques du Puys, 1567
HALLEUX Robert, *Le procès d'inquisition du chimiste Jean-Baptiste Van Helmont*, in C.R. Académie des Inscriptions et Belles Lettres, 2004
HARTLIB Samuel, *A Description of the Famous Kingdom of Macaria* [1641], Elan-Sausalito, 1961
JOLY Bernard, *Descartes et la chimie*, Vrin, 2011
JUNG Carl Gustav, *Psychologie et Alchimie* [1944], Libella, 2014
KUHN Thomas, *La structure des révolutions scientifiques* [1962], Flammarion, 1972
LA FRAMBOISIÉRE Nicolas Abraham, *Le gouvernement nécessaire à chacun pour vivre longuement en santé*, Michel Sonnius, 1600
LAVOISIER Antoine, *Traité élémentaire de chimie*, 1789a
-*Nomenclature chimique*, Cuchet, 1789b
-*Opuscules physiques et chimiques*, seconde édition, Deterville, 1801
-*Œuvres*, tome premier, imprimerie impériale, 1864
LE BAILLIF DE ROCH, *Le Demosterion*, Pierre le Bret, 1578

LEMERY Nicolas, *Cours de chymie*, dernière édition, Jean Leonard, 1744
LIBAVIUS Andreae, *Alchemia*, Johannes Saurius, 1597
MACQUER Pierre-Joseph, *Eléments de chymie théorique*, Jean-Thomas Hérissant, 1749
MAIER Michael, *Silentium Post Clamores* [1617], Clara Fama, 2011
-*Themis Aurea* [1618], Clara Fama, 2011
METZGER Helène, *Les doctrines chimiques en France du début du XVII*[e] *siècle à la fin du XVIII*[e] *siècle* [1923], Albert Blanchard, 1969
MORAN Bruce, *Distilling Knowledge, Alchemy, Chemistry and the Scientific Revolution*, Harvard University Press, 2005
-*Andreas Libavius and the Transformation of Alchemy*, Watson P.I., 2007
NEWMAN William, *Atoms and Alchemy*, University of Chicago Press, 2006
PARACELSE, *La grande astronomie* [1571], Dervy, 2000
-*La grande chirurgie [1536] traduite par Claude Dario*t, Jaques Foillet, 1588
PURSELL Brennan, *The Winter King*, Ashgate, 2003
REDGRAVE Stanley, *Joannes Baptista van Helmont*, William Rider, 1922
REY Jean, *Essays de Jean Rey*, Ruault, 1777
RIOLAN Jean, *Curieuses recherches sur les escholes en médecine de Paris et de Montpelier*, Gaspar Meturas, 1651
ROHAULT Jacques, *Traité de Physique*, Charles Savreux, 1671
THOMSON Thomas, *A system of chemistry*, Bell and Bradefute, 1802
TREVOR-ROPER Hugh, *Europe's physician. The various life of sir Theodore de Mayerne*, Yale University Press, 2006
VAN HELMONT Jean Baptiste, *Œuvres*, traduction Jean le Conte, Huguetan et Barbier, 1670
WALCH Jean-Paul, *Galilée dans l'histoire*, Nouveau Monde, 2017
WEBER Max, *L'éthique protestante et l'esprit du capitalisme* [1904-1905], Gallimard, 2003
YATES Frances, *The Rosicrucian Enlightenment*, Routledge Classics, 1972

Index des noms propres

Table des matières

Sciences
aux éditions L'Harmattan

Dernières parutions

LE VÉGÉTAL DANS L'INDUSTRIE CHIMIQUE
Stratégies et développement
Szydlowski Léa – Préface de Claude Roy
Avec le concours du CLUB des bio-économistes et de l'Association Chimie du Végétal
L'industrie chimique utilise essentiellement le pétrole et le gaz comme matières premières. Quelle autre ressource, riche en carbone, permet de venir en renfort de la chimie ? Le végétal. Renouvelable, productible localement, moins polluant, il est bien perçu par le consommateur et riche en propriétés inédites capables de créer des produits innovants à forte valeur ajoutée. Cet ouvrage présente les stratégies mises en place pour introduire la chimie du végétal dans le paysage industriel.
(Coll. Développement durable, 19.00 euros, 182 p.)
ISBN : 978-2-343-12870-2, ISBN EBOOK : 978-2-14-005288-0

LES ILLUSIONS D'OPTIQUE
Une introduction à la pensée quantique du quotidien
Bolot Xavier
Nous observons dans nos pensées des hésitations, des oscillations entre des vues diverses, des superpositions de sentiments, des intrications d'influences, des incertitudes de variables observées, de même que des intentions et des actions hors de toute logique. Ces schémas mentaux sont connus grâce à la physique quantique. Ils sont également là quand nous voulons comprendre la complexité des domaines dans lesquels nous sommes immergés, par exemple en illusions d'optique, arts, physique, etc., qui semblent liés aux structures neuronales. Nos découvertes révéleraient les schémas inconscients du traitement de nos perceptions.
(Coll. Pour Comprendre, 20.50 euros, 188 p.)
ISBN : 978-2-343-13164-1, ISBN EBOOK : 978-2-14-005083-1

VOLCANOLOGUE
Bardintzeff Jacques-Marie
En retraçant l'expérience réussie de sa vocation scientifique, l'auteur nous offre également, dans ce livre tout en couleurs et très illustré, une véritable initiation à la géologie et la volcanologie. Dans son récit, il nous révèle les réalités d'un métier hors du commun qui suscite des vocations autant qu'il continue de soulever des passions. Cet ouvrage permet de le suivre dans le feu de l'action, au fil d'un texte illustré de plus de 150 photographies et enrichi de 19 encadrés portant sur le volcanisme et les sciences de la Terre (illustré de plus de 150 photographies et en couleurs).
(25.00 euros, 176 p.)
ISBN : 978-2-343-12326-4, ISBN EBOOK : 978-2-14-004519-6

DRAGONS FURIEUX
Les avions spatiaux chinois
Coué Philippe
Les prochaines navettes spatiales pourraient être chinoises ! Pendant longtemps, la Chine se bornait à mettre sur orbite des satellites. La technique s'est perfectionnée et a élevé les ambitions de l'empire du Milieu jusqu'au lancement de ses premiers cosmonautes et sondes d'exploration.

Les ingénieurs chinois réussiront-ils à surmonter les obstacles techniques sur lesquels buttent encore leurs collègues des autres puissances spatiales ? L'aérospatiale chinoise pourrait bientôt aboutir à des réalisations concrètes tant civiles que militaires.
(Coll. Penser le temps présent, 22.00 euros, 214 p.)
ISBN : 978-2-343-12112-3, ISBN EBOOK : 978-2-14-004461-8

ONTOGÉNÈSE ET VARIATIONS GÉNÉTIQUES DE L'ARCHITECTURE DU SYSTÈME RACINAIRE DES MONO ET DICOTYLÉDONES MODÈLES
Varin Sébastien
Dans un contexte de changements globaux mondiaux, les plantes modèles sont prévues pour servir comme aide importante dans la compréhension du développement, de mécanismes de communications, de la production d'énergies, biocarburants, matériaux, aliments à partir des plantes. Interface biologique majeure au rôle clef dans un grand nombre de processus et en raison de sa sensibilité à l'environnement, le système racinaire sera présenté puisqu'il démontre une plasticité considérable mais contrainte génétiquement. Cette synthèse correspond au deuxième point d'une étude constituée de quatre tomes.
(26.50 euros, 254 p.)
ISBN : 978-2-343-10045-6, ISBN EBOOK : 978-2-14-003146-5

PLASTICITÉ ET INSTABILITÉ DÉVELOPPEMENTALE
Concept en biologie – Exemple des végétaux
Varin Sébastien
La plasticité est une idée introduite par Woltereck en 1909, juste après la séparation conceptuelle du génotype et du phénotype par Johannsen. Depuis, le caractère plastique des traits et le caractère évolutif du phénomène de plasticité ont été négligés. Or, Darwin l'avait prédit en signalant qu'il n'avait pas suffisamment insisté sur le rôle de l'environnement dans sa théorie de l'évolution. Cette étude est basée sur une rétrospective clarifiée du concept de Plasticité dans le monde animal et végétal. Cette synthèse correspond au premier point d'une étude constituée de quatre tomes.
(30.00 euros, 290 p.)
ISBN : 978-2-343-10046-3, ISBN EBOOK : 978-2-14-003147-2

IMPLICATION DES BACTÉRIES SOLVANTOGÈNES ET RHIZOBACTÉRIES ÉMETTRICES DE COV DANS LES CHANGEMENTS GLOBAUX ET LA PLASTICITÉ
Varin Sébastien
Les composés organiques volatils participent à des phénomènes perturbant les équilibres de l'atmosphère et contribuent aux changements globaux. Ils sont surtout émis par les sources biogènes. Ce livre est le quatrième point d'une étude composée de quatre tomes. Il s'intègre parfaitement dans une optique philosophique de biomimétisme. Il présente : les connaissances actuelles des échanges d'informations médié par des volatils entre les bactéries, les plantes et mammifères comme l'homme, et enfin, les perspectives techniques du concept de Plasticité des organismes dans ce contexte de changements globaux.
(45.00 euros, 542 p.)
ISBN : 978-2-343-10043-2, ISBN EBOOK : 978-2-14-003264-6

RHIZOBACTÉRIES ET PGPR ÉMETTRICES DE COMPOSÉS ORGANIQUES VOLATILS ET IMPLICATION PERMACULTURALE-AGRO-ÉCOLOGIQUE
Varin Sébastien
Les systèmes agricoles durables (biodynamie, agroforesterie, agroécologie et permaculture) reposent sur une cohérence milieu-système très forte, où le contexte pédoclimatique a une grande importance. L'équilibre de ce milieu vivant et complexe dépend de celui des hommes, des animaux, des plantes et des micro-organismes du sol. Ces derniers représentent une importante part de la biodiversité de la planète. C'est à ce compartiment vivant et aux effets des rhizobactéries sur la plasticité des plantes, qu'est consacré ce livre correspondant au troisième point d'une étude constituée de quatre tomes.
(35.50 euros, 344 p.)
ISBN : 978-2-343-10044-9, ISBN EBOOK : 978-2-14-003265-3

BAROMÈTRES, MACHINES PNEUMATIQUES ET THERMOMÈTRES
Chez et autour de Pascal, d'Amontons et de Réaumur
Locqueneux Robert
Cet ouvrage présente à la fois une histoire et une anthologie des travaux de quelques physiciens qui ont conçu et fabriqué des baromètres, des machines à vide et des thermomètres, instruments qui, en leur temps (XVIe et XVIIIe siècles), furent des inventions nouvelles. Les travaux de trois auteurs sont privilégiés : Pascal, Amontons et Réaumur avec une remise en contexte de leurs ouvrages, des événements qui les motivent, des travaux qui les inspirent, des questions qu'ils se posent et des phénomènes qu'ils veulent interpréter.
(Coll. Acteurs de la Science, 21.00 euros, 204 p.)
ISBN : 978-2-343-04995-3, ISBN EBOOK : 978-2-336-37182-5

MILLE ANS D'ASTRONOMIE ET DE GÉOPHYSIQUE
D'Aristote au haut Moyen Âge
De Felice Pierre
Le ciel et la terre sont observés depuis la plus haute antiquité. Ne disposant pas d'instruments de mesure appropriés, les hommes proposent des explications incluant l'action divine ou s'en affranchissant. D'Aristote (IVe siècle avant J.-C.) jusqu'à Isidore de Séville (VIe-VIIe siècles après J.-C.), les auteurs grec, latin, médiéval ont compilé et décrit les connaissances de leur temps sur les astres, les phénomènes atmosphériques et géophysiques en tentant de démythifier le monde qui les entoure. Ce livre illustre aussi le difficile processus de naissance de la connaissance.
(Coll. Acteurs de la Science, 14.00 euros, 128 p., Illustré en noir et blanc)
ISBN : 978-2-343-03816-2, ISBN EBOOK : 978-2-336-36544-2

CE MONDE QUI VIENT
Sciences, matérialisme et posthumanisme au XXIe siècle
Basquiat Jean-Paul - Préface de Paul Basquiat
Le monde qui vient sera ce que nous en ferons. Encore faut-il avoir le courage de regarder l'avenir en face. C'est à cet effort salutaire que cet opuscule invite le lecteur. Appuyé sur les recherches les plus pointues, il propose de décrypter sous tous ses aspects le monde nouveau porté par l'évolution des sciences et des techniques.
(Coll. Questions contemporaines, 10.00 euros, 66 p.)
ISBN : 978-2-343-05055-3, ISBN EBOOK : 978-2-336-36475-9

MANUEL DES PROBABILITÉS OU MATHÉMATIQUES DE L'INCERTAIN
Laloire Jean-Claude - Préface de Michel Delecroix
Ce manuel présente les aspects pratiques de l'analyse des données et les aspects théoriques des probabilités. Cela permet à la fois de comprendre les phénomènes observés, d'en déduire une prévision et ainsi de se projeter vers l'avenir avec un maximum de sécurité. Les méthodes proposées s'appliquent aussi bien aux sciences humaines qu'aux sciences biologiques et médicales et sont mises en pratique à l'aide de nombreux exercices corrigés.
(48.00 euros, 504 p.)
ISBN : 978-2-343-04627-3, ISBN EBOOK : 978-2-336-36043-0

LA VALEUR DE L'ESPÈCE
La biodiversité en questions
Lherminier Philippe
Philippe Lherminier est généticien; il propose de s'interroger sans faux-semblant sur la valeur de l'espèce. Que perd-on lorsqu'une espèce s'éteint ? Quelle valeur disparaît ? Il y a de multiples réponses : l'espèce vaut parce qu'elle est utile ou inutile, abondante ou rare, connue ou inconnue, ancienne ou récente, proche ou lointaine, ressemblante ou différente de l'homme, comprise ou mystérieuse.
(Coll. Acteurs de la Science, 13.50 euros, 128 p.)
ISBN : 978-2-343-04141-4, ISBN EBOOK : 978-2-336-35913-7

QUESTIONNEMENTS D'UN OCÉANOGRAPHE
Une immersion dans le monde de la recherche et les questions éthiques qu'elle soulève
Pichevin Thierry
Ce livre décrit de l'intérieur le travail de recherche en océanographie physique de Thierry Pichevin, son contexte, ses méthodes et ses enjeux procurant ainsi au lecteur une immersion dans le quotidien d'un chercheur. D'autre part, il procède à l'analyse éthique rigoureuse des questionnements rencontrés, tout en montrant que tout chercheur peut être confronté à des questionnements comparables.
(22.00 euros, 226 p.)
ISBN : 978-2-343-03444-7, ISBN EBOOK : 978-2-336-35786-7

À L'OMBRE DES FORÊTS
Usages, images et imaginaires de la forêt
Sous la direction de Philippe Billet, Claire Harpet et Jean-Philippe Pierron
Qu'est-ce qu'une forêt ? De quoi sont faites les forêts ? Nous construisons tous une image de la forêt empreinte de vécus et d'imaginaires, procédant d'une accumulation de souvenirs, de connaissances et de représentations médiatiques et institutionnelles. A l'aune d'une prise de conscience de la finitude des ressources naturelles et du changement climatique, il est fondamental de savoir ce que la «forêt» veut dire.
(Coll. Éthique, droit et développement durable, 26.00 euros, 248 p.)
ISBN : 978-2-343-02807-1, ISBN EBOOK : 978-2-336-35819-2

UN BOTANISTE AUTOUR DU MONDE
Afrique, Amérique, Australie
Delange Yves
L'auteur, botaniste, nous invite à la découverte des différents milieux naturels peu connus des Européens, notamment ceux encore peu altérés par la civilisation et caractéristiques de formations extrêmement riches sur le plan de la diversité biologique, tels que les mattorales ou hauts plateaux mexicains, le bush, le veld et le fynbos en Afrique australe, ou encore le mulga, le mallee et la jarrah forest australiens.
(Coll. Biologie, écologie, agronomie, 25.00 euros, 256 p.)
ISBN : 978-2-343-03492-8, ISBN EBOOK : 978-2-336-35415-6

CHERCHEURS, ÉTHIQUES ET SOCIÉTÉS
L'avenir de l'avenir
Patrice Thierry
Peu appréhendée par les décideurs, la biologie conditionnera nos sociétés, les rapports entre les hommes, entre eux et l'environnement. Le monde de la recherche est mal connu, parfois mal aimé ou craint. Il semble donc utile d'instituer un débat pour préciser les objectifs, les moyens, l'information et la vulgarisation, la propriété des résultats et l'appréhension des conséquences de la recherche en biologie.
(Coll. Ethique et pratique médicale, 31.00 euros, 298 p.)
ISBN : 978-2-296-57790-9, ISBN EBOOK : 978-2-296-50418-9

CAMILLE ARAMBOURG. UN PALÉONTOLOGUE, DE L'ALGÉRIE À L'AFRIQUE PROFONDE
Hadjouis Djillali - Préface de Yves Coppens
Depuis les plaines sahéliennes d'Oran à la Vallée de l'Omo en Éthiopie, en passant par les côtes du littoral atlantique, jusqu'au Moyen-Orient, Camille Arambourg aura fait connaître, au cours de ses recherches, non seulement les fossiles de l'Afrique mais également ceux des autres régions du monde. Ce livre retrace le parcours de cet homme qui identifia plus de 230 taxons (familles, genres, espèces) de mammifères et de poissons.
(Coll. Acteurs de la Science, 25.00 euros, 242 p.)
ISBN : 978-2-296-96391-7

Structures éditoriales du groupe L'Harmattan

L'Harmattan Italie
Via degli Artisti, 15
10124 Torino
harmattan.italia@gmail.com

L'Harmattan Hongrie
Kossuth l. u. 14-16.
1053 Budapest
harmattan@harmattan.hu

L'Harmattan Sénégal
10 VDN en face Mermoz
BP 45034 Dakar-Fann
senharmattan@gmail.com

L'Harmattan Cameroun
TSINGA/FECAFOOT
BP 11486 Yaoundé
inkoukam@gmail.com

L'Harmattan Burkina Faso
Achille Somé – tengnule@hotmail.fr

L'Harmattan Guinée
Almamya, rue KA 028 OKB Agency
BP 3470 Conakry
harmattanguinee@yahoo.fr

L'Harmattan RDC
185, avenue Nyangwe
Commune de Lingwala – Kinshasa
matangilamusadila@yahoo.fr

L'Harmattan Congo
67, boulevard Denis-Sassou-N'Guesso
BP 2874 Brazzaville
harmattan.congo@yahoo.fr

L'Harmattan Mali
Sirakoro-Meguetana V31
Bamako
syllaka@yahoo.fr

L'Harmattan Togo
Djidjole – Lomé
Maison Amela
face EPP BATOME
ddamela@aol.com

L'Harmattan Côte d'Ivoire
Résidence Karl – Cité des Arts
Abidjan-Cocody
03 BP 1588 Abidjan
espace_harmattan.ci@hotmail.fr

L'Harmattan Algérie
22, rue Moulay-Mohamed
31000 Oran
info2@harmattan-algerie.com

L'Harmattan Maroc
5, rue Ferrane-Kouicha, Talaâ-Elkbira
Chrableyine, Fès-Médine
30000 Fès
harmattan.maroc@gmail.com

Nos librairies en France

Librairie internationale
16, rue des Écoles – 75005 Paris
librairie.internationale@harmattan.fr
01 40 46 79 11
www.librairieharmattan.com

Librairie l'Espace Harmattan
21 bis, rue des Écoles – 75005 Paris
librairie.espace@harmattan.fr
01 43 29 49 42

Lib. sciences humaines & histoire
21, rue des Écoles – 75005 Paris
librairie.sh@harmattan.fr
01 46 34 13 71
www.librairieharmattansh.com

Lib. Méditerranée & Moyen-Orient
7, rue des Carmes – 75005 Paris
librairie.mediterranee@harmattan.fr
01 43 29 71 15

Librairie Le Lucernaire
53, rue Notre-Dame-des-Champs – 75006 Paris
librairie@lucernaire.fr
01 42 22 67 13

www.ingramcontent.com/pod-product-compliance
Lightning Source LLC
LaVergne TN
LVHW011007061026
849535LV00006B/1761
9782343143330